REVISION ON THE COMPARATIVE RELATION OF STELLAR DYNAMICS

REVISION ON THE COMPARATIVE RELATION OF STELLAR DYNAMICS

THE PATTERNED RELATIONSHIP WITHIN SOLAR RADIUS/SOLAR MASS DYNAMICS, AND CORRELATED 'CIRCUMSTELLAR HABITABLE ZONES'

BRUCE ROBERT NYE JR.

PALMETTO
P U B L I S H I N G
Charleston, SC
www.PalmettoPublishing.com

Copyright © 2023 by Bruce R. Nye Jr.

All rights reserved
No portion of this book may be reproduced, stored in a retrieval system, or transmitted in any form by any means–electronic, mechanical, photocopy, recording, or other–except for brief quotations in printed reviews, without prior permission of the author.

Paperback ISBN: 979-8-8229-3206-7
eBook ISBN: 979-8-8229-3207-4

Dedication:

The entirety of my inspiration, the lot in which my mind finds solace, rests within the thoughts of my wife and four children. Without their love and continued support, my life would fade into infinite divergence. Such a blessing is meant to be cherished beyond any conceivable bound.

Table of Contents

Revision of the Solar Constant........................1
Correlating Data..................................41
Function Iota................................... 419

Introduction:

The aim of this particular work, is to create a set of axioms that universally dictate the proportionate 'circumstellar habitable zone', proportional to the stellar mass of each star system.

Concepts which are conceived from the combinatorial methods of brute force assembly, erect the highest peaks of truth composing monuments of the most intense complexity. Through the constructive and erratically progressive deep space exploration, tens of thousands of star systems have been observed, categorized, and explained in great length with respect to energy based properties(solar mass, solar radius, coronal temperature etc.), orbital companion potentiality, specific dimensions of said stellar systems etc.. By use of high focus mirror arrays, host stars at great distances and their more relevant data, concerning the star in question can be(based on temperature, size, potential companions etc.) isolated and collected into ever growing databases. Most notably the 'Kepler space probe'. The aforementioned deep space project was specifically reliant on 'brute force' data collection, in order to give the greater probability(no pun intended) of habitable exoplanet observance.

The Kepler space telescope is a disused space telescope launched by NASA in 2009[5] to discover Earth-sized planets orbiting other stars.[6][7] Named after astronomer Johannes Kepler,[8] the spacecraft was launched into an Earth-trailing heliocentric orbit. The principal investigator was William J. Borucki. After nine and a half years of operation, the telescope's reaction control system fuel was depleted, and NASA announced its retirement on October 30, 2018.[9][10]

Designed to survey a portion of Earth's region of the Milky Way to discover Earth-size exoplanets in or near habitable zones and estimate how many of the billions of stars in the Milky Way have such planets,[6][11][12] Kepler's sole scientific instrument is a photometer that continually monitored the brightness of approximately 150,000 main sequence stars in a fixed field of view.[13] These data were transmitted to Earth, then analyzed to detect periodic dimming caused by exoplanets that cross in front of their host star. Only planets whose orbits are seen edge-on from Earth could be detected. Kepler observed 530,506 stars and detected 2,778 confirmed planets as of June 16, 2023.[14][15]

ref [https://en.wikipedia.org/wiki/Kepler_space_telescope]

These 'habitable zones' are areas around each host star, proportional to the overall energy/radiation release, which allow for the existence of liquid water. Water of course being the main catalyst for the stimulus of the animate. Each instance of 'habitable zone' calculations, is attempting to target the 'Earth-like' semi-major axis. Which as implied, is the proportionate distance(as mentioned above) at which the chance of 'habitation', is most likely.

Other similarities to Earth come into sharper focus in the search for life. Many rocky planets have been detected in Earth's size-range: a point in favor of possible life. Based on what we've observed in our own solar system, large, gaseous worlds like Jupiter seem far less likely to offer habitable conditions. But most of these Earth-sized worlds have been detected orbiting red-dwarf stars; Earth-sized planets in wide orbits around Sun-like stars are much harder to detect. Yet these red-dwarfs have a potentially deadly habit, especially in their younger years: Powerful flares tend to erupt with some frequency from their surfaces. These could sterilize closely orbiting planets where life had only begun to get a toehold. That's a strike against possible life.

Because our Sun has nurtured life on Earth for nearly 4 billion years, conventional wisdom would suggest that stars like it would be prime candidates in the search for other potentially habitable worlds. G-type yellow stars like our Sun, however, are shorter-lived and less common in our galaxy.

ref [https://exoplanets.nasa.gov/search-for-life/habitable-zone/]

So there are many factors, outside of the specific 'Earth-like' distancing that give greater odds of 'genetic coaxing'. These insights are unparalleled in intellectual intensity, the greatest power known to the universe. The ability(through enormous intervals of time) to create a seamless harmony between the inanimate, and the animate. This sounds very mythological, but the ethereal account is anything but dramatized.

The habitable zone is also called the Goldilocks zone, a metaphor, allusion and antonomasia of the children's fairy tale of "Goldilocks and the Three Bears", in which a little girl chooses from sets of three items, ignoring the ones that are too extreme (large or small, hot or cold, etc.), and settling on the one in the middle, which is "just right".

Since the concept was first presented in 1953,[6] many stars have been confirmed to possess a CHZ planet, including some systems that consist of multiple CHZ planets.[7] Most such planets, being either super-Earths or gas giants, are more massive than Earth, because massive planets are easier to detect.[8] On November 4, 2013, astronomers reported, based on Kepler data, that there could be as many as 40 billion Earth-sized planets orbiting in the habitable zones of Sun-like stars and red dwarfs in the Milky Way.[9][10] About 11 billion of these may be orbiting Sun-like stars.[11] Proxima Centauri b, located about 4.2 light-years (1.3 parsecs) from Earth in the constellation of Centaurus, is the nearest known exoplanet, and is orbiting in the habitable zone of its star.[12] The CHZ is also of particular interest to the emerging field of habitability of natural satellites, because planetary-mass moons in the CHZ might outnumber planets.[13]

All variables considered, appropriate 'semi-major axis', necessary topography, atmospheric composition, mineral composition, orbital eccentricity, adequate sized moon(s) for tidal stability etc, there are few exoplanets with similar likely-hood of life, as our own planet. One algorithm cannot accurately encompass all the aforementioned conditions. Through this work, searches for the purest method of 'habitable zones' predictions.

In subsequent decades, the CHZ concept began to be challenged as a primary criterion for life, so the concept is still evolving.[14] Since the discovery of evidence for extraterrestrial liquid water, substantial quantities of it are now thought to occur outside the circumstellar habitable zone. The concept of deep biospheres, like Earth's, that exist independently of stellar energy, are now generally accepted in astrobiology given the large amount of liquid water known to exist within in lithospheres and asthenospheres of the Solar System.[15] Sustained by other energy sources, such as tidal heating[16][17] or radioactive decay[18] or pressurized by non-atmospheric means, liquid water may be found even on rogue planets, or their moons.[19] Liquid water can also exist at a wider range of temperatures and pressures as a solution, for example with sodium chlorides in seawater on Earth, chlorides and sulfates on equatorial Mars,[20] or ammoniates,[21] due to its different colligative properties. In addition, other circumstellar zones, where non-water solvents favorable to hypothetical life based on alternative biochemistries could exist in liquid form at the surface, have been proposed.[22]

ref [https://en.wikipedia.org/wiki/Circumstellar_habitable_zone]

Amazingly our planet, lush and fertile as all inhabitants are constantly reminded, has only an approximate eighty-nine percent chance of sentient emergence. Through painstaking calculation, specialists in astrophysics and biological cosmology have developed an algorithm which yields the estimated chances of biological consort.

The emergence of life on Earth is a probable event, but the odds of intelligent life evolving remain less favorable. It is suggested that once conditions are favorable, life has a 10% chance of appearing in any given hundred million years, or 90%, or 1%2.

ref [https://www.discovery.com/science/what-are-the-chances-of-life-appearing-on-earth-]

This extreme concatenation of variables, in an ancient, elusive source of ultimate power. The emergence of life(excusing the unbelievable concept of spawning intelligent life) still perplexes the highest levels of observance. This work claims no such power, but simply an insight into a naturally occurring pattern. A pattern which allows for the curious calculation of more than ninety six percent of the host stars with orbital companions. Hidden cleverly within the dynamics of the host stars, with which humanity has become so familiar with.

Outline:

Recent research, consisting solely of stellar dynamics, and their relations to 'circumstellar habitable zone' all systems possess, revealed a simplistic estimable quotient of R/M(Solar radius divided by solar mass). This particular quotient served as a point of interest, that was outlined in my recent book 'R.E.A.L'(Reconciled Ethereal Augmentations of Logic), though was not meant to perfectly describe habitable zones with respect to their star.

The particular method of employment in the aforementioned collection of papers, was again a simple quotient, though by use of the orbital duration(expressed in Earth days), and the specific semi-major axis of the exoplanet in question, expressed in 'solar radius units'.

*The habitable zone around other stars is defined in the same way as in the Solar System. To calculate the average distance of this zone, you only need to compare the star's luminosity with the Sun's luminosity, as per the formula:

*Distance(HZ, star) = [Luminosity(star) / Luminosity(Sun)]0.5, in astronomical units

(In order to calculate the minimum and maximum radius of the habitable zone, you only need to multiply Distance(ZH,star) by the factors 0.95 and 1.37, respectively)

ref [https://www.bbvaopenmind.com/en/science/physics/planetary-systems-and-the-habitable-zone/] *

This work shows the equivalent relationship between the stellar constant, and the mass of the particular stellar mass, either in value or in operation. The inputs of radius and mass units and then converted to AU, or Astronomical units(92 million miles). This particular output is them multiplied by .7 and 1.5 to create the habitability range.

Thus there are instances when:

[Luminosity(star) / Luminosity(Sun)]0.5 is equivalent to the Solar mass of the particular stellar host or interest. Though at times simpy in operation, with the value of M being a derivative of the solar constant e.g., Solar constant/2.

This proposed fact would carry the emphatic implication in which, the value of the operation concerning the comparative quotient employing the solar constant is equal in part to any particular stellar hosts solar mass. Or as mentioned, a derivative of said mass. A starting and confusing notion, though the proceeding collections of data will demonstrate irreducible patterned occurrences. Understanding the dynamics of a stellar host, include the relationship between stellar mass and stellar radius. The stellar mass is the raw engine, or energy source of the focal point itself. The radius is the effective means of said energy transfer. A simple analogy being: One can view stellar mass and the amount of water flowing through an irrigation system. The point of irrigated exit can be seen as the the effective solar radius. The more porous and efficient level of flow the exit point has, the more effective the reservoir of water will travel.

Just like in the concept of: **Force = Mass x acceleration**

Certain instances(according to the axioms stated) allow for the tautological solar mass/solar constant relationship, though there exist 3 derivatives of 'Solar Mass conversion'.

Distance Solar energy is conducive for life= Solar Mass x Solar Radius

This conventional method stated above(solar constant), utilizes solar luminosity. Luminosity being the correlated magnitude of coronal temperature and solar radius. This creates the 'apparent brightness' of a particular star. Though in implying these specific solar dynamics, one is forced to calculate a comparative quotient, with respect to our own star's unique solar coronal temperature, and the star of interest.

The reader should keep in mind, this alternate method of 'circumstellar habitable zones' , is not meant to take the place of the conventional construct, or argue the productions made by said construct. But to simply display an incredibly complex pattern within stellar dynamics. While demonstrating the pattern's relation to coronal temperature, and the process of stellar evolution. And thus the estimation of the 'habitable zones' of whichever host star is in question.

Data:

The aim of this particular paper, is isolating the patterned correlation of any star system's 'circumstellar habitable zone' and the relationship with respect to the star's solar mass and solar radius, whilst sidestepping the need for the interpolation of the star's luminosity. Figure one below, demonstrates the conditions for each star type.

Each 'axiom' describes the necessary operators, correlated to the overall stellar dimension. The use of 'variable value allocation' was necessary to ensure accuracy.

Fig 1.

{R = Solar Radius
{M= Solar Mass
{x = unit circle

a = $\left(\frac{R}{(M)x}\right)$; $\{\infty > M > 2\}$, $x = 1/2$

b = $\left(\frac{R}{(M)x}\right)$; $\{2 > M > 1.5\}$, $x = 1$

c = $\frac{R}{\left[\frac{1}{M}x\right]}$; $\{1.5 > M > 1\}$, $x = 2$

d = $\frac{R}{\left[\frac{1}{M}x\right]}$; $\{1 > M > 0\}$, $x = 1$

e = $\frac{R}{\left[\frac{1}{M}x\right]}$; $\{3 > (M, R) > 1\}$, $x = 1$

f = $\frac{R}{\left[\frac{1}{M}x\right]}$; $\{M > R\}$, $x = 1$

*Each algorithm above, offers a specific operation for each star-type categorized. Employing as mentioned, simply an arithmetic operation involving only the comparison of Solar mass/radius(alongside the 'unit circle x). Though there exists a clear unique quality to each algorithm, an obvious likeness is notable.

An axiom unlike 'e'(which creates a bound for solar radius), like for example 'a','b', or 'c' none of which create a alloted bound for solar radius, and only for solar mass, of course. Uness the axiom dictates a bound with respect to solar radius, a complete deviation is expected.

*Axioms a,b and c have the condition of the solar radius > 3. Otherwise the proceeding axioms are mutually exclusive in the way of incorporation and radius < 3.

Each particular variant of the R&M comparative algorithm, describes the unique solar dynamics with respect to each system's circumstellar habitable zone. As the original algorithm(involving coronal temperature comparison) predicts the "Earth-like" semi-major axis, with respect to the unique solar dynamics. This method(as mentioned, involving no temperature comparisons) also yields the predicted "Earth-like" semi-major axis. The same method of 'range' calculation is still necessary, so the results are multiplied by .7 and 1.5 respectively. As described above, this range will demonstrate the entirety of the star's 'habitable zone', with respect to the 'innermost edge' of the zone, to the point of frost.

In all instances of the algorithm, the inverse of the mass is taken. The quotient is then either divided into the specific radius of the star, or is simply multiplied by the radius, as the conditions(on the right side of each variant) indicate.

Each specific algorithm identifies a stellar pattern amongst each star type. Star types: M, K, G, A, F and B all have predictable 'circumstellar habitable zones' in the way of Solar radius/mass comparative quotient. The highlighted point this paper is trying to convey is: a clear pattern of raw solar mass and 'growth' cycles within all star types, translates to overall energy output, without the direct use of said energy as an operator.

The simplistic R/M, produces accurate 'habitable zone' measurements by means of utilization of algorithm 'C' indirectly. Meaning, the process of operation shown above mimics 'R/M' due to the close relationship of value[R x (1/M)]' and 'R/M' in specific circumstances. Though these circumstances are few. Thus an algorithm for each star type was necessary.

Variable x:

In each axiom, the inverse of the solar mass is divided by the variable (1/m)x or simply the inverse m(x) , before the operator of solar radius is introduced. The variable is treated as a 'unit circle'. Unit circle: In trigonometry, the unit circle has a radius of 1 and is centered at the origin. Thus the value is adjusted from 1 - 2, situationally. If 2 > M > 1.5 , the value of 'x' extends to 1. Alternatively if 1.5 > M > 1, the value of 'x' extends to 2.

$$R \times \frac{M}{4} \quad ; \{\infty > M > 2\}, x = 1/2$$

$$R \times \frac{1}{M} \quad ; \{2 > M > 1.5\}, x = 1$$

$$R \times \frac{M}{2} \quad ; \{1.5 > M > 1\}, x = 2$$

$$R \times M \quad ; \{1 > M > 0\}, x = 1$$

$$R \times M \quad ; \{3 > (M, R) > 1\}, x = 1$$

$$R \times M \quad ; \{M > R\}, x = 1$$

Alternatively, the axioms in **Figure 1** can show equivalent values with these particular products. The conventional method, which employs the 'solar constant' creates a product of with respect to the Solar Radius and correlating comparative coronal temperature.

{(R x (1/M)), (R x M), (R x (M/2)), (R x (M/4))}

These sets of products are the correlating operations which show equivalent values with respect to each 'star cast' and the value of the comparative coronal solar constant, are derivatives of the stellar mass of the particular star of interest. With respect to the allowable dynamics dictated by each axiom. Of course the need for the variable 'x', with these products has been woven in by way of the quotients. Though it is interesting, nearly half of the stellar hosts have an equivalency with respect to the 'solar constant' and tautological solar mass(not a derivative). Thus the interpolation of the variable 'x' is not used in the instances of the product.

Fig 2.

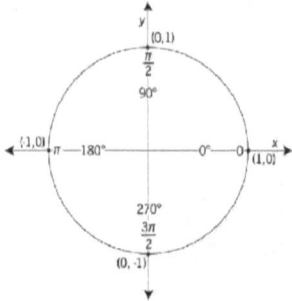

*Representation of a 'unit circle', clearly displaying a value of either +1, or -1.

Axiom (a) however has the value x=1/2. An outlier with respect to the remaining axioms.

Expressed Range:

This set of axioms, allows for 'habitable zone' calculations of star groups ranging from approximately 1,700 kelvin - 29,000 kelvin. A process again performed without those respective variables. The database of host stars ref [http://www.exoplanetkyoto.org/exohtml/A_All_HostStars.html], contains four thousand and thirty host stars, along with their exoplanets and estimated 'habitable zones'. From this specific database, these results were derived. Of course the accuracy, for each 'case' was cross referenced with ref [https://www.gps.caltech.edu/gps-research/research-programs/planetary-research-option/research-areas/exoplanets-planetary-astronomy], and ref [https://exoplanets.nasa.gov/].

The reason the aforementioned database was consulted so heavily, was simply the efficiency of the database's 'html' layout, and incredibly detailed specifications concerning each host star, that its counterparts did not employ.

The massive range expressed above(1700 Kelvin - 29,000 kelvin) boasts the quantification of an incredibly complex and polymorphic patterned relationship, with respect to solar dynamics. Clearly, with respect to the range of coronal temperature, these axioms possess a ubiquitous continuity with stellar evolution, and dynamics.

The accuracy of each axiom, relies on specific Solar Mass/Radius relationships, with respect to the overall coronal temperature, and thus estimated 'habitable zones'. Essentially a clear pattern exists, which this set of axioms exploits, to achieve the desired yields.

Though of course, with such enormously powerful variables involving 'solar birth' and the life cycle of each star, allows for very few, but noticeable aberrations. Put simply, a very small percentage(approximately 3 percent, or 150) of host stars, follow no pattern, and are obvious outliers.

The nature of 'x' is dictated by the correlated star-type, as shown above. The 'unit circle' being the ideal representation of the particular variance shown, also implies a 'sine/cosine' like relationship, with respect to value, that would run parallel with the value of the unit circle.

Fig 3.

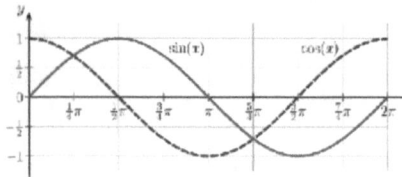

*Correlated linear representation of the value of 'x', and the value associated with the aforementioned variable, with respect to each specific star-class. Each function has a (+1,-1) in overall value. The equilibrium point, being that of '0'.

Just as the nature of variants ofsin(pi) and cos(pi), show oscillating values of 'x'. The same conditions for the variable 'x' associated with varying star types, manifests.

Simplification:

Fig 4.

$$\forall S_x = \frac{R}{(M^{1\vee -1})x} \in \bigcup$$

For every host star (Sx), the comparative nature of R/M(with specification) yields the 'Habitable zone', for all sets within the "Master Set".

*Compressing the axioms stated above in Fig 1.(a-f), results in the particular notation displayed in Fig 4.. Each specific algorithm offers the variable 'x' for conditional value. The results of either algorithm must also be multiplied by (.7) and (1.5), respectively. This will produce the estimated range of the 'circumstellar habitable zone'. Or more simply,

$\frac{R}{(M^{1\vee -1})x}$. This general expression yields equivalent results for each specified axiom, shown above. The variable 'M' is given the conditional notation of exponent,

(1 or -1). And of course, the value fluctuation of 'x', per each host star's unique dynamics(with respect to cast).

*As mentioned earlier, the conditional use 'R/M', can now be easily understood: When 'M' conditionally rises to the power of positive 1, obviously the value remains unchanged. Thus when the aforementioned condition meets the value of 'x = 1', the expression is equivalent to 'R/M', in process and yield.

Outliers:

As stated above, the only grouping of outliers resides with the 'M9' stellar cast. Average coronal temperature of said star type is approximately 3300 kelvin. The star class itself clearly has a dis-proportionate energy emission, by comparison to the majority of the other host star types.

The writer would shutter at the concept of 'error', on the part of the 'powers that be'. Though an interesting postulate would be: "Perhaps due to the extremely low coronal temperature, and subsequent energy emissions with respect to the inverse square law($1/r^2$), the photometers(mounted aside the observance probes) had difficulty converting an accurate emission measurement, due to increase in red-shift and the fact of severely low intensity luminosity emission.

Though as the 'Russel paradox' details, "there are exceptions to every rule." This is of course paraphrasing, though the general point is clear.

M9 is a globular cluster located in the southern section of the constellation Ophiuchus123. It was discovered by Charles Messier on May 28, 17641. With an apparent magnitude of +8.4, it's one of the fainter objects of its type in Messier's catalogue1. The stars in the globular cluster are gravitationally bound to each other, with most of the stars concentrated at the cluster's center3. M9 is located only 25,000 light-years away in the constellation Ophiuchus, making it one of the closest globular clusters to the center of our Milky Way galaxy.

ref [https://www.nasa.gov/feature/goddard/2017/messier-9/]

M star cast is the most prevalent in the universe. Making up nearly seventy-five percent of all host stars, present in the observable universe. M9's however make up a small portion of the entire M cast star group.

Even a small portion of this cast do follow the prediction of the appropriate algorithm, though the majority do not.

Fig 5.

*Two random examples concerning the de-correlation of the 'M9 star cast'. These two 'M9 host stars' follow the pattern dictated by the proposed revision of the 'solar constant'. As dictated in Fig 1., algorithm 'd' implies the use of 'R/(1/m)'

3239   OGLE-2015-BLG-1649   0.3506   0.3400
13796.40   M9   3300   22.0   Exoplanet

The Star OGLE-2015-BLG-1649 's habitable zone is located at the following distance

Inner Boundary (the orbital distance at Venus's Equivalent Radiation) : 0.083 AU (12372820.3 km)

Earth Boundary (the orbital distance at Earth's Equivalent Radiation) : 0.114 AU (17102471.1 km)

Outer Boundary (the orbital distance at Mars's Equivalent Radiation) : 0.174 AU (26060381.2 km)

Snow Line (the orbital distance at Snow Line Equivalent Radiation) : 0.256 AU (38348992.6 km)

(Habitable zone calculated based on SEAU(Solar Equivalent Astronomical Unit) around the star OGLE-2015-BLG-1649)

Algorithm 'd': 1/M = 1/.34 = 2.94.., R = .35, .35/2.94 = .119 AU as being the proportionate 'Earth-like' semi-major axis.

.119 x .7 = .083 AU
.119 x 1.5 = .178 AU

Nearly an exact match.

3240   OGLE-2015-BLG-1670L   0.5033   0.5500
21852.45   M9   3300   22.0

*Courtesy of NASA's public database, ***Figure 5*** depict the Messier 9 cluster. The cluster is gravitationally bound, creating a spectacular array of luminosity.

ref [https://www.nasa.gov/mission_pages/hubble/science/messier9.html]

Fig 6.

985   KMT-2016-BLG-0212   0.4669   0.5000   19569.36   M9   3300   22.0   Exoplanet

986   KMT-2016-BLG-0625   0.4336   0.0000   0.00   M9   3300   22.0   Exoplanet

987   KMT-2016-BLG-1105   0.4061   0.4100   16568.72   M9   3300   22.0   Exoplanet

988   KMT-2016-BLG-1107   0.0870   0.0870   21692.64   M9   3300   22.0   Exoplanet

989   KMT-2016-BLG-1397   0.4332   0.4500   21526.30   M9   3300   22.0   Exoplanet

990   KMT-2016-BLG-1751   0.4336   0.0000   0.00   M9   3300   22.0   Exoplanet

991   KMT-2016-BLG-1820   0.0390   0.0390   20417.37   M9   3300   22.0   Exoplanet

992 KMT-2016-BLG-1836L 0.4602 0.4900
23157.08 M9 3300 22.0 Exoplanet

993 KMT-2016-BLG-2142 0.0730 0.0730
22863.54 M9 3300 22.0 Exoplanet

994 KMT-2016-BLG-2364 0.4669 0.5000
21004.45 M9 3300 22.0 Exoplanet

995 KMT-2016-BLG-2397 0.5544 0.6200
16337.15 M9 3300 22.0 Exoplanet

996 KMT-2016-BLG-2605 0.0640 0.0640
20942.48 M9 3300 22.0 Exoplanet

997 KMT-2017-BLG-0165L 0.6522 0.7600 inf
M9 3300 22.0 Exoplanet

998 KMT-2017-BLG-0428 0.3506 0.3400
17612.42 M9 3300 22.0 Exoplanet

999 KMT-2017-BLG-0673L 0.5616 0.6300
16568.72 M9 3300 22.0 Exoplanet

1000 KMT-2017-BLG-1038 0.4196 0.4300 inf
M9 3300 22.0 Exoplanet

1001 KMT-2017-BLG-1146 0.3994 0.4000
21526.30 M9 3300 22.0 Exoplanet

1002 KMT-2017-BLG-2509 0.4399 0.4600
22961.38 M9 3300 22.0 Exoplanet

1003   1.8920 1.2010 768.75   G4
5710 10.3 Exoplanet

1004 KMT-2018-BLG-0029 1.0405 1.0600
8904.06 M9 3300 22.0 Exoplanet

1005 KMT-2018-BLG-0030 0.4742 0.5100
2087.40 M9 3300 22.0 Exoplanet

1006 KMT-2018-BLG-0087 0.1259 0.1000
22896.15 M9 3300 22.0 Exoplanet

1007 KMT-2018-BLG-0247 0.3087 0.2900
22048.15 M9 3300 22.0 Exoplanet

1008 KMT-2018-BLG-0748 0.0870 0.0870
23809.39 M9 3300 22.0 Exoplanet

1009 KMT-2018-BLG-0885 0.3087 0.2900
22472.15 M9 3300 22.0 Exoplanet

1010 KMT-2018-BLG-1025L 0.2474 0.2200
21852.45 M9 3300 22.0 Exoplanet

1011 KMT-2018-BLG-1292L 1.3563 1.6000
9523.76 M9 3300 22.0 Exoplanet

1012 KMT-2018-BLG-1743 0.3172 0.3000
20221.67 M9 3300 22.0 Exoplanet

1013 KMT-2018-BLG-1976L 0.5756 0.6500
19047.51 M9 3300 22.0 Exoplanet

1014 KMT-2018-BLG-1988L 0.4467 0.4700
13698.55 M9 3300 22.0 Exoplanet

1015 KMT-2018-BLG-1990L 0.1703 0.1400
4041.07 M 3300 22.0 Exoplanet

1016 KMT-2018-BLG-2004 0.6034 0.6900
22765.69 M9 3300 22.0 Exoplanet

1017 KMT-2018-BLG-2119 0.2385 0.2100
24200.78 M9 3300 22.0 Exoplanet

1018 KMT-2018-BLG-2602 0.5826 0.6600
14057.32 M9 3300 22.0 Exoplanet

1019 KMT-2018-BLG-2718 0.7165 0.8200
14644.40 M9 3300 22.0 Exoplanet

1020 KMT-2019-BLG-0253 0.6104 0.7000
15981.64 M9 3300 22.0 Exoplanet

1021 KMT-2019-BLG-0297 0.2385 0.2100
10078.22 M9 3300 22.0 Exoplanet

1022 KMT-2019-BLG-0298 0.4336 0.0000 0.00 M9 3300 22.0 Exoplanet

1023 KMT-2019-BLG-0335 0.3342 0.3200 25146.63 M9 3300 22.0 Exoplanet

1024 KMT-2019-BLG-0371 0.0900 0.0900 22912.46 M9 3300 22.0 Exoplanet

1025 KMT-2019-BLG-0414 0.6383 0.7400 14383.48 M9 3300 22.0 Exoplanet

1026 KMT-2019-BLG-0842 0.6522 0.7600 10828.38 M9 3300 22.0 Exoplanet

1027 KMT-2019-BLG-1003 0.3342 0.3200 23124.46 M9 3300 22.0 Exoplanet

1028 KMT-2019-BLG-1042 0.3172 0.3000 21526.30 M9 3300 22.0 Exoplanet

1029 KMT-2019-BLG-1367 0.2744 0.2500 15231.49 M9 3300 22.0 Exoplanet

1030 KMT-2019-BLG-1552 0.6731 0.7900 0.00 M9 3300 22.0 Exoplanet

1031 KMT-2019-BLG-1715 0.6522 0.7600 12589.62 M9 3300 22.0 Exoplanet

1032   KMT-2019-BLG-1806   OGLE-2019-BLG-1250
0.6383   0.7400   21656.76   M9   3300   22.0
Exoplanet

1033   KMT-2019-BLG-1953   0.3258   0.3100
22961.38   M9   3300   22.0   Exoplanet

1034   0.6070   0.6270   418.78   M0
3841   15.0   Exoplanet

1035   KMT-2019-BLG-2974   0.4467   0.4700
19895.52   M9   3300   22.0   Exoplanet

1036   KMT-2020-BLG-0414   0.3702   0.3640
3979.10   M9   3300   22.0   Exoplanet

1037   KMT-2021-BLG-0119   0.4336   0.0000   0.00
M9   3300   22.0   Exoplanet

1038   KMT-2021-BLG-0171L   0.6661   0.7800
15003.18   M9   3300   22.0   Exoplanet

1039   KMT-2021-BLG-0192   0.3994   0.4000
9784.68   M9   3300   22.0   Exoplanet

1040   KMT-2021-BLG-0240   0.4467   0.4700
22830.92   M9   3300   22.0   Exoplanet

1041   KMT-2021-BLG-0320   0.3342   0.3200
22667.84   M9   3300   22.0   Exoplanet

1042   KMT-2021-BLG-0712   0.2474   0.2200
10078.22   M9   3300   22.0   Exoplanet

1043   KMT-2021-BLG-0748   0.3669   0.3600
19862.90   M9   3300   22.0   Exoplanet

1044   KMT-2021-BLG-0909   0.3833   0.3800
21134.91   M9   3300   22.0   Exoplanet

1045   KMT-2021-BLG-0912   MOA-2021-BLG-233
0.6452   0.7500   21885.07   M9   3300   22.0
Exoplanet

1046   KMT-2021-BLG-1077L   0.1703   0.1400
26875.25   M9   3300   22.0   Exoplanet

1047   KMT-2021-BLG-1105   0.5616   0.6300
14807.48   M9   3300   22.0   Exoplanet

1048   KMT-2021-BLG-1253   0.2654   0.2400
21686.11   M9   3300   22.0   Exoplanet

1049   KMT-2021-BLG-1303   MOA-2021-BLG-182
0.5179   0.5700   20482.60   M9   3300   22.0
Exoplanet

1050   KMT-2021-BLG-1372   0.4129   0.4200
19471.51   M9   3300   22.0   Exoplanet

1051   KMT-2021-BLG-1554   0.0800   0.0800
25048.78   M9   3300   22.0   Exoplanet

1052   KMT-2021-BLG-1689L   0.5252   0.5800
23483.23   M9   3300   22.0   Exoplanet

1053   KMT-2021-BLG-1898   0.4534   0.4800
22504.76   M9   3300   22.0   Exoplanet

1054   KMT-2021-BLG-1931   0.3751   0.3700
18656.12   M9   3300   22.0   Exoplanet

1055   KMT-2021-BLG-2010   0.3751   0.3700
23124.46   M9   3300   22.0   Exoplanet

1056   KMT-2021-BLG-2294   0.1539   0.1250
22276.45   M9   3300   22.0   Exoplanet

1057   KMT-2021-BLG-2478   0.1483   0.1200
8153.90   M9   3300   22.0   Exoplanet

1058   KMT-2022-BLG-0371   0.5616   0.6300
23287.54   M9   3300   22.0   Exoplanet

1059   KMT-2022-BLG-0440L   0.4887   0.5300
11415.46   M9   3300   22.0   Exoplanet

3126 MOA-2007-BLG-192L 0.0600 0.0600
2283.09 M 3300 19.8 Exoplanet

3127 MOA-2007-BLG-197L 0.7165 0.8200
13600.71 M9 3300 22.0 Exoplanet

3128 MOA-2007-BLG-400L 0.6034 0.6900
22472.15 M9 3300 22.0 Exoplanet

3129 MOA-2008-BLG-310L 0.5895 0.6700
19569.36 M9 3300 23.4 Exoplanet

3130 MOA-2008-BLG-379L 0.5826 0.6600
11741.62 M9 3300 22.0 Exoplanet

3131 MOA-2009-BLG-266L 0.5106 0.5600
9915.14 M9 3300 22.0 Exoplanet

3132 MOA-2009-BLG-319 0.3833 0.3800
19895.52 K 4500 22.0 Exoplanet

3133 MOA-2009-BLG-387L 0.2201 0.1900
18590.89 M 3300 22.0 Exoplanet

3134 __MOA-2010-BLG-073L 0.1920 0.1600
9132.37 M 3300 22.0 Exoplanet

3135 MOA-2010-BLG-117 0.5252 0.5800
11089.30 M9 3300 21.7 Exoplanet

3136 MOA-2010-BLG-328L 0.1371 0.1100
2641.86 M 3300 22.0 Exoplanet

3137 MOA-2010-BLG-353L 0.2107 0.1800
20971.83 M 3300 22.0 Exoplanet

3138 MOA-2010-BLG-477L 0.4887 0.5300
7501.59 WD 5500 22.0 Exoplanet

3139 MOA-2011-BLGL-028L 0.6452 0.7500
24070.31 M9 3300 22.0 Exoplanet

3140 MOA-2011-BLG-262L 0.1483 0.1200
23972.47 M9 3300 22.0 Exoplanet

3141 MOA-2011-BLG-274 0.4336 0.0000
2609.25 M9 3300 22.0 Exoplanet

3142 MOA-2011-BLG-291 0.2474 0.2200
22830.92 M9 3300 22.0 Exoplanet

3144 MOA-2011-BLG-322 0.3258 0.3100
25244.47 M9 3300 22.0 Exoplanet

3145 MOA-2012-BLG-006 0.4602 0.4900
17286.27 M9 3300 22.0 Exoplanet

3146 MOA-2012-BLG-505L 0.4336 0.0000
23515.85 M 3300 22.0 Exoplanet

3147 MOA-2013-BLG-220L 0.8110 0.8800 21917.68 M9 3300 22.0 Exoplanet

3148 MOA-2013-BLG-605L 0.2201 0.1900 11741.62 M9 3300 22.0 Exoplanet

3149 MOA-2014-BLG-472 0.3258 0.3100 23483.23 M9 3300 22.0 Exoplanet

3150 0.3506 0.3400 13796.40 M9 3300 22.0 Exoplanet

3151 MOA-2016-BLG-227L 0.2654 0.2400 20873.98 M9 3300 22.0 Exoplanet

3152 MOA-2016-BLG-231 0.0210 0.0210 9295.45 M9 3300 22.0 Exoplanet

3153 MOA-2016-BLG-319L 0.1813 0.1500 22178.61 M9 3300 22.0 Exoplanet

3154 MOA-2016-BLG-532 "KMT-2016-BLG-0506, OGL-2016-BLG-1749" 0.4336 0.0000 0.00 M9 3300 22.0 Exoplanet

3155 MOA-2019-BLG-008L 0.6452 0.7500 8806.21 M9 3300 22.0 Exoplanet

3156 MOA-2020-BLG-135 0.2564 0.2300
25766.32 M9 3300 22.0 Exoplanet

3157 MOA-2020-BLG-208 0.5798 0.6560
24429.08 M9 3300 22.0 Exoplanet

3158 MOA_2009-BLG-411L 0.2107 0.1800
22504.76 M 3300 22.0 Exoplanet

3188 OGL-2017-BLG-0614 KMT-2017-BLG-0357
0.5686 0.6400 20873.98 M9 3300 22.0
Exoplanet

3189 OGLE-GD-ECL-11388 0.5471 0.6100
0.00 sdB2VII 5500 22.0 Exoplanet

3190 OGLE-TR-10 1.1600 1.1800 4892.34 G
or K 6075 14.9 Exoplanet

3191 OGLE-TR-56 1.3200 1.1700 4892.34 G
5500 16.6 Exoplanet

3192 OGLE-TR-111 0.8310 0.8200 4892.34
G or K 5070 15.6 Exoplanet

3193 OGLE-TR-113 0.7650 0.7800 4892.34
K 4752 14.4 Exoplanet

3194 OGLE-TR-132 1.3400 1.2600 4892.34 F 6210 15.7 Exoplanet

3195 OGLE-TR-182 1.1400 1.1400 12720.08 G1 5924 16.8 Exoplanet

3196 OGLE-TR-211 1.6400 1.3300 5710.34 F8 6325 14.3 Exoplanet

3272 OGLE-2018-BLG-0271 KMT-2018-BLG-0879 0.2564 0.2300 23483.23 M9 3300 22.0 Exoplanet

3273 OGLE-2018-BLG-0298 0.6034 0.6900 21330.60 M9 3300 22.0 Exoplanet

3274 OGLE-2018-BLG-0360 "KMT-2018-BLG-2014, MOA-2018-BLG-116" 0.6243 0.7200 20873.98 M9 3300 22.0 Exoplanet

3275 OGLE-2018-BLG-0383 KMT-2018-BLG-0900 0.1259 0.1000 25114.01 M9 3300 22.0 Exoplanet

3276 OGLE-2018-BLG-0506 0.5616 0.6300 18264.74 M9 3300 22.0 Exoplanet

3277 OGLE-2018-BLG-0516 0.4467 0.4700 22830.92 M9 3300 22.0 Exoplanet

3278 OGLE-2018-BLG-0532 0.2286 0.1990
2576.63 M9 3300 22.0 Exoplanet

3279 OGLE-2018-BLG-0567L 0.2654 0.2400
23059.23 M9 3300 22.0 Exoplanet

3280 OGLE-2018-BLG-0596 0.2295 0.2000
19243.20 M9 3300 22.0 Exoplanet

3281 OGLE-2018-BLG-0677L "OGLE-2018-BLG-0680, KMT-2018-BLG-0816" 0.1259 0.1000
25114.01 M9 3300 22.0 Exoplanet

3288 OGLE-2018-BLG-1126 KMT-2018-BLG-2064
0.6034 0.6900 18590.89 M9 3300 22.0 Exoplanet

3289 OGLE-2018-BLG-1185 0.3751 0.3700
24135.54 M9 3300 22.0 Exoplanet

3290 OGLE-2018-BLG-1212 "MOA-2018-BLG-365, KMT-2018-BLG-2299" 0.1920 0.1600
5055.42 M9 3300 22.0 Exoplanet

3291 OGLE-2018-BLG-1269L 1.0878 1.1300
8349.59 M9 3300 16.0 Exoplanet

3292   OGLE-2018-BLG-1367   KMT-2018-BLG-0914
0.3001   0.2800   17514.58   M9   3300   22.0
Exoplanet

3293   OGLE-2018-BLG-1428L   0.4196   0.4300
20286.90   M9   3300   22.0   Exoplanet

3294   OGLE-2018-BLG-1489   KMT-2018-BLG-1534
0.4534   0.4800   21200.14   M9   3300   22.0
Exoplanet

3295   OGLE-2018-BLG-1544   0.5544   0.6200
20547.83   M9   3300   22.0   Exoplanet

3296   OGLE-2018-BLG-1647   KMT-2018-BLG-2060
0.0920   0.0920   0.00   M9   3300   22.0
Exoplanet

3297   OGLE-2018-BLG-1700L   0.4960   0.5400
24787.86   M9   3300   22.0   Exoplanet

3298   OGLE-2018BLG-1011L   0.2107   0.1800
23157.08   M9   3300   22.0   Exoplanet

3299   OGLE-2019-BLG-0033
MOA-2019- BLG-035   0.1806   0.1494   10502.22
M9   3300   22.0   Exoplanet

3300 KMT-2017-BLG-2509 0.4399 0.4600 22961.38 M9 3300 22.0 Exoplanet

3301 OGLE-2019-BLG-0362 0.4129 0.4200 19014.89 M9 3300 22.0 Exoplanet

3302 OGLE-2019-BLG-0468L 0.8740 0.9200 14350.86 M9 3300 22.0 Exoplanet

3303 0.6070 0.6270 418.78 M0 3841 15.0 Exoplanet

3304 OGLE-2019-BLG-0954L KMT-2019-BLG-3289 0.6850 0.8000 11839.46 M9 3300 22.0 Exoplanet

3305 OGLE-2019-BLG-0960 0.4467 0.4700 2870.17 M9 3300 22.0 Exoplanet

3306 OGL-2019-BLG-1053L 0.5471 0.6100 22178.61 M9 3300 22.0 Exoplanet

3307 OGLE-2019-BLG-1470LAB 0.6243 0.7200 19895.52 M9 3300 22.0 Exoplanet

3308 OGLE-2019-BLG-1492 0.5965 0.6800 18264.74 M9 3300 22.0 Exoplanet

3309   OGLE-2017-BLG-1806   KMT-2017-BLG-1021
0.3833   0.3800   20873.98   M9   3300   22.0

ref [http://www.exoplanetkyoto.org/exohtml/A_All_HostStars.html]

<u>Count: 154 isolated cases of deviation.</u>
*154(Outliers)/4030(Total Host stars) = 3.82..percent deviation.

<u>Specimen:</u>

<u>KOI STAR GROUPING:</u>

All particular star casts, exhibit patterned characterists of proportion and correlated intensity. The majority of '**KOI**', are '**K'** type and '**G'** type host stars. With average coronal temperature ranging from approximately ***four thousand degrees Kelvin - six thousand degrees kelvin. Meaning the majority of the participants in this cast, are very similar to our own sun.***

A Kepler object of interest (KOI) is a star observed by the Kepler space telescope that is suspected of hosting one or more transiting planets. KOIs come from a master list of 150,000 stars, which itself is generated from the Kepler Input Catalog (KIC). A KOI shows a periodic dimming, indicative of an unseen planet passing between the star and Earth, eclipsing part of the star. However, such an observed dimming is not a guarantee of a transiting planet, because other astronomical objects—such as an eclipsing binary in the background—can mimic a transit signal. For this reason, the majority of KOIs are as yet not confirmed transiting planet systems.

ref [https://en.wikipedia.org/wiki/Kepler_object_of_interest]

Fig 7.

1061   KOI-5   1.7470   0.0000   0.00   G3 5753   10.5   Exoplanet

1062   KOI-12   "KOI-12, 2MASS J19494889+4100395, KIC 5812701, Kepler-448, TYC 3140-349-1, WISE J194948.89+410039.6"   1.4000   1.5000   1317.64   F3   6820   11.5 Exoplanet

1063   KOI-55   "KOI-55, 2MASS J19452546+4105339, KIC 5807616, Kepler-70, WISE J194525.47+410534.7"   0.2000   0.5000 3848.64   B   27730   14.9   Exoplanet

1064   2MASS_J19373645+5010195 11869052   1.2310   0.9320   2808.20   G5 5667   11.8   Exoplanet

*1065 KOI-126 2.1900 1.0600 3021.15
G2 5846 22.0 Exoplanet*

*1066 KOI-142 "KOI-142, 2MASS
J19243554+4040098, KIC 5446285, Kepler-88,
TIC 122712595, WISE J192435.54+404009.8"
0.9000 0.9900 1105.67 G6 V 5466 13.5
Exoplanet*

*1067 KOI-368 2.0430 2.1700 3489.87 F6
9257 11.3 Exoplanet*

*1068 KOI-415 "KIC 6289650, 2MASS
J19331345+4136229" 1.2500 0.9400
3139.45 G0IV 5810 13.0 Exoplanet*

*1069 KOI-771 0.9400 0.9500 4546.13
G7 5520 15.2 Exoplanet*

*1070 KOI-984 0.8180 0.9280 748.95 K0
5295 12.0 Exoplanet*

*1071 KOI-1257 "KOI-1257, 2MASS
J19245404+4455385, KIC 8751933, KOI-1257
A, Kepler-420, WISE J192454.01+445538.5"
1.1300 0.9900 2935.40 G5 V 5520 13.2
Exoplanet*

1072 KOI-1599 "KIC 5474613, 2MASS J19532972+4037063, KOI-1599, Kepler-1659, WISE J195329.69+403706.1" 0.9700 1.0200 3812.73 G7 5370 14.6 Exoplanet

1073 KOI-1783 "KIC 10005758, 2MASS J19172193+4659176, Kepler-1662, TIC 159051209, WISE J191721.95+465917.6" 1.1400 1.0800 2841.33 G1 5922 13.8 Exoplanet

1074 KOI-2513 1.0360 1.0320 0.00 F8 6347 14.7 Exoplanet

1075 KOI-2700 0.5740 0.6320 1608.66 K5 4433 15.9 Exoplanet

1076 KOI-3680 "KOI-3680, 2MASS J19330757+4518348, KIC 9025971, Kepler-1657, WISE J193307.57+451834.8" 0.9600 1.0100 3087.43 G2 5830 14.3 Exoplanet

1077 KOI-4427 0.5050 0.5260 782.77 M0 3813 9.3 Exoplanet

1078 KOI-4777 0.4000 0.4100 556.62 M4 3515 17.0 Exoplanet

1079   KOI-4878   2MASS J19045474+5000488
1.0680   0.9720   0.00   G0   6031   12.1
Exoplanet

2 MASS STAR GROUPING:

The Two Micron All-Sky Survey, or 2MASS, was an astronomical survey of the whole sky in infrared light.[1] It took place between 1997 and 2001, in two different locations: at the U.S. Fred Lawrence Whipple Observatory on Mount Hopkins, Arizona, and at the Cerro Tololo Inter-American Observatory in Chile, each using a 1.3-meter telescope for the Northern and Southern Hemisphere, respectively.[2] It was conducted in the short-wavelength infrared at three distinct frequency bands (J, H, and K) near 2 micrometres, from which the photometric survey with its HgCdTe detectors derives its name.[1]

2MASS produced an astronomical catalog with over 300 million observed objects, including minor planets of the Solar System, brown dwarfs, low-mass stars, nebulae, star clusters and galaxies. In addition, 1 million objects were cataloged in the 2MASS Extended Source Catalog (2MASX). The cataloged objects are designated with a "2MASS" and "2MASX"-prefix respectively.

ref [https://en.wikipedia.org/wiki/2MASS]

Fig 8.

1080 2MASS_J19334766+4244416 7205717
1.2070 1.0220 4225.37 G2 5834 13.8
Exoplanet

1081 2MASS_J19071659+3751324 2557350
0.4100 0.4270 0.00 M3 3627 15.2
Exoplanet

1082 2MASS_J19434782+4014521 5115688
4.9500 1.7650 5458.68 K1 5039 13.5
Exoplanet

1083 LPI-7913 5171707 0.9890 0.9450
4563.54 G4 5705 15.3 Exoplanet

1084 2MASS_J19344243+4020026 5193439
1.0320 1.0350 5059.04 G0 6133 14.3
Exoplanet

1085 2MASS_J19303502+4121109 6045093
0.8380 0.9390 2562.11 G7 5496 14.7
Exoplanet

1086 2MASS_J19342555+4118226 6048255
1.7090 1.4350 4947.00 F0 7289 13.8
Exoplanet

1087   2MASS_J19095216+4128178   6111011
0.7420   0.7980   5075.57   G6   5547   15.3
Exoplanet

1088   2MASS_J19330703+4124132   6128245
0.8630   0.9530   2972.35   G1   5918   14.6
Exoplanet

1089   2MASS_J19012151+4132230   6187508
0.7930   0.8400   2834.91   G7   5393   14.9
Exoplanet

1090   2MASS_J19114836+4224474   6936977
0.7690   0.8380   2044.09   G7   5461   14.1
Exoplanet

1091   2MASS_J19255900+4228412   6947623
0.7990   0.8860   2139.43   G7   5411   14.6
Exoplanet

1092   2MASS_J19282818+4227226   6949550
0.8490   0.9190   5303.35   G1   5985   14.9
Exoplanet

1093   2MASS_J19361857+4224080   6956176
2.9350   0.8050   12705.73   K0   5195   13.2
Exoplanet

1094   2MASS_J19101695+4331542   7811211
0.7550   0.8260   5044.17   G2   5776   14.4
Exoplanet

1095   2MASS_J19132930+4335283   7812893
0.6750   0.6680   0.00   K6   4298   15.3
Exoplanet

1096   2MASS_J19200188+4330076   7816935
1.1060   1.0780   4447.78   F8   6276   14.9
Exoplanet

1097   2MASS_J18452562+4339300   7868967
0.5250   0.5450   0.00   M0   3867   15.1
Exoplanet

1098   2MASS_J19420054+4336355   7902204
0.9110   1.0280   5354.72   G2   5778   15.7
Exoplanet

1099   2MASS_J18504142+4347179   7939761
2.3880   1.1970   4826.22   G7   5349   13.9
Exoplanet

1100   2MASS_J20052510+4431298   8526387
0.6680   0.6590   1925.93   K4   4535   15.4
Exoplanet

1101 2MASS_J19153369+4437012 8552540
0.9910 0.9830 754.07 G1 5951 10.1
Exoplanet

1102 2MASS_J19264939+4437067 8559796
1.8440 1.4340 4171.33 F2 7105 13.1
Exoplanet

1103 2MASS_J19073983+4442163 8613446
1.0240 1.0800 4056.16 G0 6158 15.4
Exoplanet

1104 2MASS_J19280416+4442477 8625408
1.1430 1.0800 2366.02 F8 6338 12.9
Exoplanet

1105 2MASS_J19340728+4449579 8693536
1.1780 1.2000 6391.46 F7 6475 14.2
Exoplanet

1106 2MASS_J19394814+4614317 9596064
0.7630 0.8550 3698.75 K0 5227 16.0
Exoplanet

1107 2MASS_J18584792+4622303 9635520
1.0000 1.0000 0.00 G2 5780 13.9
Exoplanet

*1108   2MASS_J19100257+4623238   9640123
1.1130   1.0660   3087.72   F7   6357   13.7
Exoplanet*

*1109   2MASS_J18552341+4730563
10388451   0.5260   0.5350   1008.77   M1
3761   15.3   Exoplanet*

*1110   2MASS_J19131131+4733361
10396708   0.7150   0.6930   1518.49   K2
4889   14.4   Exoplanet*

*1111   2MASS_J18483788+4741115
10450504   0.7520   0.7270   2545.71   K2
4918   15.5   Exoplanet*

*1112   2MASS_J19354742+4803549
10736489   0.8270   0.8830   0.00   K0   5225
12.6   Exoplanet*

*1113   2MASS_J19013040+4927421
11495989   0.5480   0.5480   1390.56   K4
4668   14.0   Exoplanet*

*1114   2MASS_J19101799+4933042
11551652   2.0690   1.4400   2264.66   F0
7302   10.8   Exoplanet*

1115   2MASS_J19091658+4939251
11602794   0.9270   0.8800   2918.10   G7
5455   15.3   Exoplanet

1116   KOI-7913   0.7900   0.7600   891.19
M9   3300   14.2   Exoplanet

1117   KPS-1   2MASS11004017+6457504
0.9070   0.8920   859.59   K1   5165   13.0
Exoplanet

KEPLER STAR GROUPING:

The 'Kepler Space initiative' gave humanity a true grasp, with respect to the probability of potentilly '**habitable exoplanets**'. Through the enormous database gathered, vivid characters, concerning conditions on said exoplanets, have helped researchers understand what an exoplanet has to have '**under the hood**, before copulation can potentially occur.

This new finding is a significant step forward in Kepler's original mission to understand how many potentially habitable worlds exist in our galaxy. Previous estimates of the frequency, also known as the occurrence rate, of such planets ignored the relationship between the star's temperature and the kinds of light given off by the star and absorbed by the planet.

The new analysis accounts for these relationships, and provides a more complete understanding of whether or not a given planet might be capable of supporting liquid water, and potentially life. That approach is made possible by combining Kepler's final dataset of planetary signals with data about each star's energy output from an extensive trove of data from the European Space Agency's Gaia mission.

"We always knew defining habitability simply in terms of a planet's physical distance from a star, so that it's not too hot or cold, left us making a lot of assumptions," said Ravi Kopparapu, an author on the paper and a scientist at NASA's Goddard Space Flight Center in Greenbelt, Maryland. "Gaia's data on stars allowed us to look at these planets and their stars in an entirely new way."

Gaia provided information about the amount of energy that falls on a planet from its host star based on a star's flux, or the total amount of energy that is emitted in a certain area over a certain time. This allowed the researchers to approach their analysis in a way that acknowledged the diversity of the stars and solar systems in our galaxy.

"Not every star is alike," said Kopparapu. "And neither is every planet."

Though the exact effect is still being researched, a planet's atmosphere figures into how much light is needed to allow liquid water on a planet's surface as well. Using a conservative estimate of the atmosphere's effect, the researchers estimated an occurrence rate of about 50% – that is, about half of Sun-like stars have rocky planets capable of hosting liquid water on their surfaces. An alternative optimistic definition of the habitable zone estimates about 75%.

ref [https://www.nasa.gov/feature/ames/kepler-occurrence-rate]

Fig 9.

ref [https://www.nasa.gov/mission_pages/kepler/multimedia/images/NGC6791Hot300.html]

Star Cluster, taken by Kepler probe. Only eccompassing approximately (.2) percent of Kepler's image field.

1118 Kepler-4 "2MASS J19022767+5008087, KIC 11853905, KOI-7, WISE J190227.69+500808.7" 1.4900 1.2200 1793.86 G0 5857 12.7 *Exoplanet*

1119 Kepler-5 "2MASS J19573768+4402061, KIC 8191672, KOI-18, WISE J195737.69+440206.0" 1.7900 1.3700 3011.76 F8 6297 12.1 *Exoplanet*

1120 Kepler-6 "2MASS J19472094+4814238, KIC 10874614, KOI-17, WISE J194720.94+481423.9" 1.3900 1.2100 1947.61 G5 5647 12.0 *Exoplanet*

1121 Kepler-7 "2MASS J19141956+4105233, KIC 5780885, KOI-97, WISE J191419.55+410523.1" 1.9700 1.3600 3090.20 G1 5933 11.8 *Exoplanet*

1122 Kepler-8 "2MASS J18450914+4227038, KIC 6922244, KOI-10, WISE J184509.14+422703.9" 1.4900 1.2100 3434.10 F8 6213 13.9 Exoplanet

1123 Kepler-9 "2MASS J19021775+3824032, KIC 3323887, KOI-377, WISE J190217.77+382402.9" 0.9600 1.0200 2002.60 G3 5774 13.9 Exoplanet

1124 Kepler-10 "2MASS J19024305+5014286, KIC 11904151, KOI-72, WISE J190243.03+501429.1" 1.0600 0.9100 608.28 G 5708 11.2 Exoplanet

1125 Kepler-11 "2MASS J19482762+4154328, KIC 6541920, KOI-157, WISE J194827.62+415432.9" 1.0600 0.9600 2148.03 G 5663 13.7 Exoplanet

1126 Kepler-12 "KOI-20, KIC 11804465, 2MASS J19045842+5002253, GSC 03549-00844, WISE J190458.41+500225.3" 1.4800 1.1700 2949.75 G0 5947 13.4 Exoplanet

*1127 Kepler-14 "Kepler-14, 2MASS
J19105011+4719589, KIC 10264660,
KOI-98, TYC 3546-00413-1, WISE
J191050.10+471958.8" 2.0500 1.5100
3196.33 F 6395 12.1 Exoplanet*

*1128 Kepler-15 "2MASS
J19444814+4908244, KIC 11359879, KOI-128,
WISE J194448.21+490824.1" 0.9900 1.0200
2463.72 G7 5515 13.8 Exoplanet*

*1129 Kepler-16_(AB) 0.6500 0.8499
127.20 K 4450 12.0 Exoplanet*

*1130 Kepler-17 "2MASS
J19533486+4748540, KIC 10619192, KOI-203,
WISE J195334.86+474853.9" 1.0500 1.1600
2609.25 G2 V 5781 14.0 Exoplanet*

*1131 Kepler-18 "2MASS
J19521906+4444467, GSC 03149-
02089, KIC 8644288, KOI-137, WISE
J195219.06+444446.6" 1.1100 0.9700
1430.23 G7 5345 14.0 Exoplanet*

*1132   Kepler-19   "2MASS
J19214099+3751064, GSC 03134-01549, KIC
2571238, KOI-84, TYC 3134-01549-1, WISE
J192141.02+375106.1"   0.8600   0.9400   inf
G7   5544   12.0   Exoplanet*

*1133   Kepler-20   "2MASS
J19104752+4220194, KIC 6850504, KOI-70,
Kepler-20 A, WISE J191047.52+422019.0"
0.9600   0.9500   929.15   G8   5495   12.5
Exoplanet*

*1134   Kepler-21   "Kepler-21, 2MASS
J19092683+3842505, BD+38 3455, HD 179070,
HIP 94112, KIC 3632418, KOI-975, Kepler-21 A,
SAO 67891, TYC>
  1.9000   1.4100   355.05   F6 IV   6305   8.3
Exoplanet*

*1135   Kepler-22   "2MASS
J19165219+4753040, KIC 10593626, KOI-87,
WISE J191652.14+475303.2"   0.9800   0.9700
619.70   G5 V   5518   12.0   Exoplanet*

*1136   Kepler-23   "2MASS
J19365254+4928452, GSC 03564-
01806, KIC 11512246, KOI-168, WISE
J193652.53+492845.3"   1.5500   1.1100
2793.00   G2   5828   14.0   Exoplanet*

1137 Kepler-24 "2MASS J19213918+3820375, KIC 3231341, KOI-1102, WISE J192139.17+382037.3" 1.2900 1.0300 inf G1 5897 15.5 Exoplanet

1138 Kepler-25 "2MASS J19063321+3929164, GSC 03124-01264, KIC 4349452, KOI-244, Kepler-25 A, TYC 3124-01264-1, WISE J190633.20+392916.5[2]
1.3100 1.1900 829.91 F8 6270 11.0 Exoplanet

1139 Kepler-26 "2MASS J18594583+4633595, KIC 9757613, KOI-250, WISE J185945.85+463359.3" 0.5100 0.5400 1104.20 M0 V 3914 16.0 Exoplanet

1140 Kepler-27 "2MASS J19285682+4105091, KIC 5792202, KOI-841, WISE J192856.85+410509.3" 0.5900 0.6500 3506.50 G7 5400 14.5 Exoplanet

1141 Kepler-28 "2MASS J19283288+4225459, KIC 6949607, KOI-870, WISE J192832.88+422546.0" 0.7000 0.7500 1447.87 M0 V 4590 15.5 Exoplanet

1142 Kepler-29 "2MASS J19532359+4729284, KIC 10358759, KOI-738, WISE J195323.60+472928.3" 0.7300 0.7600 2778.52 G7 5378 15.5 Exoplanet

1143 Kepler-30 "2MASS J19010807+3856502, KIC 3832474, KOI-806, WISE J190108.08+385650.1" 0.9500 0.9900 3060.42 G7 5498 15.5 Exoplanet

1144 Kepler-31 "2MASS J19360552+4551110, KIC 9347899, KOI-935, WISE J193605.51+455111.0" 1.2200 1.2100 5699.84 F8 6340 15.5 Exoplanet

1145 Kepler-32 "2MASS J19512217+4634273, KIC 9787239, KOI-952, WISE J195122.14+463427.5" 0.5300 0.5800 1066.04 M1 V 3900 16.0 Exoplanet

1146 Kepler-33 "2MASS J19161861+4600187, GSC 03542-01616, KIC 9458613, KOI-707, WISE J191618.60+460018.7" 1.8200 1.2900 4086.21 G1 5904 14.0 Exoplanet

1147 Kepler-34_(AB) 1.1000 2.0687 4889.08 G 5913 15.0 Exoplanet

1148 Kepler-35_(AB) 1.0000 1.6971
5365.27 G 5606 16.0 Exoplanet

1149 Kepler-36 "2MASS
J19250004+4913545, KIC 11401755, KOI-277,
WISE J192500.03+491354.5" 1.6300 1.0300
1560.56 G1 5979 12.0 Exoplanet

1150 Kepler-37 "KOI-245 , KIC 8478994
, 2MASS J18561431+4431052 , 2MASS
J18561431+4431052, KIC 8478994, KOI-245,
WISE J185614.24+443105ý 0.7900 0.8700
inf G7 5417 10.3 Exoplanet

1151 Kepler-38_A 1.7570 0.9490 3965.42
G5 5640 14.3 Exoplanet

1152 Kepler-39 "KOI-423, 2MASS
J19475046+4602034, KIC 9478990, WISE
J194750.47+460203.5" 1.4000 1.2900
3556.54 F7 V 6350 14.3 Exoplanet

1153 Kepler-40 "2MASS
J19471528+4731357, KIC 10418224, KOI-428,
WISE J194715.29+473135.5" 2.1300 1.4800
8806.21 F5 IV 6510 14.8 Exoplanet

1154 Kepler-41 "2MASS J19380317+4558539, KIC 9410930, KOI-196, WISE J193803.17+455853.9" 1.2900 1.1500 3679.40 G2 V 5750 14.5 Exoplanet

1155 Kepler-42 "2MASS J19285255+4437096, KIC 8561063, KOI-961, WISE J192852.66+443704.5" 0.1700 0.1300 126.22 M 3068 16.1 Exoplanet

1156 Kepler-43 "2MASS J19005780+4640057, GSC 03541-00075, KIC 9818381, KOI-135, WISE J190057.80+464005.6" 1.4200 1.3200 3378.65 F8 V 6041 14.0 Exoplanet

1157 Kepler-44 "2MASS J20002456+4545437, KIC 9305831, KOI-204, WISE J200024.56+454544.0" 1.3500 1.1200 4008.95 G2 IV 5800 15.0 Exoplanet

1158 Kepler-45 "2MASS J19312949+4103513, KIC 5794240, KOI-254, WISE J193129.49+410351.1" 0.5500 0.5900 1086.10 M 3820 16.9 Exoplanet

1159 Kepler-46 "2MASS J19170449+4236150, KIC 7109675, KOI-872, WISE J191704.50+423615.0" 0.7900 0.9020 2591.44 K0 5309 15.3 Exoplanet

1160 Kepler-47_(AB) 0.9640 1.0430 3418.83 G5 5636 22.0 Exoplanet

1161 Kepler-47_A 0.9640 1.0430 3418.83 G5 5636 22.0 Exoplanet

1162 Kepler-48 "KIC 573576, KOI-148, 2MASS J19563341+4056564, KIC 5735762, WISE J195633.41+405656.1" 0.8900 0.8800 1009.35 K0 5194 13.0 Exoplanet

1163 Kepler-49 "2MASS J19291070+4035304, KIC 5364071, KOI-248, WISE J192910.68+403530.4" 0.5600 0.5500 1024.20 M1 V 4252 15.5 Exoplanet

1164 Kepler-50 "2MASS J19122420+5002013, KIC 11807274, KOI-262, WISE J191224.21+500201.2" 1.5800 1.2400 860.57 F8 6225 11.0 Exoplanet

1165 Kepler-51 "2MASS J19455514+4956156, KIC 11773022, KOI-620, WISE J194555.14+495615.6" 0.9400 1.0400 2614.99 G0 6018 15.0 Exoplanet

1166 Kepler-52 "2MASS J19065712+4958327, KIC 11754553, KOI-775, WISE J190657.12+495832.6" 0.5600 0.5400 inf M0 V 4263 15.5 Exoplanet

1167 Kepler-53 "2MASS J19215082+4033448, KIC 5358241, KOI-829, WISE J192150.81+403344.9" 0.8900 0.9800 4631.74 G2 5858 16.0 Exoplanet

1168 Kepler-54 "2MASS J19390574+4303226, KIC 7455287, KOI-886, WISE J193905.74+430322.4" 0.5500 0.5100 893.02 M1 V 4252 16.3 Exoplanet

1169 Kepler-55 "2MASS J19004040+4401352, KIC 8150320, KOI-904, WISE J190040.38+440134.9" 0.6200 0.6200 1919.33 K4 4503 16.3 Exoplanet

1170 Kepler-56 "2MASS J19350200+4152187, KIC 6448890, KOI-1241, WISE J193501.99+415218.5" 4.2300 1.3200 3055.95 K3 4840 13.0 Exoplanet

1171 Kepler-57 "KOI-1270, KIC 8564587, 2MASS 19343390+4439253, 2MASS J19343390+4439253, WISE J193433.91+443925.4" 0.7300 0.8300 2140.27 K1 5145 15.5 Exoplanet

1172 Kepler-58 "2MASS J19452607+3906546, KIC 4077526, KOI-1336, WISE J194526.07+390654.6" 1.1300 0.9500 3249.56 G0 6099 15.3 Exoplanet

1173 Kepler-59 "2MASS J19080948+4638244, KIC 9821454, KOI-1529, WISE J190809.47+463824.4" 0.9400 1.0400 3925.52 G0 6074 14.8 Exoplanet

1174 Kepler-60 "2MASS J19155069+4215540, KIC 6768394, KOI-2086, WISE J191550.69+421554.0" 1.2600 1.0400 3444.76 G1 5905 14.5 Exoplanet

1175 Kepler-61 "2MASS J19411308+4228310, KIC 6960913, KOI-1361, WISE J194113.07+422831.1" 0.6200 0.6400 1103.19 K7 V 4017 15.0 Exoplanet

1176 Kepler-62 "2MASS J18525105+4520595, KIC 9002278, KOI-701, WISE J185251.03+452059.0" 0.6400 0.6900 1200.25 K2 V 4925 14.0 Exoplanet

1177 Kepler-63 "TYC 3550-458-1, 2MASS J19165428+4932535, KIC 11554435, KOI-63, WISE J191654.29+493253.6" 0.9000 0.9800 672.49 G6 5576 12.0 Exoplanet

1178 Kepler-64_(AB) KIC 4862625 (AB) 1.7000 1.9300 0.00 F+M 7000 22.0 Exoplanet

1179 Kepler-65 "KOI 85, KIC 5866724, 2MASS J19144528+4109042, KOI-85, TYC 3125-976-1, WISE J191445.29+410904.0" 1.4100 1.2500 999.31 B 6211 11.0 Exoplanet

1180 Kepler-66 "2MASS J19355557+4641158, KIC 9836149, KOI-1958, WISE J193555.58+464116.0" 0.9700 1.0400 3610.55 G0 V 5962 15.3 Exoplanet

1181 Kepler-67 "2MASS J19363680+4609591, KIC 9532052, KOI-2115, WISE J193636.77+460958.8" 0.7800 0.8600 3610.55 G9 V 5331 16.4 Exoplanet

*1182 Kepler-68 "2MASS
J19240775+4902249, KIC 11295426, KOI-
246, Kepler-68 A, TYC 3551-189-1, WISE
J192407.75+490224.8" 1.2400 1.0800
485.35 G2 5793 9.0 Exoplanet*

*1183 Kepler-69 "2MASS
J19330262+4452080, KIC 8692861, KOI-172,
WISE J193302.61+445208.0" 0.9300 0.8100
2434.20 G4 V 5638 13.7 Exoplanet*

*1184 KOI-217 "2MASS J19392772+4617090,
BOKS-1, KIC 9595827, Kepler-71, WISE
J193927.71+461708.9" 0.8600 0.9500
2609.25 G7 5545 15.4 Exoplanet*

*1185 Kepler-74 "2MASS
J19322220+4121198, KIC 6046540, KOI-200,
WISE J193222.20+412119.7" 1.1200 1.1800
3973.66 F8 V 6000 14.2 Exoplanet*

*1186 Kepler-75 "2MASS
J19243302+3634385, KIC 757450, KOI-889,
WISE J192433.02+363438.3" 0.8900 0.9100
2790.26 K0 V 5200 15.0 Exoplanet*

1187 Kepler-76 "2MASS J19364610+3937084, KIC 4570949, KOI-1658, WISE J193646.10+393708.3" 1.3200 1.2000 2749.07 F 6409 14.0 Exoplanet

1188 Kepler-77 "2MASS J19182590+4420435, KIC 8359498, KOI-127, WISE J191825.91+442043.5" 0.9900 0.9500 1859.09 G5 V 5520 15.0 Exoplanet

1189 Kepler-78 "2MASS J19345800+4426539, KIC 8435766, Kepler-78 A, WISE J193458.03+442653.7" 0.7500 0.8400 406.68 G 5089 12.0 Exoplanet

1190 Kepler-79 "KOI-152, 2MASS J20020411+4422536, KIC 8394721, WISE J200204.12+442253.3" 1.3000 1.1700 3429.30 G0 6174 14.1 Exoplanet

1191 Kepler-80 "KOI-500, 2MASS J19442701+3958436, KIC 4852528, WISE J194427.01+395843.5" 0.6800 0.7300 1164.38 K5 4540 15.0 Exoplanet

1192 Kepler-81 "2MASS J19343286+4249298, KIC 7287995, KOI-877, WISE J193432.86+424929.4" 0.5900 0.6480 1147.38 M0 V 4500 15.6 Exoplanet

*1193 Kepler-82 "KOI-880, KIC 7366258,
2MASS J19312961+4257580 ,
2MASS J19312961+4257580, WISE
J193129.62+425758.0" 0.9000   0.9100
3026.63   G7   5428   13.9   Exoplanet*

*1194   Kepler-83   "2MASS
J18485580+4339562, KIC 7870390, KOI-898,
Kepler-83 A, WISE J184855.80+433956.1"
0.5900   0.6640   1320.96   M0 V   4648   16.5
Exoplanet*

*1195   Kepler-84   "2MASS
J19530049+4029458, KIC 5301750, KOI-1589,
WISE J195300.48+402945.9"   1.1700   1.0220
4707.31   G0   6031   15.0   Exoplanet*

*1196   Kepler-85   "2MASS
J19235362+4517251, KIC 8950568, KOI-2038,
WISE J192353.62+451725.0"   0.8900   0.9500
2550.83   G7   5436   15.0   Exoplanet*

*1197   Kepler-86   "KIC 12735740, PH2"
1.0000   0.9400   1119.50   G5   5629   22.0
Exoplanet*

1198 Kepler-87 "KOI-1574, 2MASS J19514005+4657544, KIC 10028792, WISE J195140.04+465754.4" 1.8200 1.1000 4167.88 G6 5600 15.0 Exoplanet

1199 KOI-142 "KOI-142, 2MASS J19243554+4040098, KIC 5446285, Kepler-88, TIC 122712595, WISE J192435.54+404009.8" 0.9000 0.9900 1242.69 G6 V 5466 13.5 Exoplanet

1200 KOI-94 "KOI-94, 2MASS J19491993+4153280, KIC 6462863, KOI-94 A, Kepler-89, Kepler-89 A, WISE J194919.96+415327.9" 1.5200 1.2800 1577.45 F8 6182 12.4 Exoplanet

1201 KOI-351 "KOI-351, 2MASS J18574403+4918185, KIC 11442793, Kepler-90, WISE J185744.03+491818.5" 1.2000 1.2000 2835.89 G0 6080 14.0 Exoplanet

1202 Kepler-91 "2MASS J19024148+4407002, KIC 8219268, KOI-2133, WISE J190241.49+440700.3" 6.3000 1.3100 4385.36 K3 4550 12.9 Exoplanet

*1203   Kepler-92   "2MASS
J19162065+4133465, KIC 6196457, KOI-285,
WISE J191620.65+413346.7"   1.5300   1.2090
1320.47   G1   5883   11.6   Exoplanet*

*1204   Kepler-93   "2MASS
J19254039+3840204, KIC 3544595, KOI-69,
WISE J192540.36+384020.4"   0.9800   1.0900
inf   G5   5669   8.8   Exoplanet*

*1205   Kepler-94   "KOI-104, KIC 10318874,
2MASS J18444674+4729496, WISE
J184446.73+472950.0"   0.7600   0.8100
629.38   M0 V   4781   12.9   Exoplanet*

*1206   Kepler-95   "KIC 8349582, KOI-122,
2MASS J18575579+4423529, WISE
J185755.78+442352.5"   1.4100   1.0800
1472.20   G4   5699   12.3   Exoplanet*

*1207   Kepler-96   "KIC 5383248, KOI-
261, 2MASS J19481670+4031304, WISE
J194816.74+403130.6"   1.0200   1.0000
419.22   G4   5690   10.3   Exoplanet*

*1208   Kepler-97   "KOI-292, 2MASS
J19091838+4840243, KIC 11075737, WISE
J190918.37+484024.1"   0.9800   0.9400   inf
G0V   5779   11.7   Exoplanet*

1209 Kepler-98 "Kepler-98, 2MASS J19023879+3757522, KIC 2692377, KOI-299, WISE J190238.80+375752.3" 1.1100 0.9900 1154.17 G7 5539 11.7 Exoplanet

1210 Kepler-99 "KOI-305, KIC 6063220, 2MASS J19492496+4118001, Kepler-99 B, WISE J194924.96+411800.2" 0.7300 0.7900 683.71 K3 4782 11.4 Exoplanet

1211 Kepler-100 "KOI-41, 2MASS J19253263+4159249, KIC 6521045, WISE J192532.66+415924.6" 1.4900 1.0800 1035.42 G2 5825 10.1 Exoplanet

1212 Kepler-101 "2MASS J18530131+4821188, KIC 10905239, KOI-46, WISE J185301.32+482118.9" 1.5600 1.1700 3109.70 G3 IV 5667 12.4 Exoplanet

1213 Kepler-102 "KOI-82, KIC 10187017, 2MASS J18455585+4712289, WISE J184555.80+471228.4" 0.7600 0.8100 339.04 K2 4909 11.5 Exoplanet

1214 Kepler-103 "KOI-108, KIC 4914423, 2MASS J19155629+4003522, WISE J191556.29+400352.2" 1.4400 1.0900 1331.25 G2 5845 12.3 Exoplanet

1215 Kepler-104 "2MASS J19102510+4210004, KIC 6678383, KOI-111, Kepler-104 A, WISE J191025.11+420959.7" 1.3500 0.8100 1322.30 G4 5711 11.6 Exoplanet

1216 Kepler-105 "KOI-115, 2MASS J19113295+4616344, KIC 9579641, WISE J191132.93+461634.0" 0.8900 0.9600 inf G2 5827 11.8 Exoplanet

1217 Kepler-106 "KOI-116, KIC 8395660, 2MASS J20032735+4420151, WISE J200327.36+442015.2" 1.0400 1.0000 1467.64 G2 5858 12.9 Exoplanet

1218 Kepler-107 "2MASS J19480677+4812309, KIC 10875245, KOI-117, WISE J194806.77+481230.9" 1.4500 1.2400 1741.82 G2 5854 11.4 Exoplanet

1219 Kepler-108 "Kepler-108, 2MASS J19381420+4603443, KIC 9471974, KOI-119, Kepler-108 B, WISE J193814.19+460344.4" 2.1900 0.8700 2377.68 G2 5854 11.4 Exoplanet

*1220 Kepler-109 "KOI-123, KIC 5094751,
2MASS J19213425+4017055, WISE
J192134.24+401705.6" 1.3200 1.0400
1545.76 G1 5952 12.4 Exoplanet*

*1221 Kepler-110 "2MASS
J19314299+4836101, KIC 11086270, KOI-124,
WISE J193142.99+483610.2" 1.1500 0.0000
1945.59 G1 5960 11.9 Exoplanet*

*1222 Kepler-111 "2MASS
J19263676+4441177, KIC 8559644, KOI-139,
WISE J192636.76+444117.7" 1.1600 0.0000
2184.98 G1 5952 12.4 Exoplanet*

*1223 Kepler-112 "2MASS
J19475544+4312351, KIC 7626506, KOI-150,
WISE J194755.46+431235.0" 0.8400 0.0000
1698.95 G7 5544 12.6 Exoplanet*

*1224 Kepler-113 "KOI-15, KIC 12252424,
2MASS J19115949+5056395, KOI-153, WISE
J191159.48+505639.2" 0.6900 0.7500
862.19 K3 4725 13.5 Exoplanet*

*1225 Kepler-114 "2MASS
J19362914+4820582, KIC 10925104, KOI-156,
WISE J193629.11+482058.9" 0.6700 0.7100
852.87 M0 V 4605 13.7 Exoplanet*

*1226 Kepler-115 "2MASS
J19505084+4515429, KIC 8972058, KOI-159,
WISE J195050.85+451543.0" 1.2100 1.0000
2070.99 G1 5979 12.3 Exoplanet*

*1227 Kepler-116 "2MASS
J19385809+4332126, KIC 7831264, KOI-171,
WISE J193858.09+433212.4" 1.4500 1.1600
3202.98 G0 6142 12.7 Exoplanet*

*1228 Kepler-117 "2MASS
J19151032+4802248, KIC 10723750, KOI-209,
WISE J191510.33+480224.6" 1.6100 1.1300
4664.03 F8 V 6150 13.3 Exoplanet*

*1229 Kepler-118 "2MASS
J19565115+4125293, KIC 6152974, KOI-216,
WISE J195651.16+412529.2" 1.0900 0.8600
1904.13 K0 5274 13.2 Exoplanet*

*1230 Kepler-119 "2MASS
J19434714+4239321, KIC 7132798, KOI-220,
WISE J194347.12+423931.9" 0.8400 0.0000
2336.03 G6 5595 13.0 Exoplanet*

*1231 Kepler-120 "2MASS
J19113399+3920208, KIC 4249725, KOI-222,
WISE J191133.97+392020.7" 0.5300 0.0000
1281.86 M0 V 4096 13.0 Exoplanet*

1232 Kepler-121 "2MASS J19043889+3940407, KIC 4545187, KOI-223, WISE J190438.90+394040.9" 0.7000 0.0000 1689.78 K0 5311 13.3 Exoplanet

1233 Kepler-122 "2MASS J19242685+3956567, KIC 4833421, KOI-232, WISE J192426.85+395656.6" 1.2200 0.9900 3452.48 G0 6050 13.2 Exoplanet

1234 Kepler-123 "2MASS J19475966+4246550, KIC 7219825, KOI-238, WISE J194759.65+424655.1" 1.2600 1.0300 3431.62 G0 6089 13.0 Exoplanet

1235 Kepler-124 "2MASS J19070067+4903536, KIC 11288051, KOI-241, WISE J190700.66+490353.5" 0.6400 0.0000 1386.78 K2 4984 12.8 Exoplanet

1236 Kepler-125 "2MASS J19530194+4736178, KIC 10489206, KOI-251, WISE J195301.95+473617.7" 0.5100 0.5500 601.24 M1 V 3810 12.5 Exoplanet

1237 Kepler-126 "2MASS J19172334+4412307, KIC 8292840, KOI-260, WISE J191723.36+441230.5" 1.3600 0.0000 817.43 F8 6239 9.6 Exoplanet

1238   Kepler-127   "2MASS J19004559+4601406, KIC 9451706, KOI-271, WISE J190045.58+460140.9"   1.3600   0.0000   1144.41   G0   6106   10.5   Exoplanet

1239   Kepler-128   "2MASS J18495813+4358487, KIC 8077137, KOI-274, WISE J184958.14+435848.8"   1.6100   1.0900   1418.07   G0   6013   11.4   Exoplanet

1240   Kepler-129   "2MASS J19011470+4750549, KIC 10586004, KOI-275, WISE J190114.69+475054.6"   1.6400   1.1800   1226.15   G3   5770   10.6   Exoplanet

1241   Kepler-130   "2MASS J19134816+4014431, KIC 5088536, KOI-282, Kepler-130 A, WISE J191348.14+401442.7"   1.1300   1.0000   inf   G1   5884   10.8   Exoplanet

1242   Kepler-131   "KIC 5695396, KOI-283, 2MASS J19140739+4056322, WISE J191407.40+405632.4"   1.0300   1.0200   750.78   G4   5685   11.5   Exoplanet

1243 Kepler-132 "Kepler-132, 2MASS J18525659+4120349, KIC 6021275, KOI-284, Kepler-132 A, WISE J185256.57+412034.9" 1.1800 0.0000 988.25 G0 6003 10.8 Exoplanet

1244 Kepler-133 "2MASS J19490671+4819131, KIC 10933561, KOI-291, WISE J194906.69+481913.2" 1.4300 0.0000 2170.14 G3 5736 11.7 Exoplanet

1245 Kepler-134 "2MASS J18585736+4935542, KIC 11547513, KOI-295, WISE J185857.37+493554.3" 1.1800 0.0000 1102.57 G1 5983 11.3 Exoplanet

1246 Kepler-135 "2MASS J19215883+3847437, KIC 3642289, KOI-301, WISE J192158.82+384743.7" 1.2700 0.0000 2064.53 G0 6090 11.7 Exoplanet

1247 Kepler-136 "2MASS J19455215+4235555, KIC 7050989, KOI-312, Kepler-136 A, WISE J194552.15+423555.8" 1.3500 1.2000 1279.04 G0 6165 10.8 Exoplanet

*1248 Kepler-137 "2MASS
J18483252+4302207, KIC 7419318, KOI-313,
WISE J184832.53+430221.0" 0.8000 0.0000
996.90 K0 5187 11.7 Exoplanet*

*1249 Kepler-138 "KOI-314, 2MASS
J19213157+4317347, KIC 7603200, WISE
J192131.55+431734.9" 0.4400 0.5200
218.49 M1 V 3841 10.3 Exoplanet*

*1250 Kepler-139 "2MASS
J18493406+4353216, KIC 8008067, KOI-316,
WISE J184934.03+435320.8" 1.3000 1.0800
1289.78 G6 5594 11.5 Exoplanet*

*1251 Kepler-140 "2MASS
J19092867+4646055, KIC 9881662, KOI-327,
WISE J190928.66+464605.2" 1.2900 0.0000
1936.71 G0 6077 12.0 Exoplanet*

*1252 Kepler-141 "2MASS
J19515301+4743540, KIC 10552611, KOI-338,
WISE J195152.98+474353.8" 0.7900 1.0000
990.96 K2 4910 12.0 Exoplanet*

*1253 Kepler-142 "2MASS
J19402853+4828526, KIC 10982872, KOI-343,
WISE J194028.56+482852.7" 1.2700 0.9900
1818.35 G2 5790 12.1 Exoplanet*

1254 Kepler-143 "2MASS J19521624+4924453, KIC 11521793, KOI-352, WISE J195216.24+492445.0" 1.3600 0.0000 2702.89 G2 5848 12.6 Exoplanet

1255 Kepler-144 "2MASS J18473976+4246318, KIC 7175184, KOI-369, WISE J184739.75+424632.0" 1.2400 1.0300 1411.93 G0 6075 11.1 Exoplanet

1256 Kepler-145 "KOI-370, KIC 8494142, 2MASS J19253306+4431447, WISE J192533.06+443144.6" 1.9800 1.2800 1879.15 G0 6022 11.9 Exoplanet

1257 Kepler-146 "2MASS J19362658+3842368, KIC 3656121, KOI-386, WISE J193626.56+384236.8" 1.1600 1.1000 2337.88 G0 6034 12.7 Exoplanet

1258 Kepler-147 "2MASS J19115418+3905138, KIC 3942670, KOI-392, WISE J191154.17+390513.8" 1.4700 1.0100 3502.56 G0 6012 12.8 Exoplanet

1259 Kepler-148 "2MASS J19190869+4651316, KIC 9946525, KOI-398, WISE J191908.68+465131.6" 0.8500 0.0000 2639.97 K0 5272 13.9 Exoplanet

1260 Kepler-149 "2MASS J19032487+3823028, KIC 3217264, KOI-401, WISE J190324.86+382302.7" 0.9500 0.0000 1893.56 G7 5381 12.7 Exoplanet

1261 Kepler-150 "2MASS J19125618+4031152, KIC 5351250, KOI-408, WISE J191256.18+403115.1" 0.9400 0.0000 2982.37 G6 5560 13.8 Exoplanet

1262 Kepler-151 "2MASS J19283906+4101236, KIC 5791986, KOI-413, WISE J192839.06+410123.5" 0.8300 0.8300 2159.77 G7 5460 13.4 Exoplanet

1263 Kepler-152 "2MASS J19072771+4159207, KIC 6508221, KOI-416, WISE J190727.70+415920.4" 0.7200 0.0000 1457.17 K1 5088 12.9 Exoplanet

1264 Kepler-153 "2MASS J18495052+4815256, KIC 10843590, KOI-431, WISE J184950.52+481525.4" 0.8900 0.0000 1518.35 G7 5404 12.9 Exoplanet

1265 Kepler-154 1.0000 0.8900 3065.38 G4 5690 13.4 Exoplanet

1266 Kepler-155 "2MASS J19135899+5104550, KIC 12302530, KOI-438, WISE J191358.98+510454.5" 0.6200 0.5800 965.39 M0 V 4508 12.5 Exoplanet

1267 Kepler-156 "2MASS J19211116+3744581, KIC 2438264, KOI-440, WISE J192111.15+374458.0" 0.8100 0.0000 1465.16 K1 5094 12.7 Exoplanet

1268 Kepler-157 "2MASS J19242333+3852321, KIC 3745690, KOI-442, WISE J192423.32+385232.2" 1.0400 0.0000 2580.77 G3 5774 12.9 Exoplanet

1269 Kepler-158 "2MASS J18560773+3946527, KIC 4633570, KOI-446, WISE J185607.76+394653.3" 0.6200 0.0000 1037.37 K4 4623 12.7 Exoplanet

1270 Kepler-159 "2MASS J19481684+4052076, KIC 5640085, KOI-448, WISE J194816.85+405207.5" 0.6600 0.0000 1232.18 M0 V 4625 13.1 Exoplanet

1271 Kepler-160 "2MASS J19110565+4252094, KIC 7269974, KOI-456, WISE J191105.67+425209.5" 1.1200 0.0000 3140.65 G7 5471 13.5 Exoplanet

*1272 Kepler-161 "2MASS
J19220395+4305017, KIC 7440748, KOI-457,
WISE J192203.95+430501.9" 0.8100 0.7700
1435.58 K1 5078 12.8 Exoplanet*

*1273 Kepler-162 "2MASS
J19490693+4343264, KIC 7977197, KOI-459,
WISE J194906.93+434326.3" 0.9600 0.0000
2860.42 G2 5816 13.0 Exoplanet*

*1274 Kepler-163 "2MASS
J19400067+4659143, KIC 10019643, KOI-471,
WISE J194000.66+465914.4" 0.9200 0.9600
2295.13 G2 5776 13.2 Exoplanet*

*1275 Kepler-164 "2MASS
J19110739+4737476, KIC 10460984, KOI-474,
WISE J191107.39+473747.5" 1.1500 1.1100
2981.65 G1 5888 13.3 Exoplanet*

*1276 Kepler-165 "2MASS
J18424584+4748350, KIC 10577994, KOI-475,
WISE J184245.82+474834.9" 0.7700 0.0000
1859.32 K0 5211 13.4 Exoplanet*

*1277 Kepler-166 "2MASS
J19323844+4852522, KIC 11192998, KOI-481,
WISE J193238.42+485252.3" 0.7400 0.0000
2003.12 G7 5413 13.3 Exoplanet*

1278 Kepler-167 "2MASS J19303802+3820434, KIC 3239945, KOI-490, Kepler-167 A, WISE J193038.04+382043.8" 0.7300 0.7700 1076.31 K4 4890 12.4 Exoplanet

1279 Kepler-168 "2MASS J19385044+3949303, KIC 4757437, KOI-497, WISE J193850.40+394930.4" 1.1100 0.0000 4553.14 F8 6282 13.5 Exoplanet

1280 Kepler-169 "2MASS J19035997+4055095, KIC 5689351, KOI-505, WISE J190359.97+405509.7" 0.7600 0.8600 1341.61 K2 4997 12.7 Exoplanet

1281 Kepler-170 "2MASS J18580508+4137465, KIC 6266741, KOI-508, WISE J185805.08+413746.6" 1.0300 0.0000 2461.30 G5 5679 13.1 Exoplanet

1282 Kepler-171 "2MASS J19470525+4145199, KIC 6381846, KOI-509, WISE J194705.26+414520.2" 0.8400 0.0000 2887.88 G5 5642 13.6 Exoplanet

1283 Kepler-172 "2MASS J18532841+4149186, KIC 6422155, KOI-510, WISE J185328.40+414919.0" 1.0800 0.8600 2767.63 G7 5526 13.2 Exoplanet

1284 Kepler-173 "2MASS J19383520+4153027, KIC 6451936, KOI-511, WISE J193835.21+415302.8" 0.9500 0.7800 2783.38 G0 6031 13.1 Exoplanet

1285 Kepler-174 "2MASS J19094540+4349555, KIC 8017703, KOI-518, WISE J190945.36+434955.3" 0.6200 0.0000 1268.98 K3 4880 12.8 Exoplanet

1286 Kepler-175 "2MASS J19181278+4352342, KIC 8022244, KOI-519, WISE J191812.78+435234.0" 1.0100 1.0400 4446.78 G0 6064 13.8 Exoplanet

1287 Kepler-176 "2MASS J19384031+4351117, KIC 8037145, KOI-520, WISE J193840.29+435111.5" 0.8900 0.0000 1746.24 K0 5232 13.1 Exoplanet

1288 Kepler-177 "2MASS J19041131+4503115, KIC 8806123, KOI-523, WISE J190411.31+450311.5" 1.3200 0.9200 4883.93 G3 5732 15.0 Exoplanet

1289 Kepler-178 "2MASS J19082426+4653473, KIC 9941859, KOI-528, WISE J190824.25+465347.1" 1.0700 0.0000 2384.33 G5 5676 13.3 Exoplanet

1290 Kepler-179 "2MASS J19543929+4745433, KIC 10554999, KOI-534, WISE J195439.27+474543.0" 0.7600 0.0000 2010.39 K0 5302 13.3 Exoplanet

1291 Kepler-180 "2MASS J19421712+4946285, KIC 11669239, KOI-542, WISE J194217.10+494628.3" 1.0600 0.8400 2315.15 G3 5731 13.1 Exoplanet

1292 Kepler-181 "2MASS J19443633+5005449, KIC 11823054, KOI-543, WISE J194436.31+500544.8" 0.7500 0.0000 2022.46 K0 5333 13.4 Exoplanet

1293 Kepler-182 "2MASS J19191922+5035104, KIC 12058931, KOI-546, WISE J191919.23+503510.3" 1.1500 1.1400 5289.57 F8 6250 13.8 Exoplanet

1294 Kepler-183 "2MASS J19340740+3918572, KIC 4270253, KOI-551, WISE J193407.39+391857.4" 0.9600 0.0000 3530.96 G1 5888 13.7 Exoplanet

*1295   Kepler-184   "2MASS
J19274845+4304289, KIC 7445445, KOI-567,
WISE J192748.45+430428.8"   0.8700   0.0000
2026.21   G2   5788   13.1   Exoplanet*

*1296   Kepler-185   "2MASS
J18495234+4353236, KIC 8008206, KOI-569,
WISE J184952.35+435323.8"   0.8100   0.7900
1542.95   K0   5208   13.1   Exoplanet*

*1297   Kepler-186   "2MASS
J19543665+4357180, KIC 8120608, KOI-571,
WISE J195436.65+435717.9"   0.5200   0.5400
560.99   M1   3755   12.5   Exoplanet*

*1298   Kepler-187   "2MASS
J19591114+4405215, KIC 8193178, KOI-572,
WISE J195911.15+440521.4"   1.2900   0.8500
3851.45   G0   6105   13.0   Exoplanet*

*1299   Kepler-188   "2MASS
J18450713+4418559, KIC 8344004, KOI-573,
WISE J184507.13+441855.8"   1.1400   0.0000
3248.81   G0   6021   13.5   Exoplanet*

*1300   Kepler-189   "2MASS
J19101553+4418180, KIC 8355239, KOI-574,
WISE J191015.51+441818.1"   0.7500   0.7900
1962.64   K0   5235   13.4   Exoplanet*

1301 Kepler-190 "2MASS J19142016+4444016, KIC 8616637, KOI-579, WISE J191420.15+444401.5" 0.8000 0.8400 1431.43 K1 5106 12.7 Exoplanet

1302 Kepler-191 "2MASS J19244401+4519234, KIC 9020160, KOI-582, WISE J192444.01+451923.1" 0.7900 0.8500 1972.43 K0 5282 13.4 Exoplanet

1303 Kepler-192 "2MASS J19114030+4535343, KIC 9146018, KOI-584, WISE J191140.31+453534.2" 1.0100 0.0000 2166.13 G7 5479 12.9 Exoplanet

1304 Kepler-193 "2MASS J19455966+4634380, KIC 9782691, KOI-590, WISE J194559.65+463438.1" 1.1500 0.0000 3388.34 F8 6335 13.5 Exoplanet

1305 Kepler-194 "2MASS J19275314+4751510, KIC 10600261, KOI-597, WISE J192753.14+475150.6" 1.0200 0.0000 3696.91 G0 6089 13.8 Exoplanet

1306 Kepler-195 "2MASS J19122903+4758000, KIC 10656823, KOI-598" 0.7800 0.0000 2167.21 K0 5329 13.5 Exoplanet

1307 Kepler-196 "2MASS J18595244+4204451, KIC 6587002, KOI-612, WISE J185952.44+420444.9" 0.7800 0.0000 1491.38 K1 5128 12.8 Exoplanet

1308 Kepler-197 "2MASS J19405434+5033323, KIC 12068975, KOI-623, Kepler-197 A, WISE J194054.30+503332.4" 1.1200 0.0000 886.29 G0 6004 10.8 Exoplanet

1309 Kepler-198 "2MASS J19224155+3841276, KIC 3541946, KOI-624, WISE J192241.55+384127.6" 0.9400 0.9300 1639.00 G6 5574 12.4 Exoplanet

1310 Kepler-199 "2MASS J19421426+4014105, KIC 5113822, KOI-638, WISE J194214.22+401410.3" 0.9700 0.0000 1725.33 G5 5644 12.4 Exoplanet

1311 Kepler-200 "2MASS J18573837+4114148, KIC 5941160, KOI-654, WISE J185738.37+411414.9" 0.9400 0.0000 2214.37 G5 5678 12.9 Exoplanet

1312 Kepler-201 "2MASS J19343024+4116221, KIC 5966154, KOI-655, WISE J193430.25+411622.1" 1.2300 1.1700 2114.08 G0 6065 12.0 Exoplanet

1313 Kepler-202 "2MASS J18515362+4119192, KIC 6020753, KOI-657, WISE J185153.62+411918.7" 0.6700 0.0000 937.63 K4 4668 12.3 Exoplanet

1314 Kepler-203 "2MASS J19482159+4123169, KIC 6062088, KOI-658, WISE J194821.58+412317.0" 1.1100 0.9800 2340.92 G2 5821 12.9 Exoplanet

1315 Kepler-204 "2MASS J19012332+4145429, KIC 6347299, KOI-661, WISE J190123.31+414542.7" 1.2400 0.9600 2285.02 G2 5812 12.8 Exoplanet

1316 Kepler-205 "2MASS J19010890+4151402, KIC 6425957, KOI-663, WISE J190108.83+415139.6" 0.5500 0.0000 523.35 M1 V 4321 11.6 Exoplanet

1317 Kepler-206 "2MASS J19263232+4150019, KIC 6442340, KOI-664, WISE J192632.31+415001.8" 1.1900 0.9400 1972.62 G3 5764 12.3 Exoplanet

*1318   Kepler-207   "2MASS
J19200732+4209577, KIC 6685609, KOI-665,
WISE J192007.32+420957.8"   1.5900   0.0000
2929.53   G1   5920   12.1   Exoplanet*

*1319   Kepler-208   "2MASS
J19353364+4231408, KIC 7040629, KOI-671,
WISE J193533.64+423140.6"   1.3100   1.0300
2586.45   G0   6092   12.5   Exoplanet*

*1320   Kepler-209   "2MASS
J19244068+4238269, KIC 7115785, KOI-672,
WISE J192440.67+423826.7"   0.9400   0.0000
1913.49   G7   5513   12.8   Exoplanet*

*1321   Kepler-210   "2MASS
J19300081+4304593, KIC 7447200, KOI-676,
WISE J193000.81+430459.5"   0.6500   0.6300
764.28   M0 V   4559   14.4   Exoplanet*

*1322   Kepler-211   "2MASS
J19014539+4310065, KIC 7509886, KOI-678,
WISE J190145.38+431006.6"   0.8200   0.9700
1018.06   K1   5123   11.9   Exoplanet*

*1323   Kepler-212   "2MASS
J19102900+4308300, KIC 7515212, KOI-679,
WISE J191029.00+430829.9"   1.4600   1.1600
2286.48   G2   5852   11.9   Exoplanet*

1324 Kepler-213 "2MASS J19231780+4438498, KIC 8557374, KOI-692, WISE J192317.80+443850.1" 1.2000 0.9400 2109.38 G4 5696 12.5 Exoplanet

1325 Kepler-214 "2MASS J18590116+4457217, KIC 8738735, KOI-693, WISE J185901.16+445721.7" 1.3500 0.0000 4083.70 G0 6169 12.9 Exoplanet

1326 Kepler-215 "2MASS J19395364+4512492, KIC 8962094, KOI-700, WISE J193953.64+451249.2" 1.0300 0.7700 1607.62 G3 5739 12.4 Exoplanet

1327 Kepler-216 "2MASS J19345473+4607449, KIC 9530945, KOI-708, WISE J193454.73+460744.8" 1.2600 0.0000 4009.89 G0 6091 13.0 Exoplanet

1328 Kepler-217 "2MASS J19320905+4616390, KIC 9590976, KOI-710, WISE J193209.05+461639.1" 1.8000 0.0000 3721.28 G0 6171 12.3 Exoplanet

1329 Kepler-218 "2MASS J19413907+4615592, KIC 9597345, KOI-711, WISE J194139.08+461559.6" 1.0600 0.0000 2182.05 G7 5502 12.7 Exoplanet

1330 Kepler-219 "2MASS J19145735+4645452, KIC 9884104, KOI-718, WISE J191457.34+464545.2" 1.4900 0.0000 2626.53 G2 5786 12.7 Exoplanet

1331 Kepler-220 "2MASS J19260149+4653448, KIC 9950612, KOI-719, WISE J192601.46+465344.4" 0.6700 0.0000 560.86 K4 4632 11.2 Exoplanet

1332 Kepler-221 "2MASS J19463714+4650069, KIC 9963524, KOI-720, WISE J194637.14+465006.8" 0.8200 0.7200 1270.54 K0 5243 12.4 Exoplanet

1333 Kepler-222 "2MASS J19113746+4656159, KIC 10002866, KOI-723, WISE J191137.46+465615.8" 0.8700 0.0000 2529.70 G7 5433 13.7 Exoplanet

1334 Kepler-223 "2MASS J19531640+4716461, KIC 10227020, KOI-730, WISE J195316.39+471645.8" 1.7200 1.1200 6394.26 G2 5829 14.1 Exoplanet

1335 Kepler-224 "2MASS J19234422+4721273, KIC 10271806, KOI-733, WISE J192344.22+472127.2" 0.6800 0.7400 2608.43 K2 5018 14.2 Exoplanet

1336 Kepler-225 "2MASS J19284655+4727255, KIC 10340423, KOI-736, WISE J192846.55+472725.5" 0.4800 0.0000 1859.06 M1 V 3682 14.0 Exoplanet

1337 Kepler-226 "2MASS J19293027+4752515, KIC 10601284, KOI-749, WISE J192930.26+475251.5" 0.8000 0.8600 3288.11 G6 5571 14.1 Exoplanet

1338 Kepler-227 "2MASS J19274421+4808299, KIC 10797460, KOI-752, WISE J192744.21+480830.0" 1.0900 0.0000 3644.79 G2 5854 14.1 Exoplanet

1339 Kepler-228 "2MASS J19450867+4813288, KIC 10872983, KOI-756, WISE J194508.65+481328.6" 1.0100 0.0000 5624.89 G0 6043 14.5 Exoplanet

1340 Kepler-229 "2MASS J19075987+4822328, KIC 10910878, KOI-757, WISE J190759.88+482232.7" 0.7300 0.0000 2758.89 K1 5120 14.4 Exoplanet

1341 Kepler-230 "2MASS J19025244+4830210, KIC 11018648, KOI-759, WISE J190252.45+483020.9" 0.8200 0.0000 2468.12 G6 5588 13.8 Exoplanet

1342 Kepler-231 "2MASS J19355360+5031548, KIC 12066335, KOI-784, WISE J193553.61+503154.7" 0.4900 0.5800 1042.04 M1 V 3767 13.4 Exoplanet

1343 Kepler-232 "2MASS J19431587+5107182, KIC 12366084, KOI-787, WISE J194315.87+510718.2" 0.9700 0.0000 4575.84 G2 5847 14.2 Exoplanet

1344 Kepler-233 "2MASS J19452796+5119102, KIC 12470844, KOI-790, WISE J194527.95+511910.0" 0.7600 0.0000 2862.77 G7 5360 14.0 Exoplanet

1345 Kepler-234 "2MASS J19263684+3829407, KIC 3342970, KOI-800, WISE J192636.84+382940.7" 1.1100 0.0000 5939.33 F8 6224 14.4 Exoplanet

1346 Kepler-235 "2MASS J19041898+3916419, KIC 4139816, KOI-812, WISE J190418.97+391641.8" 0.5500 0.5900 1413.04 M0 V 4255 14.0 Exoplanet

1347 Kepler-236 "2MASS J18552792+3953530, KIC 4725681, KOI-817, WISE J185527.93+395353.4" 0.5100 0.5600 949.67 M1 V 3750 13.2 Exoplanet

1348 Kepler-237 "2MASS J18525313+4025185, KIC 5252423, KOI-825, WISE J185253.12+402518.4" 0.7200 0.7000 2186.58 K3 4861 13.7 Exoplanet

1349 Kepler-238 "2MASS J19113530+4038161, KIC 5436502, KOI-834, WISE J191135.30+403816.1" 1.4300 1.4300 6189.56 G3 5751 13.9 Exoplanet

1350 Kepler-239 "2MASS J19364851+4039482, KIC 5456651, KOI-835, WISE J193648.48+403948.1" 0.7600 0.7400 2152.86 K2 4914 13.7 Exoplanet

1351 Kepler-240 "2MASS J19243810+4045009, KIC 5531576, KOI-837, WISE J192438.10+404500.8" 0.7400 0.0000 2487.72 K2 4985 14.1 Exoplanet

1352 Kepler-241 "2MASS J19313914+4103393, KIC 5794379, KOI-842, WISE J193139.14+410339.5" 0.6700 0.0000 1989.09 K4 4699 13.6 Exoplanet

1353 Kepler-242 "2MASS J19061576+4148302, KIC 6428700, KOI-853, WISE J190615.76+414830.2" 0.8500 0.0000 1991.51 K2 5020 13.8 Exoplanet

1354 Kepler-243 "2MASS J19002651+4202022, KIC 6587280, KOI-857, WISE J190026.50+420202.2" 0.8400 0.8900 2308.99 K0 5228 13.6 Exoplanet

1355 Kepler-244 "2MASS J19085824+4218049, KIC 6849310, KOI-864, WISE J190858.22+421804.7" 0.8000 0.0000 3482.11 G6 5554 14.3 Exoplanet

1356 Kepler-245 "2MASS J19263335+4226107, KIC 6948054, KOI-869, WISE J192633.32+422610.9" 0.8000 0.8000 2878.82 K1 5100 14.1 Exoplanet

1357 Kepler-246 "2MASS J19455602+4239483, KIC 7134976, KOI-874, WISE J194556.01+423948.1" 0.8300 0.8600 2079.05 K0 5206 13.6 Exoplanet

1358 Kepler-247 "2MASS J19143420+4302214, KIC 7434875, KOI-884, WISE J191434.21+430221.6" 0.7700 0.8840 2206.05 K1 5100 13.6 Exoplanet

1359 Kepler-248 "2MASS J19321473+4334528, KIC 7825899, KOI-896, WISE J193214.73+433453.1" 0.8300 0.0000 2461.34 K0 5190 13.9 Exoplanet

*1360 Kepler-249 "2MASS
J19475641+4339306, KIC 7907423, KOI-899,
WISE J194756.45+433930.9" 0.4800 0.0000
624.39 M2 V 3568 12.8 Exoplanet*

*1361 Kepler-250 "2MASS
J19182274+4408310, KIC 8226994, KOI-906"
0.8100 0.8000 2535.24 K1 5160 14.0
Exoplanet*

*1362 Kepler-251 "2MASS
J19461589+4406211, KIC 8247638, KOI-907"
0.8900 0.9100 3095.16 G7 5526 14.0
Exoplanet*

*1363 Kepler-252 "2MASS
J19421904+4432454, KIC 8505670, KOI-912,
WISE J194219.03+443245.3" 0.5500 0.5200
1251.10 M0 V 4208 13.2 Exoplanet*

*1364 Kepler-253 "2MASS
J19272207+4451291, KIC 8689373, KOI-921,
WISE J192722.06+445129.2" 0.7900 0.0000
2801.45 K0 5208 14.1 Exoplanet*

*1365 Kepler-254 "2MASS
J19123952+4548594, KIC 9334289, KOI-934,
WISE J191239.50+454859.2" 0.9100 0.0000
4717.68 G1 5957 14.7 Exoplanet*

*1366 Kepler-255 "2MASS
J19441541+4558366, KIC 9415172, KOI-938,
WISE J194415.42+455836.4" 0.9300 0.9700
3537.16 G6 5573 14.2 Exoplanet*

*1367 Kepler-256 "2MASS
J19301930+4605506, KIC 9466668, KOI-939,
WISE J193019.31+460550.5" 1.3000 1.0200
3448.64 G6 5551 13.8 Exoplanet*

*1368 Kepler-257 "2MASS
J19491583+4601237, KIC 9480189, KOI-941,
WISE J194915.82+460123.8" 1.0400 0.0000
2601.91 K0 5180 13.9 Exoplanet*

*1369 Kepler-258 "2MASS
J19361643+4634455, KIC 9775938, KOI-951,
WISE J193616.42+463444.9" 0.9200 0.8000
1909.97 K2 4942 13.6 Exoplanet*

*1370 Kepler-259 "2MASS
J19125086+4636540, KIC 9823457, KOI-954,
WISE J191250.86+463654.1" 0.9000 0.0000
3364.56 G1 5938 14.0 Exoplanet*

*1371 Kepler-260 "2MASS
J19274223+3800508, KIC 2854698, KOI-986,
WISE J192742.22+380050.5" 0.8600 0.8800
2083.65 K0 5250 12.9 Exoplanet*

*1372   Kepler-261   "2MASS
J19252754+3736330, KIC 2302548, KOI-988,
WISE J192527.54+373633.1"   0.7900   0.8700
1045.10   K1   5098   12.1   Exoplanet*

*1373   Kepler-262   "2MASS
J19225488+3715095, KIC 1718189, KOI-993,
WISE J192254.89+371509.6"   0.8800   0.0000
2035.47   G2   5841   13.1   Exoplanet*

This image shows the globular cluster NGC 6380, which lies around 35,000 light-years from Earth, in the constellation Scorpio (the Scorpion). Globular clusters are spherical groups of stars held together by gravity; they often contain some of the oldest

stars in their galaxies. The very bright star at the top of the image is HD 159073, which is only around 4,000 light-years from Earth, making it a much nearer neighbor than NGC 6380. This image was taken with Hubble's Wide Field Camera 3, which, as its name suggests, has a wide field of view, meaning that it can image relatively large areas of the sky in enormous detail.

ref [https://www.nasa.gov/image-feature/goddard/2021/hubble-reveals-a-rediscovered-star-cluster]

1374   Kepler-263   "2MASS J19295274+3734040, KIC 2165002, KOI-999, WISE J192952.76+373404.1"   0.7900   0.0000   2514.96   K0   5265   14.0   Exoplanet

1375   Kepler-264   "2MASS J19281070+3722344, KIC 1871056, KOI-1001, WISE J192810.71+372234.3"   1.5500   1.3200   3157.68   G0   6158   11.9   Exoplanet

1376   Kepler-265   "2MASS J19220251+4114413, KIC 5956342, KOI-1052, WISE J192202.50+411441.0"   1.1000   1.0300   4332.04   G2   5835   14.3   Exoplanet

1377 Kepler-266 "2MASS J19375625+4410008, KIC 8240904, KOI-1070, WISE J193756.25+441001.0" 1.0300 0.9900 4648.60 G1 5885 14.3 Exoplanet

1378 Kepler-267 "2MASS J19591929+4709268, KIC 10166274, KOI-1078, WISE J195919.32+470927.2" 0.5600 0.5600 870.84 M1 V 4258 13.3 Exoplanet

1379 Kepler-268 "2MASS J19275428+3803182, KIC 2854914, KOI-1113, WISE J192754.27+380318.1" 1.2700 0.0000 2848.03 G0 6081 12.7 Exoplanet

1380 Kepler-269 "2MASS J19205164+4146334, KIC 6359320, KOI-1127, WISE J192051.63+414633.6" 0.9600 0.9800 7889.16 G2 5847 14.4 Exoplanet

1381 Kepler-270 "2MASS J18484802+4425202, KIC 8410727, KOI-1148, WISE J184848.01+442520.2" 1.4600 0.0000 3181.52 G0 6067 12.9 Exoplanet

1382 Kepler-271 "2MASS J18520071+4417032, KIC 8280511, KOI-1151, WISE J185200.70+441702.9" 0.8700 0.9000 1363.33 G6 5555 12.2 Exoplanet

*1383 Kepler-272   "2MASS
J19563060+4735377, KIC 10426656, KOI-1161,
WISE J195630.60+473537.8" 0.9300 0.7900
2977.32 K0 5297 13.2 Exoplanet*

*1384 Kepler-273   "2MASS
J19251253+4741519, KIC 10468940, KOI-1163,
WISE J192512.51+474151.7" 0.8100 0.0000
2377.19 G5 5626 13.7 Exoplanet*

*1385 Kepler-274   "2MASS
J19314146+3828382, KIC 3348082, KOI-1196,
WISE J193141.47+382838.0" 1.0100 0.0000
4518.92 G0 6023 13.8 Exoplanet*

*1386 Kepler-275   "2MASS
J19295513+3830537, KIC 3447722, KOI-1198,
WISE J192955.13+383053.5" 1.3800 1.2400
7029.31 G0 6165 14.3 Exoplanet*

*1387 Kepler-276   "2MASS
J19341635+3902107, KIC 3962243, KOI-1203,
WISE J193416.36+390210.7" 1.0500 0.9600
3854.28 G0 6105 14.2 Exoplanet*

*1388 Kepler-277   "2MASS
J19061996+3904379, KIC 3939150, KOI-1215,
WISE J190619.97+390438.1" 1.6500 1.1900
3279.56 G1 5946 13.4 Exoplanet*

*1389 Kepler-278 "2MASS
J19202572+3842080, KIC 3640905, KOI-1221,
WISE J192025.73+384208.1" 2.9400 0.0000
1376.19 K2 4991 10.0 Exoplanet*

*1390 Kepler-279 "2MASS
J19093389+4211414, KIC 6677841, KOI-1236,
WISE J190933.89+421141.3" 1.7500 1.2300
3487.26 F7 6363 13.7 Exoplanet*

*1391 Kepler-280 "2MASS
J19253372+4210501, KIC 6690082, KOI-1240,
WISE J192533.72+421049.8" 0.8900 0.9100
2603.41 G3 5744 13.3 Exoplanet*

*1392 Kepler-281 "2MASS
J19362596+4446145, KIC 8630788, KOI-1258,
WISE J193625.95+444614.3" 0.9000 0.9800
5984.96 G4 5723 14.5 Exoplanet*

*1393 Kepler-282 "2MASS
J18584254+4447516, KIC 8609450, KOI-1278,
WISE J185842.53+444751.5" 0.9000 1.0900
4536.73 G6 5602 15.2 Exoplanet*

*1394 Kepler-283 "2MASS
J19342729+4750204, KIC 10604335, KOI-1298,
WISE J193427.29+475020.2" 0.5700 0.0000
1547.06 K5 4351 13.9 Exoplanet*

*1395 Kepler-284 "2MASS
J19323515+4743467, KIC 10538176, KOI-1301,
WISE J193235.15+474347.0" 0.8100 0.0000
3466.35 G6 5615 14.6 Exoplanet*

*1396 Kepler-285 "2MASS
J19253381+4803561, KIC 10730034, KOI-1305,
WISE J192533.80+480356.0" 0.8100 0.8500
2753.31 G7 5411 13.9 Exoplanet*

*1397 Kepler-286 "2MASS
J19224227+4817394, KIC 10858691, KOI-1306,
WISE J192242.28+481739.2" 0.8600 0.0000
4131.35 G6 5580 14.4 Exoplanet*

*1398 Kepler-287 "2MASS
J19234258+4826367, KIC 10973814, KOI-1307,
WISE J192342.58+482636.5" 1.0300 0.0000
2792.97 K7 V 5806 13.5 Exoplanet*

*1399 Kepler-288 "2MASS
J19153994+3935409, KIC 4455231, KOI-1332,
WISE J191539.95+393541.0" 1.0900 0.8900
4031.97 G1 5918 14.0 Exoplanet*

*1400 Kepler-289 "PH3, 2MASS
J19495168+4252582, KIC 7303287, KOI-1353,
WISE J194951.68+425258.2" 1.0000 1.0800
2283.09 G1 5990 12.9 Exoplanet*

1401 Kepler-290 "2MASS J19053839+4240535, KIC 7102227, KOI-1360, WISE J190538.40+424053.4" 0.7400 0.0000 2310.98 K1 5147 14.1 Exoplanet

1402 Kepler-291 "2MASS J19113992+4226142, KIC 6936909, KOI-1363, WISE J191139.91+422614.2" 1.0200 1.0300 6145.99 G0 6002 14.7 Exoplanet

1403 Kepler-292 "2MASS J19430387+4225274, KIC 6962977, KOI-1364, WISE J194303.88+422527.3" 0.8300 0.8800 3546.07 K0 5299 14.5 Exoplanet

1404 Kepler-293 "2MASS J19052593+4224234, KIC 6932987, KOI-1366, WISE J190525.94+422423.2" 0.9600 1.0100 3269.75 G2 5804 14.1 Exoplanet

1405 Kepler-294 "2MASS J19093408+4603335, KIC 9455556, KOI-1396, WISE J190934.08+460333.3" 0.9800 0.0000 4604.08 G1 5913 14.6 Exoplanet

1406 Kepler-295 "2MASS J19012300+4522040, KIC 9006449, KOI-1413, WISE J190123.00+452203.9" 0.9000 0.0000 5829.48 G6 5603 13.1 Exoplanet

1407 Kepler-296 "Kepler-296, 2MASS J19060960+4926143, KIC 11497958, KOI-1422, Kepler-296 A, WISE J190609.59+492614.2" 0.4800 0.5000 737.11 M2 V 3740 13.4 Exoplanet

1408 Kepler-297 "2MASS J18525019+4846395, KIC 11122894, KOI-1426, WISE J185250.19+484639.5" 0.9200 0.0000 2303.35 G6 5619 13.1 Exoplanet

1409 Kepler-298 "2MASS J18520955+4849312, KIC 11176127, KOI-1430, WISE J185209.55+484931.2" 0.5800 0.6500 1715.52 K5 4465 13.7 Exoplanet

1410 Kepler-299 "2MASS J18524967+4834498, KIC 11014932, KOI-1432, WISE J185249.67+483449.8" 1.0300 0.9700 3538.43 G6 5617 13.9 Exoplanet

1411 Kepler-300 "2MASS J19410928+4835589, KIC 11037335, KOI-1435, WISE J194109.28+483558.8" 0.9000 0.9400 3699.36 G1 5986 13.1 Exoplanet

1412 Kepler-301 "2MASS J18555591+4913587, KIC 11389771, KOI-1436, WISE J185555.89+491358.6" 0.9000 0.9100 2395.00 G2 5815 13.1 Exoplanet

1413 Kepler-302 "2MASS J19371607+4337456, KIC 7898352, KOI-1486, WISE J193716.06+433745.3" 1.2200 0.0000 4760.70 G3 5740 14.3 Exoplanet

1414 Kepler-303 "2MASS J18523251+4339253, KIC 7871954, KOI-1515, WISE J185232.51+433924.5" 0.4800 0.5900 688.22 M0 V 3944 12.4 Exoplanet

1415 Kepler-304 "2MASS J19374602+4033273, KIC 5371776, KOI-1557, WISE J193746.01+403327.4" 0.6900 0.8000 1435.48 K3 4731 13.2 Exoplanet

1416 Kepler-305 "2MASS J19565383+4020354, KIC 5219234, KOI-1563, WISE J195653.83+402035.4" 0.7900 0.8300 inf K1 5100 15.8 Exoplanet

1417 Kepler-306 "2MASS J19140928+4036581, KIC 5438099, KOI-1567, WISE J191409.29+403657.9" 0.7200 0.8200 2586.42 K2 4954 14.1 Exoplanet

*1418 Kepler-307 "2MASS
J19511083+4025037, KIC 5299459, KOI-1576,
WISE J195110.82+402503.6" 0.8100 0.9100
1908.89 G7 5367 14.1 Exoplanet*

*1419 Kepler-308 "2MASS
J19430843+4026223, KIC 5289854, KOI-1593,
WISE J194308.53+402622.5" 0.9400 0.0000
4514.98 G1 5895 14.6 Exoplanet*

*1420 Kepler-309 "2MASS
J19500236+4657405, KIC 10027323, KOI-1596,
WISE J195002.39+465740.8" 0.7200 0.0000
1804.29 M0 V 4713 13.5 Exoplanet*

*1421 Kepler-310 "2MASS
J19152144+4659122, KIC 10004738, KOI-1598,
WISE J191521.43+465912.3" 0.8800 0.8500
1998.91 G2 5797 13.1 Exoplanet*

*1422 Kepler-311 "2MASS
J18481470+4705077, KIC 10055126, KOI-1608,
WISE J184814.70+470507.8" 1.1900 1.0600
2597.93 G1 5905 12.8 Exoplanet*

*1423 Kepler-312 "2MASS
J19533498+4227351, KIC 6975129, KOI-1628,
WISE J195334.98+422735.1" 1.4700 1.2300
2662.15 G0 6115 11.9 Exoplanet*

1424 Kepler-313 "2MASS J19531078+4846316, KIC 11153121, KOI-1647, WISE J195310.79+484631.3" 1.5400 0.9000 3520.53 G3 5727 12.9 Exoplanet

1425 Kepler-314 "2MASS J19384178+4204321, KIC 6616218, KOI-1692, WISE J193841.79+420432.1" 0.9500 1.0200 883.78 G7 5378 11.2 Exoplanet

1426 Kepler-315 "2MASS J19520554+4321486, KIC 7703955, KOI-1707, WISE J195205.53+432148.5" 1.0400 0.7800 3912.24 G2 5796 14.0 Exoplanet

1427 Kepler-316 "2MASS J19231824+4411027, KIC 8230616, KOI-1713, WISE J192318.21+441102.2" 0.5200 0.5300 1269.46 K6 4204 13.3 Exoplanet

1428 Kepler-317 "2MASS J19394653+3901554, KIC 3967760, KOI-1760, WISE J193946.53+390155.3" 0.9400 0.9500 3150.18 G7 5497 14.1 Exoplanet

1429 Kepler-318 "2MASS J19535587+4647370, KIC 9909735, KOI-1779, WISE J195355.88+464737.1" 1.1900 1.0500 1618.19 G3 5746 12.1 Exoplanet

1430 Kepler-319   "2MASS J19151486+3946143, KIC 4644952, KOI-1805, WISE J191514.86+394614.3"   0.9000   1.2900   1666.10   G7   5526   12.6   Exoplanet

1431 Kepler-320   "2MASS J19325125+4610304, KIC 9529744, KOI-1806, WISE J193251.23+461030.4"   1.1100   0.0000   2761.69   F7   6435   12.5   Exoplanet

1432 Kepler-321   "2MASS J19374888+4408447, KIC 8240797, KOI-1809, WISE J193748.89+440844.8"   1.1900   1.0100   1268.19   G3   5740   11.6   Exoplanet

1433 Kepler-322   "2MASS J18452371+4417428, KIC 8277797, KOI-1820, WISE J184523.70+441742.8"   0.8900   0.9100   1321.45   G7   5388   12.2   Exoplanet

1434 Kepler-323   "2MASS J19253173+3807388, KIC 2989404, KOI-1824, WISE J192531.74+380738.9"   1.1800   1.0900   1502.93   G1   5987   11.7   Exoplanet

1435 Kepler-324   "2MASS J19055315+4938564, KIC 11601584, KOI-1831, WISE J190553.14+493856.6"   0.8400   0.8600   1659.94   K0   5194   12.8   Exoplanet

1436 Kepler-325 "2MASS J19192050+4949322, KIC 11709244, KOI-1832, WISE J191920.49+494932.1" 1.0000 0.8700 2749.89 G3 5752 13.8 Exoplanet

1437 Kepler-326 "2MASS J19371813+4600081, KIC 9471268, KOI-1835, WISE J193718.14+460007.9" 0.8000 0.9800 1612.19 K1 5105 12.2 Exoplanet

1438 Kepler-327 "2MASS J19303416+4405156, KIC 8167996, KOI-1867, WISE J193034.15+440515.5" 0.4900 0.5500 794.78 M0 3799 12.8 Exoplanet

1439 Kepler-328 "2MASS J19431423+4000306, KIC 4939346, KOI-1873, WISE J194314.22+400030.6" 1.0000 1.1000 7679.68 G1 5914 14.5 Exoplanet

1440 Kepler-329 "2MASS J19570433+4513387, KIC 8978528, KOI-1874, WISE J195704.35+451338.5" 0.5200 0.5300 1452.05 K6 4257 13.5 Exoplanet

1441 Kepler-330 "2MASS J19134737+4448060, KIC 8680979, KOI-1891, WISE J191347.37+444806.1" 0.7200 0.7800 2388.96 K1 5117 13.9 Exoplanet

1442 Kepler-331 "2MASS J19272023+3918264, KIC 4263293, KOI-1895, WISE J192720.24+391826.4" 0.4900 0.5100 1923.11 K5 4347 14.1 Exoplanet

1443 Kepler-332 "2MASS J19063911+4724493, KIC 10328393, KOI-1905, WISE J190639.09+472448.8" 0.7200 0.8000 1133.88 K2 4955 12.6 Exoplanet

1444 Kepler-333 "Kepler-333, 2MASS J19290865+4054489, KIC 5706966, KOI-1908, Kepler-333 A, WISE J192908.64+405448.8" 0.5300 0.5400 1068.06 K6 4259 12.9 Exoplanet

1445 Kepler-334 "2MASS J19083376+4706547, KIC 10130039, KOI-1909, WISE J190833.75+470654.4" 1.0700 1.0000 1408.54 G2 5828 11.7 Exoplanet

1446 Kepler-335 "2MASS J19441543+4525430, KIC 9101496, KOI-1915, WISE J194415.43+452542.9" 1.8500 0.9900 4329.66 G1 5877 12.8 Exoplanet

1447 Kepler-336 "2MASS J19205703+4119529, KIC 6037581, KOI-1916, WISE J192057.02+411952.8" 1.3000 0.8900 7604.46 G1 5867 12.5 Exoplanet

1448 Kepler-337 "2MASS J19201451+4709502, KIC 10136549, KOI-1929, WISE J192014.52+470950.0" 1.7600 0.9600 2255.08 G4 5684 11.5 Exoplanet

1449 Kepler-338 "2MASS J18515494+4047036, KIC 5511081, KOI-1930, WISE J185154.96+404703.8" 1.7400 1.1000 1630.78 G1 5923 11.1 Exoplanet

1450 Kepler-339 "2MASS J19332441+4826407, KIC 10978763, KOI-1931, WISE J193324.41+482640.6" 0.8000 0.8400 2047.18 G5 5631 13.3 Exoplanet

1451 Kepler-340 "2MASS J19434403+4018020, KIC 5202905, KOI-1932, WISE J194344.02+401802.0" 1.8500 2.1100 2698.65 F6 6620 11.7 Exoplanet

1452 Kepler-341 "2MASS J19192677+4328219, KIC 7747425, KOI-1952, WISE J191926.78+432821.8" 1.0200 0.9400 3520.72 G0 6012 13.4 Exoplanet

1453 Kepler-342 "2MASS J19304273+4643361, KIC 9892816, KOI-1955, WISE J193042.73+464336.1" 1.4700 1.1300 2607.91 G0 6175 12.2 Exoplanet

1454 Kepler-343 "2MASS J19275056+4225588, KIC 6949061, KOI-1960, WISE J192750.55+422558.6" 1.4300 1.0400 3106.11 G2 5807 13.0 Exoplanet

1455 Kepler-344 "2MASS J19295991+4619278, KIC 9650808, KOI-1970, WISE J192959.90+461927.7" 0.9800 0.9000 3366.19 G3 5774 14.1 Exoplanet

1456 Kepler-345 "2MASS J19405491+4558156, KIC 9412760, KOI-1977, WISE J194054.91+455815.6" 0.6200 0.5900 1182.19 K4 4504 12.3 Exoplanet

1457 Kepler-346 "2MASS J19120285+4607033, KIC 9518318, KOI-1978, WISE J191202.86+460703.3" 1.0200 0.9700 3302.07 G0 6033 14.0 Exoplanet

1458 Kepler-347 "2MASS J19164790+4918205, KIC 11450414, KOI-1992, WISE J191647.89+491820.4" 1.0000 1.0400 4401.31 G0 6088 13.4 Exoplanet

1459 Kepler-348 "2MASS J19490121+4032541, KIC 5384079, KOI-2011, WISE J194901.21+403254.1" 1.3600 1.1500 1892.36 F8 6177 11.7 Exoplanet

1460 Kepler-349 "2MASS J19344235+4436560, KIC 8564674, KOI-2022, WISE J193442.37+443656.2" 0.9300 0.9700 3152.72 G1 5956 13.6 Exoplanet

1461 Kepler-350 "2MASS J19014070+3942219, KIC 4636578, KOI-2025, WISE J190140.70+394221.8" 1.5300 1.0300 3208.62 F8 6186 13.8 Exoplanet

1462 Kepler-351 "2MASS J19054864+4239283, KIC 7102316, KOI-2028, WISE J190548.68+423928.0" 0.8500 0.8900 3645.93 G5 5643 14.7 Exoplanet

1463 Kepler-352 "2MASS J19593516+4603071, KIC 9489524, KOI-2029, WISE J195935.18+460306.9" 0.7800 0.7900 830.36 K0 5212 11.6 Exoplanet

1464   Kepler-353   "2MASS J19472559+4145294, KIC 6382217, KOI-2036, Kepler-353 A, WISE J194725.58+414529.1"   0.5000   0.5400   1268.49   K7   3903   13.6   Exoplanet

1465   Kepler-354   "2MASS J19030034+4120083, KIC 6026438, KOI-2045, WISE J190300.36+412008.3"   0.6700   0.6500   1836.13   K4   4648   13.9   Exoplanet

1466   Kepler-355   "2MASS J19031186+4248424, KIC 7265298, KOI-2051, WISE J190311.87+424842.4"   1.0700   1.0500   4871.79   F8   6184   14.0   Exoplanet

1467   Kepler-356   "2MASS J19294105+3740581, KIC 2307415, KOI-2053, WISE J192941.06+374058.0"   1.3300   0.9700   2355.30   G0   6133   12.0   Exoplanet

1468   Kepler-357   "2MASS J19245834+4400313, KIC 8164257, KOI-2073, WISE J192458.31+440031.2"   0.8300   0.7800   2290.30   K1   5036   14.0   Exoplanet

1469 Kepler-358 "2MASS J19325525+4816529, KIC 10864531, KOI-2080, WISE J193255.25+481652.2" 0.9500 0.9500 3705.46 G1 5908 14.1 Exoplanet

1470 Kepler-359 "2MASS J19331047+4211468, KIC 6696580, KOI-2092, WISE J193310.47+421146.8" 1.0900 1.0700 4899.58 F8 6248 14.7 Exoplanet

1471 Kepler-360 "2MASS J19050833+4446535, KIC 8612275, KOI-2111, WISE J190508.33+444653.7" 1.0600 0.9500 2930.87 G0 6053 13.6 Exoplanet

1472 Kepler-361 "2MASS J19471282+4644281, KIC 9904006, KOI-2135, WISE J194712.82+464428.0" 1.3400 1.0700 3117.27 G0 6169 12.5 Exoplanet

1473 Kepler-362 "2MASS J19270519+4731476, KIC 10404582, KOI-2147, WISE J192705.18+473147.7" 0.7200 0.7700 3665.70 G2 5788 13.3 Exoplanet

1474 Kepler-363 "2MASS J18524609+4118194, KIC 6021193, KOI-2148, WISE J185246.09+411819.4" 1.4900 1.2300 2543.23 G6 5593 12.1 Exoplanet

*1475 Kepler-364 "2MASS
J18461678+4723553, KIC 10253547, KOI-2153,
WISE J184616.79+472355.1" 1.2800 1.2000
2984.39 G0 6108 12.7 Exoplanet*

*1476 Kepler-365 "2MASS
J19423038+4907495, KIC 11358389, KOI-2163,
WISE J194230.38+490749.5" 1.0500 0.9900
3098.48 G0 6012 13.5 Exoplanet*

*1477 Kepler-366 "2MASS
J19472449+4905040, KIC 11308499, KOI-2168,
WISE J194724.48+490504.0" 1.0500 1.0500
6390.41 F8 6209 13.7 Exoplanet*

*1478 Kepler-367 "2MASS
J19491018+4958538, KIC 11774991, KOI-2173,
WISE J194910.20+495854.1" 0.6900 0.7500
616.60 K3 4710 11.2 Exoplanet*

*1479 Kepler-368 "2MASS
J19273121+4523165, KIC 9022166, KOI-2175,
WISE J192731.20+452316.3" 2.0200 0.7100
2571.09 G7 5502 11.6 Exoplanet*

*1480 Kepler-369 "2MASS
J19344181+4754304, KIC 10670119, KOI-2179,
WISE J193441.83+475430.5" 0.4700 0.5400
849.05 M3 3591 13.2 Exoplanet*

*1481 Kepler-370 "2MASS
J19284107+4054587, KIC 5706595, KOI-2183,
WISE J192841.05+405458.4" 0.9000 0.9400
3938.79 G2 5852 14.0 Exoplanet*

*1482 Kepler-371 "2MASS
J19291835+3839273, KIC 3548044, KOI-2194,
WISE J192918.34+383927.2" 0.9900 0.9400
2715.38 G5 5666 12.7 Exoplanet*

*1483 Kepler-372 "2MASS
J19250148+4915322, KIC 11401767, KOI-2195,
WISE J192501.48+491532.2" 1.1400 1.1500
5091.85 F6 6509 13.9 Exoplanet*

*1484 Kepler-373 "2MASS
J19173311+5035493, KIC 12058204, KOI-2218,
WISE J191733.11+503549.2" 0.8400 0.8700
3671.67 G2 5787 13.3 Exoplanet*

*1485 Kepler-374 "2MASS
J19363310+4222138, KIC 6871071, KOI-2220,
WISE J193633.09+422213.5" 0.9100 0.8400
4281.35 G1 5977 13.5 Exoplanet*

*1486 Kepler-375 "2MASS
J19142829+4805542, KIC 10723367, KOI-2236,
WISE J191428.29+480553.9" 0.8400 0.8900
4187.19 G2 5826 14.5 Exoplanet*

1487 Kepler-376 "2MASS J19262571+3824374, KIC 3342794, KOI-2278, WISE J192625.71+382437.2" 1.1800 1.0500 3092.15 G1 5900 12.7 Exoplanet

1488 Kepler-377 "2MASS J19414128+3844084, KIC 3661886, KOI-2279, WISE J194141.28+384408.4" 1.2200 0.8800 2751.62 G1 5949 12.8 Exoplanet

1489 Kepler-378 "2MASS J19394766+4626191, KIC 9718066, KOI-2287, WISE J193947.72+462619.7" 0.6700 0.9600 498.27 K4 4661 10.8 Exoplanet

1490 Kepler-379 "2MASS J19424826+3856449, KIC 3867615, KOI-2289, WISE J194248.25+385644.9" 1.3100 1.0800 2436.39 G0 6054 12.3 Exoplanet

1491 Kepler-380 "2MASS J18493470+4845329, KIC 11121752, KOI-2333, WISE J184934.72+484532.9" 1.2200 1.0500 2717.27 G0 6045 12.6 Exoplanet

1492 Kepler-381 "2MASS J19004386+4349519, KIC 8013439, KOI-2352, WISE J190043.88+434951.8" 1.5700 1.3400 867.44 G0 6152 9.7 Exoplanet

*1493 Kepler-382 "2MASS
J19563267+4552117, KIC 9364290, KOI-2374,
WISE J195632.69+455211.8" 0.9400 0.8000
3134.00 G6 5600 13.4 Exoplanet*

*1494 Kepler-383 "2MASS
J19252222+3821472, KIC 3234598, KOI-2413,
WISE J192522.21+382147.3" 0.6700 0.6700
1532.93 K3 4710 13.4 Exoplanet*

*1495 Kepler-384 "2MASS
J19040626+4446583, KIC 8611832, KOI-2414,
WISE J190406.26+444658.3" 0.8800 0.7600
2998.81 G6 5577 12.4 Exoplanet*

*1496 Kepler-385 "2MASS
J19372123+5020115, KIC 11968463, KOI-2433,
WISE J193721.24+502011.4" 1.1300 1.0900
4872.57 F8 6326 14.2 Exoplanet*

*1497 Kepler-386 "2MASS
J19192612+4841378, KIC 11080405, KOI-2442,
WISE J191926.15+484137.8" 0.7700 0.7400
2950.86 K0 5178 14.2 Exoplanet*

*1498 Kepler-387 "2MASS
J19111156+4539241, KIC 9209624, KOI-2443,
WISE J191111.58+453924.2" 1.0500 1.0300
2674.32 G3 5774 12.9 Exoplanet*

1499 Kepler-388 "2MASS J18591872+4436314, KIC 8544992, KOI-2466, WISE J185918.73+443631.2" 0.5900 0.5900 1993.86 K5 4498 13.3 Exoplanet

1500 Kepler-389 "2MASS J19275040+4454000, KIC 8753896, KOI-2473, WISE J192750.39+445400.1" 0.7900 0.7800 2725.52 G7 5376 14.4 Exoplanet

1501 Kepler-390 "2MASS J19263090+4112309, KIC 5959719, KOI-2498, Kepler-390 A, WISE J192630.91+411231.5" 0.7800 0.6700 1437.66 K1 5166 12.6 Exoplanet

1502 Kepler-391 "2MASS J19222923+5103262, KIC 12306058, KOI-2541, WISE J192229.24+510326.4" 3.5700 1.2200 2907.78 K2 4940 11.6 Exoplanet

1503 Kepler-392 "2MASS J19143858+4322051, KIC 7673841, KOI-2585, WISE J191438.58+432205.3" 1.1300 1.1300 2266.98 G1 5938 12.4 Exoplanet

1504 Kepler-393 "2MASS J19235886+4511319, KIC 8883329, KOI-2595, WISE J192358.86+451131.8" 1.3800 1.3200 2949.36 F8 6189 12.3 Exoplanet

1505 Kepler-394 "2MASS J19451246+5040203, KIC 12120307, KOI-2597, WISE J194512.46+504020.2" 1.1300 1.1100 3560.61 F7 6402 13.7 Exoplanet

1506 Kepler-395 "2MASS J19340266+4508117, KIC 8890150, KOI-2650, WISE J193402.67+450811.8" 0.5600 0.5300 1390.53 K6 4262 13.8 Exoplanet

1507 Kepler-396 "2MASS J19443187+4858386, KIC 11253827, KOI-2672, WISE J194431.87+485838.4" 1.1700 0.8100 712.13 G7 5384 10.7 Exoplanet

1508 Kepler-397 "2MASS J19433458+4222496, KIC 6878240, KOI-2681, WISE J194334.59+422249.5" 0.7700 0.0000 3160.45 K0 5307 14.6 Exoplanet

1509 Kepler-398 "2MASS J19255247+4020378, KIC 5185897, KOI-2693, WISE J192552.51+402037.4" 0.6100 0.0000 581.44 K5 4493 11.5 Exoplanet

1510 Kepler-399 "2MASS J19580041+4040148, KIC 5480640, KOI-2707, WISE J195800.41+404014.5" 0.6800 0.0000 4442.83 G7 5502 13.2 Exoplanet

1511 Kepler-400 "2MASS J19234667+4028481, KIC 5272233, KOI-2711, WISE J192346.67+402848.0" 1.1500 0.0000 2312.45 G1 5886 12.6 Exoplanet

1512 Kepler-401 "2MASS J19201985+5051485, KIC 12206313, KOI-2714, WISE J192019.85+505148.4" 1.3300 0.0000 3239.19 G0 6117 12.3 Exoplanet

1513 Kepler-402 "2MASS J19132885+4321165, KIC 7673192, KOI-2722, WISE J191328.84+432116.5" 1.2600 0.0000 2076.90 G0 6090 12.3 Exoplanet

1514 Kepler-403 "2MASS J19194115+4644404, KIC 9886361, KOI-2732, WISE J191941.14+464440.3" 1.3300 0.0000 2807.97 G0 6090 11.8 Exoplanet

1515 Kepler-404 "2MASS J19053567+4520367, KIC 9008737, KOI-2768, WISE J190535.65+452036.7" 0.8800 0.0000 2713.16 G5 5654 13.9 Exoplanet

1516 Kepler-405 "2MASS J19253826+3820240, KIC 3234843, KOI-3057, WISE J192538.28+382024.1" 0.8900 0.0000 3577.67 G2 5818 14.5 Exoplanet

1517 Kepler-406 "KIC 8753657, KOI-321, 2MASS J19272353+4458056, WISE J192723.55+445805.7" 1.0700 1.0700 1199.80 G7 5538 12.5 Exoplanet

1518 Kepler-407 "2MASS J19040872+4936522, KOI-1442, KIC 11600889, WISE J190408.71+493652.2" 1.0100 1.0000 1114.44 G7 5476 11.3 Exoplanet

1519 Kepler-408 "KOI-1612, 2MASS J18590868+4825236, KIC 10963065, WISE J185908.69+482523.7" 1.2300 1.0800 290.31 G0 6104 9.0 Exoplanet

1520 Kepler-409 "KOI-1925, KIC 9955598, 2MASS J19344300+4651099, WISE J193443.00+465109.9" 0.8900 0.9200 226.34 G7 5460 9.4 Exoplanet

1521   Kepler-410_A   "2MASS J18523616+4508233, BD+44 3008, GSC 03540-00760, HD 175289, KIC 8866102, KOI-42, SAO 47882, TYC 3540-760-1, WISE JX   1.3500   1.2100   430.53   F8   6273   9.5   Exoplanet

1522   Kepler-411   "KOI-1781, 2MASS J19102533+4931237, KIC 11551692, Kepler-411 A, WISE J191025.33+493124.4"   0.8200   0.8700   500.94   K2 V   4974   12.5   Exoplanet

1523   Kepler-412   "2MASS J19042647+4340514, KIC 7877496, KOI-202, WISE J190426.48+434051.6"   1.2900   1.1700   3657.25   G3 V   5750   13.7   Exoplanet

1524   Kepler-413_(AB)   0.7761   1.3623   2729.80   K4   4700   22.0   Exoplanet

1525   Kepler-414   "Kepler-414, 2MASS J19515077+4814397, KIC 10878263, KOI-341, WISE J195150.77+481439.6"   0.9500   0.8900   1364.78   G6   5567   12.1   Exoplanet

1526   Kepler-415   "2MASS J19351306+3838208, KIC 355403, Kepler-415, KIC 3554031, KOI-1194"   0.6400   0.6700   1755.98   M9   3300   14.1   Exoplanet

1527 Kepler-416 "2MASS J19261367+3913382, KIC 4157325, Keler-416, KOI-1860" 1.0700 1.0000 inf M9 3300 12.9 Exoplanet

1528 Kepler-417 "Kepler-417, 2MASS J19351783+4246469, KIC 7207061, KOI-2113, WISE J193517.82+424646.7" 0.8100 0.9000 inf M9 3300 14.4 Exoplanet

1529 Kepler-418 "2MASS J19374404+3821196, KIC 3247268, KOI-1089, WISE J193744.04+382119.7" 1.0900 0.9800 3365.67 G2 5820 15.0 Exoplanet

1530 Kepler-419 "KOI-1474, 2MASS J19414029+5111051, KIC 12365184, WISE J194140.29+511105.1" 1.7400 1.3900 inf F7 6430 14.0 Exoplanet

1531 Kepler-421 "KOI-1274, 2MASS J18530163+4505159, KIC 8800954, WISE J185301.62+450515.7" 0.7600 0.7900 1043.70 G9/K0 5308 12.0 Exoplanet

1532 Kepler-422 "2MASS J18503111+4619240, KIC 9631995, KOI-22, WISE J185031.11+461923.9" 1.2400 1.1500 2407.68 G1 5972 13.6 Exoplanet

1533 Kepler-423 "2MASS J19312537+4623282, KIC 9651668, KOI-183, WISE J193125.38+462328.2" 0.9500 0.8500 2364.63 G4 V 5560 14.5 Exoplanet

1534 Kepler-424 "2MASS J19542997+4834388, KIC 11046458, KOI-214, WISE J195429.98+483439.0" 0.9400 1.0100 2325.07 G7 5460 14.5 Exoplanet

1535 Kepler-425 "2MASS J19212592+4034038, KIC 5357901, KOI-188, WISE J192125.91+403403.8" 0.8600 0.9300 2120.01 K1 V 5170 15.0 Exoplanet

1536 Kepler-426 "2MASS J19174431+4928242, KIC 11502867, KOI-195, WISE J191744.31+492824.3" 0.9200 0.9100 2870.17 G1 V 5725 15.0 Exoplanet

1537 Kepler-427 "2MASS J19130109+4342175, KIC 7950644, KOI-192, WISE J191301.09+434217.4" 1.3500 0.9600 3587.72 G2 V 5800 14.5 Exoplanet

1538 Kepler-428 "2MASS J19221961+4034386, KIC 5358624, KOI-830" 0.8000 0.8700 2348.32 K1 V 5150 15.5 Exoplanet

1539 Kepler-430 "KOI-2365, 2MASS J19311407+4934460, KIC 11560897, WISE J193114.06+493446.0" 1.4900 1.1700 3073.24 G1 5884 12.7 Exoplanet

1540 Kepler-431 "KOI-3097, 2MASS J18442696+4313400, KIC 7582689, WISE J184426.95+431340.0" 1.0900 1.0700 1609.38 G0 6004 10.9 Exoplanet

1541 Kepler-432 "2MASS J19330772+4817092, KIC 10864656, KOI-1299, WISE J193307.73+481709.3" 4.0600 1.3200 2833.92 K2III 4995 13.0 Exoplanet

1542 Kepler-433 "KOI-206, 2MASS J19502247+4058381, KIC 5728139, WISE J195022.46+405838.0" 2.2600 1.4600 6099.12 F7 6360 14.5 Exoplanet

1543 Kepler-434 "KOI-614, 2MASS J19342073+4255440, KIC 7368664" 1.3800 1.2000 4044.33 G1 5977 13.4 Exoplanet

1544 Kepler-435 "KOI-680, 2MASS J19290895+4311502, KIC 7529266, WISE J192908.95+431150.1" 3.2100 1.5400 6751.43 G0 6161 14.0 Exoplanet

1545 Kepler-436 "2MASS J20065298+4424434, KIC 8463346, KOI-2529, WISE J200652.98+442443.5" 0.7000 0.7300 2015.64 K4 4651 16.3 Exoplanet

1546 Kepler-437 "2MASS J19492337+4401370, KIC 8183288, KOI-3255, WISE J194923.36+440136.9" 0.6800 0.7100 1360.07 K4 4551 14.8 Exoplanet

1547 Kepler-438 "2MASS J18463499+4157039, KIC 6497146, KOI-3284, WISE J184634.98+415704.0" 0.5200 0.5400 472.93 M1 3748 15.0 Exoplanet

1548 Kepler-439 "2MASS J18431237+4402023, KIC 8142787, KOI-4005, WISE J184312.36+440202.2" 0.8700 0.8800 2260.26 G7 5431 15.0 Exoplanet

1549 Kepler-440 "2MASS J19012398+4127079, KIC 6106282, KOI-4087, WISE J190124.00+412708.3" 0.5600 0.5700 851.27 K6 4134 15.5 Exoplanet

1550 Kepler-441 "2MASS J18581605+4900451, KIC 11284772, KOI-4622, WISE J185816.06+490045.6" 0.5500 0.5700 926.28 K5 4340 15.5 Exoplanet

1551 Kepler-442 "2MASS J19012797+3916482, KIC 4138008, KOI-4742, WISE J190127.98+391648.2" 0.6000 0.6100 1115.45 K5 4402 15.3 Exoplanet

1552 Kepler-443 "2MASS J19142653+4958070, KIC 11757451, KOI-4745, WISE J191426.51+495806.8" 0.7100 0.7400 2540.76 K3 4723 16.2 Exoplanet

1553 Kepler-444 "Kepler-444, 2MASS J19190052+4138043, BD+41 3306, HIP 94931, KIC 6278762, KOI-3158, Kepler-444 A, LHS 3450, TYC 3129-003X 0.7500 0.7600 116.36 K 5046 9.0 Exoplanet

1554 Kepler-445 "2MASS J19545665+4629548, KIC 9730163, KOI-2704, WISE J195456.70+462956.2" 0.2100 0.1800 293.54 M4 3157 18.0 Exoplanet

1555 Kepler-446 "2MASS J18490005+4455160, KIC 8733898, KOI-2842, WISE J184900.02+445515.7" 0.2400 0.2200 391.39 M4 3359 16.5 Exoplanet

1556 Kepler-447 "2MASS J19010446+4833360, KIC 11017901, KOI-1800, WISE J190104.44+483335.7" 1.0500 1.0000 881.01 G8 V 5493 12.5 Exoplanet

1557 KOI-12 "KOI-12, 2MASS J19494889+4100395, KIC 5812701, Kepler-448, TYC 3140-349-1, WISE J194948.89+410039.6" 1.4000 1.5000 1317.64 F3 6820 11.5 Exoplanet

1558 Kepler-449 "KOI-270, KIC 6528464, 2MASS J19345587+4154030, WISE J193455.87+415402.5" 1.4700 0.9700 909.98 G6 5552 11.4 Exoplanet

1559 Kepler-450 "KOI-279, KIC 1231497, 2MASS J19415676+5100486, KIC 12314973, WISE J194156.76+510048.6" 1.5700 1.3500 1382.02 G0 6152 11.7 Exoplanet

1560 2M_1938+46 Kepler-451 0.5398 0.6000 1336.16 sdB+M 5500 22.0 Exoplanet

1561 Kepler-452 "2MASS J19440088+4416392, KIC 8311864, KOI-7016, WISE J194400.89+441639.2" 1.1100 1.0400 1828.50 G2 5757 13.7 Exoplanet

*1562   Kepler-453_A   KIC 9632895 A   0.8330
0.9340   1448.55   G7   5527   22.0   Exoplanet*

*1563   Kepler-454   "2MASS
J19095484+3813438, KIC 3102384, KOI-273,
Kepler-454 A, WISE J190954.86+381344.5"
1.0500   0.8500   731.29   G4   5701   11.6
Exoplanet*

*1564   Kepler_455   "KIC 3558849,
WISE J193947.96+383618.7, 2MASS
J19394796+3836186, KOI-4307"   1.0050
0.9800   0.00   G0   6175   22.0   Exoplanet*

*1565   Kepler-456   "2MASS
J19155797+4113229, KIC 5951458, 2MASS
J19155797+4113229 "   1.5200   0.9800
2336.36   F8   6258   11.6   Exoplanet*

*1566   Kepler-457   "WISE
J184930.60+444140.4, 2MASS
J18493060+4441405 , KIC 8540376 "   1.2600
1.0400   3505.92   F7   6474   13.3   Exoplanet*

*1567   KIC_9663113   "KIC 9663113, 2MASS
J19481090+4619433, KOI-179, Kepler-458,
WISE J194810.91+461943.1"   1.0300   0.9800
5449.68   G0   6065   12.8   Exoplanet*

1568 Kepler-459 KOI-5800 1.0100 1.0100 4896.50 G0 6091 15.4 Exoplanet

1569 KOI-3791 1.2400 1.0700 4328.55 F8 6340 14.2 Exoplanet

1570 KIC_5437945 "KIC 5437945, KOI-3791, 2MASS J19135396+4039048, Kepler-460, WISE J191353.92+403904.5" 1.2400 1.0700 4313.35 F8 6340 14.2 Exoplanet

1571 Kepler-461 "2MASS J19285977+4609535, KIC 9527334, KOI-49, WISE J192859.77+460953.3" 0.9100 0.9800 1526.41 G5 5634 12.3 Exoplanet

1572 Kepler-462 "KOI-89, 2MASS J19591707+4348513, KIC 8056665, TIC 269263577, WISE J195917.07+434851.4" 1.5700 1.5900 1469.17 F0 7500 11.7 Exoplanet

1573 Kepler-463 "2MASS J19554489+4451284, KIC 8711794, KOI-105, WISE J195544.85+445128.3" 0.9000 0.8700 1095.88 G5 5661 11.7 Exoplanet

1574 Kepler-464 "2MASS J19392044+4858564, KIC 11250587, KOI-107, WISE J193920.42+485856.4" 1.5900 1.2100 2129.80 G1 5933 11.7 Exoplanet

1575 Kepler-465 "2MASS J18581337+4603497, KIC 9450647, KOI-110, WISE J185813.38+460350.0" 1.2900 1.2300 1914.54 F8 6310 11.7 Exoplanet

1576 Kepler-466 "2MASS J19423569+4829440, KIC 10984090, KOI-112, WISE J194235.68+482943.9" 1.0500 1.0400 1422.04 G1 5927 11.7 Exoplanet

1577 Kepler-467 "2MASS J19092707+3838585, KIC 3531558, KOI-118, WISE J190927.09+383858.8" 1.3700 1.0500 1493.79 G2 5809 11.3 Exoplanet

1578 Kepler-468 "2MASS J19153653+4922137, KIC 11449844, KOI-125, WISE J191536.53+492213.5" 0.8700 0.9600 1545.98 G7 5498 12.5 Exoplanet

1579 Kepler-470 "2MASS J19480226+5022203, KIC 11974540, KOI-129, WISE J194802.28+502220.0" 1.6600 1.4000 3225.68 F6 6613 12.3 Exoplanet

1580 Kepler-471 "2MASS J19562340+4329513, KIC 7778437, KOI-131, WISE J195623.40+432951.2" 1.8000 1.4900 4478.12 F5 6733 12.8 Exoplanet

1581 Kepler-472 "2MASS J19460582+3914591, KIC 4180280, KOI-144, WISE J194605.87+391459.4" 0.7800 0.8500 984.99 K2 4996 12.1 Exoplanet

1582 Kepler-473 "2MASS J19063122+3856441, KIC 3835670, KOI-149, WISE J190631.22+385644.1" 1.3400 1.0600 2090.66 G2 5816 12.1 Exoplanet

1583 Kepler-474 "2MASS J19291716+4352522, KIC 8030148, KOI-155, WISE J192917.14+435252.1" 1.0800 0.9900 1852.57 G2 5785 12.3 Exoplanet

1584 Kepler-475 "2MASS J19081241+4012415, KIC 5084942, KOI-161, WISE J190812.40+401241.2" 0.7900 0.8600 913.24 K2 5009 11.8 Exoplanet

1585 Kepler-476 "2MASS J19403931+4357469, KIC 8107380, KOI-162, WISE J194039.31+435746.9" 1.0900 1.0300 2240.69 G2 5837 12.7 Exoplanet

*1586 Kepler-477 "2MASS
J19121622+4221193, KIC 6851425, KOI-163,
Kepler-477 B, WISE J191216.19+422119.2"
0.7900 0.8700 1196.99 K0 5240 12.3
Exoplanet*

*1587 Kepler-478 "2MASS
J19295686+4611463, KIC 9527915, KOI-165"
0.8000 0.8500 1369.86 K0 5210 12.6
Exoplanet*

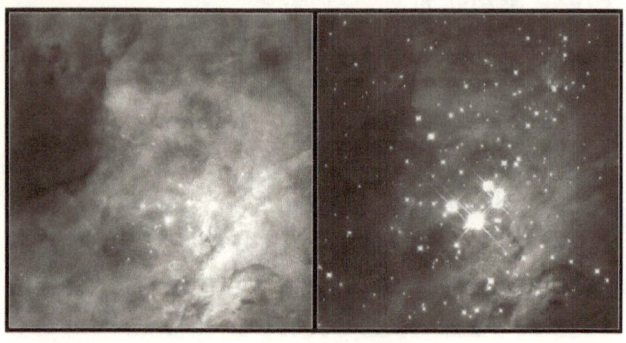

A few young stars shine through dense clouds of gas and dust in the Orion Nebula's Trapezium embedded cluster, 1,500 light-years from Earth. The left image is taken in visible light; the right image is taken in infrared light.

ref [https://www.nasa.gov/content/discoveries-hubbles-star-clusters]

1588 Kepler-479 "2MASS J19240524+3746112, KIC 2441495, KOI-166, WISE J192405.25+374611.4" 0.8100 0.8600 1210.04 K0 5247 12.2 Exoplanet

1589 Kepler-480 "2MASS J19375133+4945541, KIC 11666881, KOI-167, WISE J193751.33+494554.1" 1.3400 1.2500 2628.82 F8 6322 12.3 Exoplanet

1590 Kepler-481 "2MASS J19273768+4915433, KIC 11402995, KOI-173, WISE J192737.67+491543.4" 1.0900 1.0100 2325.49 G2 5802 12.7 Exoplanet

1591 Kepler-482 "2MASS J19471749+4806271, KIC 10810838, KOI-174, WISE J194717.50+480627.7" 0.7200 0.7500 945.85 K3 4871 12.2 Exoplanet

1592 Kepler-483 "2MASS J19263522+4153047, KIC 6442377, KOI-176, WISE J192635.22+415304.9" 1.4700 1.2800 3108.27 F8 6346 12.5 Exoplanet

1593 Kepler-484 "2MASS J18573463+4614566, KIC 9573539, KOI-180, WISE J185734.62+461456.8" 0.8700 0.9600 1229.61 G5 5668 11.9 Exoplanet

1594 Kepler-485 "2MASS J19395911+5028122, KIC 12019440, KOI-186, WISE J193959.12+502812.0" 1.0900 1.0700 3825.81 G1 5958 13.8 Exoplanet

1595 Kepler-487 "2MASS J19410893+4113190, KIC 5972334, KOI-191, WISE J194108.94+411319.0" 0.8800 0.9100 2723.40 G7 5444 13.7 Exoplanet

1596 Kepler-488 "2MASS J18515188+4820422, KIC 10904857, KOI-194, WISE J185151.89+482042.2" 1.0900 1.0700 3773.62 G1 5970 13.7 Exoplanet

1597 Kepler-489 "2MASS J19231995+3811036, KIC 2987027, KOI-197, WISE J192319.97+381103.2" 0.7600 0.8200 1236.13 K2 5014 12.5 Exoplanet

1598 Kepler-490 "2MASS J19400616+4657216, KIC 10019708, KOI-199, WISE J194006.15+465721.5" 1.1200 1.0800 4073.69 G0 6045 13.8 Exoplanet

1599 Kepler-491 "2MASS J19083133+4221005, KIC 6849046, KOI-201, WISE J190831.33+422100.6" 1.0300 1.0400 2142.84 G6 5582 12.7 Exoplanet

1600 Kepler-492 "KOI-205, KIC 7046804, 2MASS J19415919+4232163" 0.9100 0.9400 2093.92 K0V 5527 13.1 Exoplanet

1601 Kepler-493 "2MASS J19411380+3852539, KIC 3762468, KOI-208, WISE J194113.79+385253.7" 1.5400 1.3600 6333.95 F7 6457 14.0 Exoplanet

1602 Kepler-494 "2MASS J19485138+4139505, KIC 6305192, KOI-219, WISE J194851.37+413950.4" 1.2600 1.1000 2811.46 G0 6007 12.9 Exoplanet

1603 Kepler-495 "2MASS J19034336+3905532, KIC 3937519, KOI-221, WISE J190343.37+390553.2" 0.8300 0.8600 2054.78 G7 5346 13.3 Exoplanet

1604 Kepler-496 "2MASS J19263381+4114277, KIC 5959753, KOI-226, WISE J192633.80+411427.9" 0.8200 0.8600 2136.32 K0 5293 13.4 Exoplanet

1605 Kepler-497 "2MASS J19230381+3855406, KIC 3847907, KOI-229, WISE J192303.79+385540.7" 1.1100 1.0900 3489.87 G2 5834 13.6 Exoplanet

*1606 Kepler-498 "2MASS
J19212595+4431075, KIC 8491277, KOI-234,
WISE J192125.95+443107.4" 0.9600 0.9800
2433.12 G3 5744 13.2 Exoplanet*

*1607 Kepler-499 "2MASS
J19402638+4354547, KIC 8107225, KOI-235"
0.8300 0.8700 1705.80 K0 5312 12.9
Exoplanet*

*1608 Kepler-500 "2MASS
J19434832+4351073, KIC 8041216, KOI-237"
1.0300 1.0200 2436.39 G2 5813 13.0
Exoplanet*

*1609 Kepler-501 "2MASS
J19484837+4143487, KIC 6383785, KOI-239"
1.0400 1.0300 3405.07 G1 5904 13.7
Exoplanet*

*1610 Kepler-502 "2MASS
J19241923+4351367, KIC 8026752, KOI-240,
WISE J192419.22+435136.7" 1.2200 1.1500
4673.82 G0 6125 13.9 Exoplanet*

*1611 Kepler-504 "Kepler-504, 2MASS
J18594123+4558206, KIC 9390653, KOI-249,
Kepler-504 A" 0.3300 0.3300 244.62 M4
3519 12.0 Exoplanet*

1612 Kepler-505 "2MASS J19112594+4232334, KIC 7021681, KOI-255, WISE J191125.91+423233.6" 0.5300 0.5500 724.07 K7 3931 12.9 Exoplanet

1613 Kepler-506 "2MASS J18583244+4043113, KIC 5514383, KOI-257, WISE J185832.44+404311.4" 1.1900 1.1900 753.42 F8 6236 9.9 Exoplanet

1614 Kepler-507 "2MASS J19480452+5024323, KIC 12024120, KOI-265, WISE J194804.51+502432.5" 1.3200 1.1600 1337.24 G0 6113 11.0 Exoplanet

1615 Kepler-508 "2MASS J19413704+4258531, KIC 7375348, KOI-266, WISE J194137.02+425852.8" 1.2500 1.1600 1060.01 G0 6025 10.7 Exoplanet

1616 Kepler-509 "2MASS J19183945+4842223, KIC 11133306, KOI-276, WISE J191839.45+484222.2" 1.2000 1.1000 1105.67 G0 6060 10.8 Exoplanet

1617 Kepler-510 "2MASS J19103720+3914394, KIC 4143755, KOI-281, WISE J191037.19+391439.1" 1.4100 0.9100 1232.87 G3 5746 10.8 Exoplanet

1618 Kepler-511 "2MASS J18514696+4734295, KIC 10386922, KOI-289, WISE J185146.93+473429.7" 1.2000 1.0000 1461.18 G3 5770 11.5 Exoplanet

1619 Kepler-512 "2MASS J19530455+4855002, KIC 11259686, KOI-294, WISE J195304.54+485500.2" 1.3000 1.1700 1731.89 G0 5997 11.6 Exoplanet

1620 Kepler-513 "2MASS J19001000+5004313, KIC 11802615, KOI-296, WISE J190009.99+500431.4" 1.0600 1.0200 1523.15 G2 5849 11.8 Exoplanet

1621 Kepler-514 "2MASS J19045932+5014326, KIC 11905011, KOI-297, Kepler-514 A, WISE J190459.30+501432.5" 1.4400 1.2800 1594.90 G0 6106 11.2 Exoplanet

1622 Kepler-515 "2MASS J19215853+5203201, KIC 12785320, KOI-298, Kepler-515 A, WISE J192158.54+520319.4" 0.8300 0.9000 831.70 K0 5293 11.3 Exoplanet

*1623   Kepler-516   "2MASS
J19422610+3844086, KIC 3662838, KOI-302,
WISE J194226.10+384408.6"   2.0200   1.6200
2534.23   F2   7099   11.2   Exoplanet*

*1624   Kepler-517   "2MASS
J19344207+4117432, KIC 5966322, KOI-303,
Kepler-517 A, WISE J193442.09+411743.2"
0.9800   0.9500   926.28   G4   5690   11.0
Exoplanet*

*1625   Kepler-518   "2MASS
J19082159+4122259, KIC 6029239, KOI-304,
WISE J190821.60+412225.6"   0.8800   0.9600
1056.75   G2   5842   11.5   Exoplanet*

*1626   Kepler-519   "2MASS
J19571668+4123047, KIC 6071903, KOI-306,
Kepler-519 A, WISE J195716.68+412304.8"
0.8000   0.8900   763.21   K0   5260   11.3
Exoplanet*

*1627   Kepler-520   "2MASS
J19324327+4137039, KIC 6289257, KOI-307,
WISE J193243.24+413704.0"   1.0900   1.1000
1604.69   G0   6112   11.8   Exoplanet*

1628 Kepler-521 "2MASS J19551593+4359529, KIC 8121310, KOI-317, WISE J195515.93+435952.9" 1.4600 1.3400 2403.77 F7 6406 11.9 Exoplanet

1629 Kepler-522 "2MASS J19123695+4404077, KIC 8156120, KOI-318, WISE J191236.95+440407.7" 1.9800 1.5400 2442.91 F7 6392 11.3 Exoplanet

1630 Kepler-523 "2MASS J18561467+4530246, KIC 9139084, KOI-323, WISE J185614.66+453024.5" 0.8600 0.9300 880.62 G7 5515 11.3 Exoplanet

1631 Kepler-524 "2MASS J19472621+4909433, KIC 11361646, KOI-330, WISE J194726.20+490943.3" 1.1000 1.0900 2380.94 G0 6014 12.7 Exoplanet

1632 Kepler-525 "2MASS J19444402+4721315, KIC 10285631, KOI-331, WISE J194444.02+472131.6" 1.1500 0.9500 1846.04 G6 5573 12.2 Exoplanet

1633 Kepler-526 "2MASS J19503622+4723466, KIC 10290666, KOI-332, WISE J195036.22+472346.4" 1.1400 1.1500 1643.83 G1 5894 11.9 Exoplanet

Fig 10.

ref [https://solarsystem.nasa.gov/missions/kepler/in-depth/]

Artists concept of the retired Kepler space probe. Responsible for the data presented.

1634 Kepler-527 "2MASS J19234989+4724226, KIC 10337258, KOI-333, WISE J192349.89+472422.6" 1.4500 1.2800 2938.67 F7 6388 12.4 Exoplanet

1635 Kepler-528 "2MASS J19424435+4744530, KIC 10545066, KOI-337, WISE J194244.36+474453.1" 1.0600 1.0100 2318.97 G2 5807 12.8 Exoplanet

1636 Kepler-529 "2MASS J19033320+4752493, KIC 10587105, KOI-339, WISE J190333.21+475249.2" 1.1400 1.0700 2566.85 G0 6087 12.8 Exoplanet

1637 Kepler-530 "2MASS J18532166+4832565, KIC 11015108, KOI-344, Kepler-530 A, WISE J185321.66+483256.4" 0.8900 0.9700 1513.36 G4 5697 12.3 Exoplanet

1638 Kepler-531 "2MASS J19060595+4841009, KIC 11074541, KOI-345, WISE J190605.93+484100.8" 0.7500 0.7800 828.44 K2 4893 11.8 Exoplanet

1639 Kepler-532 "2MASS J19543861+4836229, KIC 11100383, KOI-346, WISE J195438.62+483622.8" 0.7900 0.8700 1060.01 K0 5192 12.0 Exoplanet

1640 Kepler-533 "2MASS J19344457+4849305, KIC 11194032, KOI-348, WISE J193444.57+484930.1" 0.7200 0.7800 994.78 K3 4758 12.3 Exoplanet

1641 Kepler-534 "2MASS J19454045+4932243, KIC 11568987, KOI-354, WISE J194540.61+493223.6" 0.9800 1.0500 1542.72 G1 5884 12.1 Exoplanet

1642 Kepler-535 "2MASS J19461599+4941465, KIC 11621223, KOI-355, WISE J194615.98+494146.2" 1.2700 1.1800 2211.34 G0 6123 12.1 Exoplanet

1643 Kepler-536 "2MASS J19505673+4938137, KIC 11624249, KOI-356, WISE J195056.72+493813.5" 0.8900 0.9200 1454.66 G7 5524 12.4 Exoplanet

1644 Kepler-537 "2MASS J19193135+5116374, KIC 12404954, KOI-361, WISE J191931.34+511637.2" 0.9900 1.0700 1516.63 G3 5763 12.0 Exoplanet

1645 Kepler-538 "2MASS J19495685+4937244, KIC 11623629, KOI-365, Kepler-538 A, TYC 3565-1191-1, WISE J194956.79+493724.2" 0.8700 0.8900 510.96 G6 5547 10.0 Exoplanet

1646 Kepler-539 "2MASS J19562938+4152003, KIC 6471021, KOI-372, WISE J195629.39+415200.4" 0.9500 1.0500 1011.12 G2 V 5820 12.5 Exoplanet

1647 Kepler-540 "2MASS J19223006+4452262, KIC 8686097, KOI-374, WISE J192230.01+445225.8" 1.0800 1.0200 1141.55 G1 5946 11.2 Exoplanet

1648 Kepler-541 "2MASS J19363592+3827297, KIC 3353050, KOI-384, WISE J193635.91+382729.6" 2.0600 1.4100 3326.79 G0 6166 12.1 Exoplanet

1649 Kepler-542 "2MASS J19285162+3832549, KIC 3446746, KOI-385, WISE J192851.60+383254.8" 0.9000 0.9300 1431.82 G7 5526 12.2 Exoplanet

1650 Kepler-543 "2MASS J19085249+3851450, KIC 3733628, KOI-387, WISE J190852.49+385145.1" 0.6700 0.7000 691.45 K4 4671 11.7 Exoplanet

1651 Kepler-544 "2MASS J19360698+3903066, KIC 3964109, KOI-393, WISE J193606.95+390306.5" 1.2200 1.1600 2599.46 F8 6206 12.6 Exoplanet

1652 Kepler-545 "2MASS J19221591+4041313, KIC 5444548, KOI-409, WISE J192215.91+404131.5" 1.0700 1.0400 2710.36 G1 5882 13.1 Exoplanet

1653 Kepler-546 "2MASS J18530182+4059257, KIC 5683743, KOI-412" 1.1500 1.1100 2922.36 G1 5967 13.1 Exoplanet

1654 Kepler-547 "2MASS J19042848+4420430, KIC 8352537, KOI-420" 0.7300 0.7800 1177.42 K3 4828 12.6 Exoplanet

1655 Kepler-548 "2MASS J19593741+4526228, KIC 9115800, KOI-421, WISE J195937.42+452622.7" 0.9000 0.9300 2530.97 G7 5535 13.6 Exoplanet

1656 Kepler-549 "2MASS J18520546+4715400, KIC 10189546, KOI-427" 0.8400 0.8800 2113.49 G7 5360 13.3 Exoplanet

1657 Kepler-550 "2MASS J19504805+4751495, KIC 10616679, KOI-429, WISE J195048.05+475149.3" 0.8300 0.8700 1836.26 K0 5322 13.1 Exoplanet

1658 Kepler-551 "2MASS J19015641+4803155, KIC 10717241, KOI-430, WISE J190156.41+480315.6" 0.6300 0.6500 1017.61 K6 4286 13.0 Exoplanet

1659 Kepler-552 "2MASS J19225944+4814312, KIC 10858832, KOI-432, WISE J192259.44+481431.1" 1.0400 1.0300 2720.14 G2 5863 13.2 Exoplanet

1660 Kepler-553 "2MASS J19541219+4819568, KIC 10937029, KOI-433, WISE J195412.18+481957.4" 0.8500 0.9200 2364.63 K0 5266 13.6 Exoplanet

1661 Kepler-554 "2MASS J19453764+5121293, KIC 12470954, KOI-439, WISE J194537.65+512129.4" 0.9200 0.9300 2093.92 G7 5447 13.0 Exoplanet

1662 Kepler-555 "2MASS J19020404+3855566, KIC 3833007, KOI-443, WISE J190204.04+385556.7" 1.0400 1.0300 2517.92 G1 5894 13.0 Exoplanet

1663 Kepler-556 "2MASS J19220706+3856335, KIC 3847138, KOI-444, WISE J192207.06+385633.8" 0.9800 1.0000 2377.68 G3 5740 13.0 Exoplanet

1664 Kepler-557 "2MASS J19345002+4136544, KIC 6291033, KOI-452, WISE J193450.01+413654.4" 1.1600 1.1100 3672.52 G0 6068 13.6 Exoplanet

1665 Kepler-558 "2MASS J18583789+4239096, KIC 7098355, KOI-454, WISE J185837.88+423909.4" 0.8100 0.8500 2126.54 K0 5242 13.5 Exoplanet

1666 Kepler-559 "2MASS J19463284+4348100, KIC 8043638, KOI-460, WISE J194632.84+434809.1" 0.9500 0.9600 2586.42 G5 5630 13.4 Exoplanet

1667 Kepler-560 "2MASS J20004946+4501053, KIC 8845205, KOI-463, Kepler-560 B" 0.3300 0.3400 287.02 M3 3556 12.3 Exoplanet

1668 Kepler-561 "2MASS J19345930+4506259, KIC 8890783, KOI-464, WISE J193459.30+450625.9" 0.9400 0.9600 2175.46 G5 5646 13.1 Exoplanet

1669 Kepler-562 "2MASS J19202871+4616257, KIC 9583881, KOI-467, WISE J192028.69+461625.7" 0.9000 0.9300 2681.00 G6 5575 13.6 Exoplanet

1670 Kepler-563 "2MASS J19294710+4617231, KIC 9589524, KOI-468, WISE J192947.08+461723.1" 0.7700 0.8000 1816.69 K1 5066 13.4 Exoplanet

1671 Kepler-564 "2MASS J19472121+4637350, KIC 9844088, KOI-470, WISE J194721.21+463735.0" 0.9200 0.9500 2707.09 G5 5626 13.6 Exoplanet

1672 Kepler-565 "2MASS J18542830+4711480, KIC 10123064, KOI-472, WISE J185428.32+471148.1" 0.9500 0.9800 3395.28 G3 5735 13.9 Exoplanet

1673 Kepler-566 "2MASS J19261307+4748521, KIC 10599206, KOI-476, WISE J192613.07+474852.0" 0.7900 0.8300 2048.26 K1 5132 13.5 Exoplanet

*1674 Kepler-567 "2MASS
J19504142+4818083, KIC 10934674, KOI-477,
WISE J195041.42+481808.3" 0.7900 0.8400
1852.57 K1 5148 13.3 Exoplanet*

*1675 Kepler-568 "2MASS
J19522536+4824041, KIC 10990886, KOI-478,
WISE J195225.44+482405.4" 0.5300 0.5500
410.96 M1 3768 11.8 Exoplanet*

*1676 Kepler-569 "2MASS
J18540174+4833093, KIC 11015323, KOI-479,
WISE J185401.73+483309.5" 0.9300 0.9500
2103.71 G6 5616 12.9 Exoplanet*

*1677 Kepler-570 "2MASS
J19214502+4847307, KIC 11134879, KOI-480,
WISE J192145.02+484730.7" 0.9000 0.9300
2093.92 G7 5496 13.1 Exoplanet*

*1678 Kepler-571 "2MASS
J19061224+4925074, KIC 11497977, KOI-483,
WISE J190612.23+492507.3" 0.9000 0.9300
2465.74 G7 5527 13.4 Exoplanet*

*1679 Kepler-572 "2MASS
J19245305+5034526, KIC 12061222, KOI-484,
WISE J192453.07+503452.8" 0.7900 0.8300
1735.15 K0 5212 13.1 Exoplanet*

1680 Kepler-573 "2MASS J19180507+5114143, KIC 12404305, KOI-486, WISE J191805.10+511414.5" 1.0200 0.9900 2472.26 G3 5746 13.0 Exoplanet

1681 Kepler-574 "2MASS J19205929+5208568, KIC 12834874, KOI-487, WISE J192059.28+520856.8" 0.9100 0.9500 2436.39 G6 5612 13.3 Exoplanet

1682 Kepler-575 "2MASS J19075133+3749469, KIC 2557816, KOI-488, WISE J190751.33+374946.5" 0.9500 0.9700 2778.85 G4 5710 13.5 Exoplanet

1683 Kepler-576 "2MASS J19404390+3839152, KIC 3559935, KOI-492, WISE J194043.90+383915.1" 0.9700 0.9900 2276.57 G5 5672 13.1 Exoplanet

1684 Kepler-577 "2MASS J19385086+3904255, KIC 3966801, KOI-494, WISE J193850.88+390425.4" 0.7300 0.7800 1790.60 K2 4984 13.4 Exoplanet

1685 Kepler-578 "2MASS J19150118+3933491, KIC 4454752, KOI-496, WISE J191501.19+393349.2" 0.8300 0.8700 1852.57 K0 5334 13.1 Exoplanet

1686 Kepler-579 "2MASS J19400048+3957105, KIC 4847534, KOI-499, WISE J194000.50+395710.4" 0.9600 0.9900 2162.41 G5 5636 13.0 Exoplanet

1687 Kepler-580 "2MASS J18535995+4033100, KIC 5340644, KOI-503, WISE J185359.94+403310.0" 0.6400 0.6700 1086.10 K6 4298 13.1 Exoplanet

1688 Kepler-581 "2MASS J19414386+4038536, KIC 5461440, KOI-504, WISE J194143.85+403853.6" 1.0000 1.0000 2716.88 G3 5772 13.3 Exoplanet

1689 Kepler-582 "2MASS J19500088+4103252, KIC 5812960, KOI-507, WISE J195000.89+410325.4" 0.9100 0.9300 2449.43 G6 5564 13.5 Exoplanet

1690 Kepler-583 "2MASS J18482671+4221162, KIC 6838050, KOI-512, WISE J184826.71+422116.3" 0.9100 0.9400 2625.56 G7 5523 13.5 Exoplanet

1691 Kepler-584 "2MASS J19125534+4224490, KIC 6937692, KOI-513, WISE J191255.34+422449.0" 1.2400 1.1700 4712.95 F8 6195 13.8 Exoplanet

1692 Kepler-585 "2MASS J19060683+4352242, KIC 8015907, KOI-517, WISE J190606.83+435224.1" 0.9300 0.9600 1969.98 G6 5593 12.8 Exoplanet

1693 Kepler-586 "2MASS J19321373+4533042, KIC 9157634, KOI-526, WISE J193213.73+453304.1" 0.9200 0.9400 2305.92 G6 5575 13.2 Exoplanet

1694 Kepler-587 "2MASS J19144096+4723569, KIC 10266615, KOI-530, WISE J191440.95+472356.9" 0.8900 0.9200 2778.85 G6 5549 13.7 Exoplanet

1695 Kepler-588 "2MASS J18570173+4741202, KIC 10454313, KOI-532, WISE J185701.73+474120.1" 1.0000 1.0100 3170.24 G2 5835 13.6 Exoplanet

1696 Kepler-589 "2MASS J18423392+4745069, KIC 10513530, KOI-533, WISE J184233.92+474507.2" 0.8300 0.8800 2097.18 K0 5296 13.3 Exoplanet

1697 Kepler-590 "2MASS J19453253+4814004, KIC 10873260, KOI-535, WISE J194532.52+481400.1" 1.1500 1.1000 3215.90 G0 6000 13.3 Exoplanet

1698 Kepler-591 "2MASS J19040576+4825543, KIC 10965008, KOI-536, WISE J190405.75+482554.2" 0.9400 0.9700 2586.42 G5 5677 13.3 Exoplanet

1699 Kepler-592 "2MASS J19030976+4840597, KIC 11073351, KOI-537, WISE J190309.78+484059.6" 1.0400 1.0400 3372.45 G1 5913 13.6 Exoplanet

1700 Kepler-593 "2MASS J19394834+4839042, KIC 11090765, KOI-538, WISE J193948.33+483904.0" 1.1000 1.0800 3313.74 G1 5967 13.4 Exoplanet

1701 Kepler-594 "2MASS J19154118+4945433, KIC 11656721, KOI-541, WISE J191541.18+494543.2" 0.8700 0.9100 2420.08 G7 5485 13.5 Exoplanet

1702 Kepler-595 "2MASS J19381689+5040228, KIC 12116489, KOI-547, TIC 27231753, WISE J193816.89+504022.8" 0.8200 0.9300 2084.14 K0 5247 13.3 Exoplanet

1703 Kepler-596 "2MASS J19180016+5141086, KIC 12600735, KOI-548, WISE J191800.16+514108.4" 1.3200 1.2100 3532.27 F8 6267 13.1 Exoplanet

1704 Kepler-597 "2MASS J19335282+3915101, KIC 4165473, KOI-550, WISE J193352.81+391510.2" 0.9500 0.9700 2152.63 G4 5683 13.0 Exoplanet

1705 Kepler-598 "2MASS J19322962+4056051, KIC 5709725, KOI-555, WISE J193229.62+405605.3" 0.8600 0.8700 2237.43 K0 5307 13.4 Exoplanet

1706 Kepler-599 "2MASS J19033876+4104099, KIC 5774349, KOI-557, WISE J190338.77+410410.1" 0.7900 0.8300 2045.00 K1 5127 13.5 Exoplanet

1707 Kepler-600 "2MASS J18551993+4158431, KIC 6501635, KOI-560" 0.8100 0.8400 2035.21 K0 5279 13.4 Exoplanet

1708 Kepler-601 "2MASS J18480110+4210355, KIC 6665695, KOI-561, WISE J184801.12+421035.3" 0.7900 0.8500 1399.21 K1 5160 12.6 Exoplanet

1709 Kepler-602 "2MASS J19440767+4208310, KIC 6707833, KOI-563, WISE J194407.65+420830.7" 1.1300 1.0800 3166.97 G0 6062 13.3 Exoplanet

1710 Kepler-603 "2MASS J19370743+4217274, KIC 6786037, KOI-564, WISE J193707.43+421727.5" 1.0100 1.0100 3153.93 G2 5808 13.6 Exoplanet

1711 Kepler-604 "2MASS J19291584+4237345, KIC 7119481, KOI-566, WISE J192915.83+423734.4" 1.0300 1.0200 3199.59 G1 5890 13.6 Exoplanet

1712 Kepler-605 "2MASS J19091090+4316475, KIC 7595157, KOI-568, WISE J190910.89+431647.6" 0.8800 0.9100 1859.09 G7 5462 12.9 Exoplanet

1713 Kepler-606 "2MASS J19294257+4422525, KIC 8367113, KOI-575, WISE J192942.57+442252.4" 1.2200 1.1300 3939.96 G0 6161 13.6 Exoplanet

1714 Kepler-607 "2MASS J19241372+4437565, KIC 8558011, KOI-577, WISE J192413.71+443756.4" 0.8000 0.8400 1630.78 K0 5196 13.0 Exoplanet

1715 Kepler-608 "2MASS J19353190+4438171, KIC 8565266, KOI-578, WISE J193531.89+443816.9" 1.0100 1.0000 3020.20 G2 5820 13.5 Exoplanet

1716 Kepler-609 "2MASS J19285287+4442001, KIC 8625925, KOI-580, WISE J192852.87+444159.9" 1.1400 1.0900 3727.96 G1 5971 13.7 Exoplanet

1717 Kepler-610 "2MASS J19324112+4503561, KIC 8822216, KOI-581, WISE J193241.11+450356.1" 1.1300 1.1000 3630.12 G1 5943 13.6 Exoplanet

1718 Kepler-611 "2MASS J19040119+4528494, KIC 9076513, KOI-583, WISE J190401.18+452849.2" 1.0100 1.0100 2954.97 G3 5761 13.4 Exoplanet

1719 Kepler-612 "2MASS J19252511+4544524, KIC 9279669, KOI-585, WISE J192525.10+454452.3" 0.9600 0.9800 3039.77 G4 5693 13.7 Exoplanet

1720 Kepler-613 "2MASS J18510883+4614419, KIC 9570741, KOI-586, WISE J185108.84+461442.0" 0.9600 0.9800 2817.99 G4 5723 13.5 Exoplanet

1721 Kepler-614 "2MASS J19533235+4616337, KIC 9607164, KOI-587, WISE J195332.36+461633.6" 0.8100 0.8500 1862.35 K0 5268 13.2 Exoplanet

1722 Kepler-615 "2MASS J18494814+4619170, KIC 9631762, KOI-588, WISE J184948.15+461916.9" 0.6900 0.7300 1076.31 K4 4655 12.6 Exoplanet

1723 Kepler-616 "2MASS J19395739+4650179, KIC 9958962, KOI-593, WISE J193957.31+465019.5" 0.9700 0.9800 3323.53 G3 5753 13.8 Exoplanet

1724 Kepler-617 "2MASS J18545777+4730586, KIC 10388286, KOI-596, WISE J185457.76+473058.2" 0.4800 0.5100 489.23 M1 V 3712 12.4 Exoplanet

1725 Kepler-618 "2MASS J19045995+4803393, KIC 10718726, KOI-600, WISE J190459.96+480339.3" 1.0800 1.0500 3636.64 G2 5860 13.7 Exoplanet

1726 Kepler-619 "2MASS J19232377+4824576, KIC 10973664, KOI-601, WISE J192323.77+482457.5" 1.1100 1.0900 3623.59 G1 5980 13.6 Exoplanet

1727 Kepler-620 "2MASS J19243825+5120055, KIC 12459913, KOI-602, WISE J192438.24+512005.3" 1.2200 1.1500 4047.60 G0 6155 13.6 Exoplanet

1728 Kepler-621 "2MASS J19234254+3954509, KIC 4832837, KOI-605, WISE J192342.54+395450.9" 0.6800 0.7200 1268.75 K4 4521 13.2 Exoplanet

1729 Kepler-622 "2MASS J18575483+4055591, KIC 5686174, KOI-610, WISE J185754.83+405559.3" 0.6100 0.6400 844.74 K6 4201 12.7 Exoplanet

1730 Kepler-623 "2MASS J19475681+4728386, KIC 10353968, KOI-618, WISE J194756.74+472837.9" 0.8600 0.9000 2645.13 G7 5443 13.7 Exoplanet

1731 Kepler-624 "2MASS J19404641+3932228, KIC 4478168, KOI-626, WISE J194046.40+393222.9" 1.1800 1.1000 2384.20 G0 6117 12.5 Exoplanet

1732 Kepler-625 "2MASS J19283611+3938152, KIC 4563268, KOI-627" 0.9600 1.0400 1637.30 G2 5789 12.2 Exoplanet

1733 Kepler-626 "2MASS J19144767+3942298, KIC 4644604, KOI-628, WISE J191447.66+394229.5" 1.0500 1.0100 2250.48 G2 5813 12.8 Exoplanet

1734 Kepler-627 "2MASS J19282502+3946044, KIC 4656049, KOI-629, WISE J192825.03+394604.3" 1.4900 1.3000 3727.96 F7 6424 12.9 Exoplanet

1735 Kepler-628 "2MASS J19214782+3951172, KIC 4742414, KOI-631, WISE J192147.82+395117.3" 1.2800 1.0000 1888.44 G4 5721 12.0 Exoplanet

1736 Kepler-629 "2MASS J19174027+3956420, KIC 4827723, KOI-632, WISE J191740.29+395642.2" 0.8400 0.9300 1249.18 G7 5444 12.1 Exoplanet

1737 Kepler-630 "2MASS J19334248+3956327, KIC 4841374, KOI-633, WISE J193342.49+395632.6" 1.0400 1.0200 2142.84 G2 5829 12.7 Exoplanet

1738 Kepler-631 "2MASS J19473258+4013416, KIC 5120087, KOI-639, WISE J194732.57+401341.5" 1.3300 1.2400 2749.50 F8 6185 12.5 Exoplanet

1739 Kepler-632 "2MASS J19490062+4017189, KIC 5121511, KOI-640, WISE J194900.59+401718.8" 0.8400 0.9100 1138.28 K0 5322 12.0 Exoplanet

1740 Kepler-633 "2MASS J19405218+4035321, KIC 5374854, KOI-645, WISE J194052.21+403532.3" 1.1500 1.0200 2067.83 G1 5899 12.4 Exoplanet

1741 Kepler-634 "2MASS J19244681+4042097, KIC 5531694, KOI-647, WISE J192446.82+404209.7" 1.2400 1.0300 2469.00 G0 6075 12.5 Exoplanet

1742 Kepler-635 "2MASS J19190557+4048026, KIC 5613330, KOI-649, WISE J191905.58+404802.5" 1.5100 1.3300 2694.05 G0 6174 12.2 Exoplanet

1743 Kepler-636 "2MASS J19342205+4105425, KIC 5796675, KOI-652, Kepler-636 A, WISE J193422.04+410542.5" 0.8000 0.8500 1112.19 K0 5203 12.2 Exoplanet

1744 Kepler-637 "2MASS J19294013+4125007, KIC 6125481, KOI-659, WISE J192940.13+412500.7" 2.5600 1.6400 5136.96 G0 6096 12.5 Exoplanet

1745 Kepler-638 "2MASS J18594066+4137019, KIC 6267535, KOI-660, WISE J185940.65+413701.9" 0.9300 0.8800 1389.42 G7 5382 12.2 Exoplanet

1746 Kepler-639 "2MASS J19284485+4143373, KIC 6365156, KOI-662, WISE J192844.84+414337.1" 1.2900 1.1400 2217.86 G1 5896 12.2 Exoplanet

1747 Kepler-640 "2MASS J19440772+4207540, KIC 6707835, KOI-666, WISE J194407.72+420754.2" 0.9400 1.0100 1754.72 G5 5653 12.5 Exoplanet

1748 Kepler-641 "2MASS J19271763+4230583, KIC 7033671, KOI-670, WISE J192717.64+423058.3" 1.1300 1.0200 2195.03 G4 5713 12.6 Exoplanet

1749 Kepler-642 "2MASS J19352029+4237298, KIC 7124613, KOI-673, WISE J193520.29+423729.7" 1.6600 1.4000 3333.31 F6 6570 12.4 Exoplanet

1750 Kepler-643 "2MASS J19211855+4253538, KIC 7277317, KOI-674, WISE J192118.54+425353.7" 2.5200 1.0000 3356.15 K2 4908 12.2 Exoplanet

1751 Kepler-644 "2MASS J19415417+4329352, KIC 7764367, KOI-685, WISE J194154.16+432934.9" 1.8100 1.4900 4608.58 F4 6747 12.9 Exoplanet

1752 Kepler-645 "2MASS J19211746+4402089, KIC 8161561, KOI-688, WISE J192117.47+440208.8" 1.2100 1.1300 2938.67 G0 6170 12.9 Exoplanet

1753 Kepler-646 "2MASS J19215312+4423135, KIC 8361905, KOI-689, WISE J192153.14+442313.3" 0.9100 0.9300 1673.18 G5 5634 12.5 Exoplanet

1754 Kepler-647 "2MASS J18590919+4435300, KIC 8480285, KOI-691, WISE J185909.19+443529.8" 1.0700 1.0300 2573.37 G0 6020 12.9 Exoplanet

1755 Kepler-648 "2MASS J18553591+4501007, KIC 8802165, KOI-694, WISE J185535.91+450100.8" 0.9800 1.0500 2168.94 G3 5741 12.8 Exoplanet

*1756 Kepler-649 "2MASS
J19023742+4504464, KIC 8805348, KOI-695,
WISE J190237.40+450446.1" 0.9400 0.9700
1712.32 G1 5871 12.4 Exoplanet*

*1757 Kepler-650 "2MASS
J19160021+4509153, KIC 8878187, KOI-697,
WISE J191600.22+450915.2" 1.3500 1.0800
2625.56 G2 5849 12.5 Exoplanet*

*1758 Kepler-651 "2MASS
J19091987+4612126, KIC 9578686, KOI-709,
WISE J190919.85+461212.4" 0.8700 0.9200
1751.46 G7 5522 12.7 Exoplanet*

*1759 Kepler-652 "2MASS
J19120194+4628248, KIC 9702072, KOI-714,
WISE J191201.93+462824.8" 0.8800 0.9700
1379.64 G7 5490 12.2 Exoplanet*

*1760 Kepler-653 "2MASS
J18485110+4643041, KIC 9873254, KOI-717,
WISE J184851.11+464304.1" 1.1900 1.0200
1934.11 G5 5665 12.2 Exoplanet*

*1761 Kepler-654 "2MASS
J19481641+4650034, KIC 9964801, KOI-721,
WISE J194816.41+465003.0" 1.1100 1.0400
2155.89 G2 5865 12.5 Exoplanet*

*1762 Kepler-655 "2MASS
J19490218+4650354, KIC 9965439, KOI-722,
WISE J194902.17+465035.4" 1.2400 1.1500
2553.80 G0 6170 12.5 Exoplanet*

*1763 Kepler-656 "2MASS
J19131869+4722537, KIC 10265898, KOI-732,
WISE J191318.69+472253.5" 0.8200 0.8600
2827.77 K0 5281 14.1 Exoplanet*

*1764 Kepler-657 "2MASS
J19244735+4718280, KIC 10272442, KOI-734,
WISE J192447.34+471827.4" 1.0100 1.0100
4057.38 G2 5808 14.1 Exoplanet*

*1765 Kepler-658 "2MASS
J18515610+4734429, KIC 10386984, KOI-739,
WISE J185156.07+473442.4" 0.6000 0.6300
1112.19 K6 4103 13.4 Exoplanet*

*1766 Kepler-659 "2MASS
J19102596+4730348, KIC 10395381, KOI-740,
WISE J191025.96+473034.8" 0.7400 0.7900
2243.95 K3 4870 14.0 Exoplanet*

*1767 Kepler-660 "2MASS
J19123318+4743280, KIC 10526549, KOI-746,
WISE J191233.18+474328.3" 0.7100 0.7500
1839.52 K3 4779 13.7 Exoplanet*

*1768 Kepler-661 "2MASS
J18545061+4751477, KIC 10583066, KOI-747,
WISE J185450.58+475147.4" 0.6700 0.7000
1819.95 K5 4483 14.0 Exoplanet*

*1769 Kepler-662 "2MASS
J19215163+4755450, KIC 10662202, KOI-750,
WISE J192151.62+475544.9" 0.7400 0.7900
2090.66 K2 4897 13.8 Exoplanet*

*1770 Kepler-663 "2MASS
J19511398+4756480, KIC 10682541, KOI-751,
WISE J195114.00+475647.6" 0.8200 0.8600
3359.41 K0 5264 14.4 Exoplanet*

*1771 Kepler-664 "2MASS
J19150117+4813343, KIC 10854555, KOI-755,
WISE J191501.17+481334.2" 1.0200 1.0100
4520.52 G3 5754 14.4 Exoplanet*

*1772 Kepler-665 "2MASS
J19480615+4828429, KIC 10987985, KOI-758,
WISE J194806.14+482842.9" 0.7400 0.7900
2123.28 K2 4913 13.9 Exoplanet*

*1773 Kepler-666 "2MASS
J19534964+4847297, KIC 11153539, KOI-762,
WISE J195349.64+484729.7" 1.0500 1.0300
4337.87 G1 5887 14.2 Exoplanet*

1774 Kepler-667 "2MASS J19421321+4901024, KIC 11304958, KOI-764, WISE J194213.22+490102.3" 0.8700 0.9100 2958.23 K0 5327 13.9 Exoplanet

1775 Kepler-668 "2MASS J19015982+4916384, KIC 11391957, KOI-765, WISE J190159.82+491638.2" 0.8200 0.8700 2860.39 G7 5352 14.0 Exoplanet

1776 Kepler-669 "2MASS J19274468+4915143, KIC 11403044, KOI-766, WISE J192744.67+491514.2" 1.2000 1.1500 5799.05 G0 6038 14.4 Exoplanet

1777 Kepler-670 "2MASS J19480371+4913310, KIC 11414511, KOI-767, WISE J194803.71+491331.0" 0.9900 0.9900 3196.33 G4 5709 13.7 Exoplanet

1778 Kepler-671 "2MASS J19370379+4918507, KIC 11460018, KOI-769" 0.9500 0.9700 3714.92 G5 5624 14.1 Exoplanet

1779 Kepler-672 "2MASS J19265328+4928511, KIC 11507101, KOI-773" 0.9200 0.9500 3297.44 G5 5627 14.0 Exoplanet

1780 Kepler-673 "2MASS J19230858+5003148, KIC 11812062, KOI-776, WISE J192308.57+500314.6" 0.8400 0.8800 3189.81 G7 5355 14.2 Exoplanet

1781 Kepler-674 "2MASS J19004229+5008593, KIC 11853255, KOI-778, WISE J190042.28+500859.0" 0.5700 0.6000 984.99 K6 4192 13.2 Exoplanet

1782 Kepler-675 "2MASS J19351999+5013492, KIC 11918099, KOI-780, WISE J193520.02+501349.2" 0.7500 0.7900 2123.28 K2 4945 13.8 Exoplanet

1783 Kepler-676 "2MASS J19445327+5017139, KIC 11923270, KOI-781, WISE J194453.27+501714.3" 0.4900 0.5100 792.56 M2 3701 13.5 Exoplanet

1784 Kepler-677 "2MASS J19202353+5019177, KIC 11960862, KOI-782" 0.9900 1.0000 3848.64 G4 5723 14.1 Exoplanet

1785 Kepler-678 "2MASS J19414927+5029404, KIC 12020329, KOI-783, WISE J194149.26+502940.3" 0.9100 0.9400 2853.86 G7 5520 13.7 Exoplanet

1786 Kepler-679 "2MASS J19440512+5034040, KIC 12070811, KOI-785, WISE J194405.11+503404.0" 0.8400 0.8700 3157.19 G7 5403 14.2 Exoplanet

1787 Kepler-680 "2MASS J19262937+5037056, KIC 12110942, KOI-786, WISE J192629.37+503705.5" 1.1100 1.0800 4377.01 G1 5890 14.0 Exoplanet

1788 Kepler-681 "2MASS J19173593+5115011, KIC 12404086, KOI-788" 0.7600 0.8000 2172.20 K2 5021 13.8 Exoplanet

1789 Kepler-682 "2MASS J19162693+5144145, KIC 12644822, KOI-791, WISE J191626.93+514414.3" 0.8900 0.9200 3101.74 G6 5559 13.9 Exoplanet

1790 Kepler-683 "2MASS J19254559+3754203, KIC 2713049, KOI-794, WISE J192545.58+375420.2" 0.9500 0.9600 3183.28 G4 5703 13.8 Exoplanet

1791 Kepler-684 "2MASS J19232892+3816250, KIC 3114167, KOI-795, WISE J192328.90+381624.9" 0.8600 0.8900 3476.82 G7 5493 14.3 Exoplanet

1792 Kepler-685 "2MASS J19352926+3825225, KIC 3351888, KOI-801, WISE J193529.24+382522.2" 1.1600 1.1100 3734.49 G1 5963 13.7 Exoplanet

1793 Kepler-686 "2MASS J19005131+3901389, KIC 3935914, KOI-809, WISE J190051.31+390138.9" 0.9200 0.9400 3923.66 G5 5649 14.3 Exoplanet

1794 Kepler-687 "2MASS J19171570+3909118, KIC 4049131, KOI-811" 0.7300 0.7700 2048.26 K3 4841 13.8 Exoplanet

1795 Kepler-688 "2MASS J19383725+3918301, KIC 4275191, KOI-813" 0.9600 0.9800 4067.17 G4 5715 14.4 Exoplanet

1796 Kepler-689 "2MASS J19385054+3931182, KIC 4476123, KOI-814, WISE J193850.54+393118.1" 0.8800 0.9100 3405.07 G7 5518 14.2 Exoplanet

1797 Kepler-690 "2MASS J19375757+3946172, KIC 4664847, KOI-816" 1.1600 1.1100 5391.36 G1 5913 14.4 Exoplanet

1798 Kepler-691 "2MASS J19151488+4002002, KIC 4913852, KOI-818, WISE J191514.83+400159.8" 0.5000 0.5300 779.51 M2 3715 13.4 Exoplanet

1799 Kepler-692 "2MASS J19390644+4009134, KIC 5021899, KOI-821" 0.8600 0.9000 3261.56 G7 5440 14.2 Exoplanet

1800 Kepler-693 "Kepler-693, 2MASS J18530085+4021295, KIC 5164255, KOI-824, WISE J185300.84+402129.5" 0.7200 0.7600 3268.08 K2 4881 14.9 Exoplanet

1801 Kepler-694 "2MASS J19243588+4025138, KIC 5272878, KOI-826, WISE J192435.87+402513.7" 0.9500 0.9700 3336.58 G4 5700 13.9 Exoplanet

1802 Kepler-695 "2MASS J19571586+4049205, KIC 5651104, KOI-840, WISE J195715.83+404921.0" 0.8000 0.8400 2022.17 K0 5181 13.5 Exoplanet

1803 Kepler-696 "2MASS J19335918+4108153, KIC 5881688, KOI-843, WISE J193359.17+410815.2" 1.0800 1.0600 4191.10 G1 5903 14.1 Exoplanet

1804 Kepler-697 "2MASS J18552745+4120472, KIC 6022556, KOI-844, WISE J185527.44+412047.0" 0.8800 0.9200 3558.36 G7 5513 14.3 Exoplanet

1805 Kepler-698 "2MASS J19140239+4118063, KIC 6032497, KOI-845, WISE J191402.43+411806.2" 0.9100 0.9400 3701.87 G6 5612 14.3 Exoplanet

1806 Kepler-700 "2MASS J19083703+4133568, KIC 6191521, KOI-847, WISE J190837.03+413356.6" 0.9600 0.9800 3460.52 G4 5692 13.9 Exoplanet

1807 Kepler-701 "2MASS J19155860+4137598, KIC 6276477, KOI-849, WISE J191558.60+413759.8" 0.8400 0.8800 2462.48 G7 5343 13.7 Exoplanet

1808 Kepler-702 "2MASS J19353074+4139423, KIC 6291653, KOI-850, WISE J193530.73+413942.3" 0.8600 0.9000 2909.31 G7 5419 14.0 Exoplanet

1809 Kepler-703 "2MASS J19564484+4144336, KIC 6392727, KOI-851, WISE J195644.84+414433.7" 1.2700 1.1800 4833.63 F8 6185 14.0 Exoplanet

1810 Kepler-704 "2MASS J18531593+4150136, KIC 6422070, KOI-852, WISE J185315.92+415013.7" 0.9600 0.9700 3437.68 G6 5616 14.0 Exoplanet

1811 Kepler-705 "2MASS J19180203+4148436, KIC 6435936, KOI-854, WISE J191802.04+414843.4" 0.5100 0.5300 818.65 M2 3722 13.4 Exoplanet

1812 Kepler-706 "2MASS J19270249+4156386, KIC 6522242, KOI-855, WISE J192702.47+415638.7" 0.8400 0.8700 2641.86 G7 5394 13.8 Exoplanet

1813 Kepler-707 "2MASS J19200181+4206592, KIC 6685526, KOI-861, WISE J192001.81+420659.3" 0.7600 0.8000 2041.74 K1 5099 13.6 Exoplanet

1814 Kepler-708 "2MASS J19351595+4212449, KIC 6784235, KOI-863, WISE J193515.94+421245.0" 0.9600 0.9700 4047.60 G4 5692 14.3 Exoplanet

1815 Kepler-709 "2MASS J19282524+4222491, KIC 6863998, KOI-867, WISE J192825.26+422249.1" 0.7700 0.8000 2178.72 K1 5071 13.8 Exoplanet

1816 Kepler-710 "2MASS J19275139+4241461, KIC 7118364, KOI-873, WISE J192751.38+424146.1" 0.9100 0.9400 2997.37 G6 5611 13.8 Exoplanet

1817 Kepler-711 "2MASS J19495040+4250237, KIC 7303253, KOI-878, WISE J194950.40+425023.4" 0.8000 0.8400 2165.68 K0 5222 13.7 Exoplanet

1818 Kepler-712 "2MASS J19393833+4256069, KIC 7373451, KOI-881, WISE J193938.32+425606.7" 0.7800 0.8400 3078.91 K1 5148 14.4 Exoplanet

1819 Kepler-713 "2MASS J19423636+4301473, KIC 7458762, KOI-887, WISE J194236.33+430147.2" 0.9900 0.9800 3271.34 G2 5785 13.8 Exoplanet

1820 Kepler-714 "2MASS J18504788+4316218, KIC 7585481, KOI-890, WISE J185047.87+431621.9" 1.1200 1.0900 4761.88 G0 5995 14.2 Exoplanet

1821 Kepler-715 "2MASS J18543138+4322458, KIC 7663691, KOI-891, WISE J185431.39+432245.8" 1.0400 1.0400 3959.53 G1 5871 14.0 Exoplanet

1822 Kepler-716 "2MASS J19213437+4321500, KIC 7678434, KOI-892, WISE J192134.36+432149.9" 0.7800 0.8300 2201.55 K1 5099 13.7 Exoplanet

1823 Kepler-717 "2MASS J19315172+4320470, KIC 7685981, KOI-893, WISE J193151.72+432046.7" 0.8500 0.8800 3672.52 G7 5485 14.4 Exoplanet

1824 Kepler-718 "2MASS J19581485+4330128, KIC 7849854, KOI-897, WISE J195814.84+433012.6" 1.3000 1.1800 4957.57 F8 6191 14.0 Exoplanet

1825 Kepler-719 "2MASS J19420867+4353040, KIC 8039892, KOI-903, WISE J194208.70+435303.9" 0.9800 0.9900 4654.25 G2 5777 14.6 Exoplanet

1826 Kepler-720 "2MASS J19543255+4410153, KIC 8255887, KOI-908, WISE J195432.54+441015.3" 0.9200 0.9500 2870.17 G6 5618 13.8 Exoplanet

1827 Kepler-721 "2MASS J18574332+4428499, KIC 8414716, KOI-910, WISE J185743.32+442849.5" 0.7800 0.8200 2765.80 K1 5075 14.2 Exoplanet

1828 Kepler-722 "2MASS J19210318+4433232, KIC 8490993, KOI-911, WISE J192103.19+443323.1" 1.0500 1.0300 4484.64 G2 5863 14.3 Exoplanet

1829 Kepler-723 "2MASS J18591931+4439293, KIC 8544996, KOI-913, WISE J185919.31+443929.3" 0.8900 0.9200 3147.41 G7 5539 13.9 Exoplanet

1830 Kepler-724 "2MASS J19334916+4447340, KIC 8628973, KOI-916, WISE J193349.16+444734.0" 0.8600 0.9000 2811.46 G7 5437 13.9 Exoplanet

1831 Kepler-725 "2MASS J18555459+4448416, KIC 8672910, KOI-918, WISE J185554.60+444841.6" 0.8400 0.8800 2537.49 G7 5363 13.7 Exoplanet

1832 Kepler-726 "2MASS J19265215+4453143, KIC 8689031, KOI-920, WISE J192652.13+445314.3" 0.8500 0.8800 2733.19 G7 5452 13.8 Exoplanet

1833 Kepler-727 "2MASS J19392325+4502038, KIC 8826878, KOI-922, WISE J193923.25+450203.8" 0.8600 0.8900 2909.31 G7 5441 14.0 Exoplanet

1834 Kepler-728 "2MASS J19242216+4506559, KIC 8883593, KOI-923, WISE J192422.12+450656.3" 0.9300 0.9500 4031.29 G5 5660 14.4 Exoplanet

1835 Kepler-729 "2MASS J19052642+4524514, KIC 9077124, KOI-926" 0.9100 0.9400 4145.44 G5 5633 14.5 Exoplanet

1836 Kepler-730 "2MASS J19021315+4534438, KIC 9141746, KOI-929, WISE J190213.15+453443.7" 1.4100 1.0500 6589.00 G6 5620 14.5 Exoplanet

1837 Kepler-731 "2MASS J19453436+4534068, KIC 9166862, KOI-931" 1.0600 1.0300 4275.91 G2 5849 14.1 Exoplanet

1838 Kepler-732 "2MASS J18545568+4557315, KIC 9388479, KOI-936, WISE J185455.63+455730.9" 0.4600 0.4900 489.23 M3 3631 12.6 Exoplanet

1839 Kepler-733 "2MASS J19320438+4554528, KIC 9406990, KOI-937, WISE J193204.37+455452.9" 0.8600 0.9000 3196.33 G7 5418 14.1 Exoplanet

1840 Kepler-734 "2MASS J19481095+4601385, KIC 9479273, KOI-940, WISE J194810.95+460138.5" 0.7800 0.8500 1803.64 K0 5326 13.1 Exoplanet

1841 Kepler-735 "2MASS J18584533+4610200, KIC 9512687, KOI-942, WISE J185845.32+461019.8" 0.8000 0.8500 2576.63 K1 5107 13.9 Exoplanet

1842 Kepler-736 "2MASS J19013391+4610513, KIC 9513865, KOI-943, WISE J190133.93+461051.5" 0.8100 0.8600 3284.39 K0 5217 14.4 Exoplanet

1843 Kepler-737 "2MASS J19272708+4625453, KIC 9710326, KOI-947, WISE J192727.10+462545.1" 0.4800 0.5100 636.00 M0 3813 12.9 Exoplanet

1844 Kepler-738 "2MASS J19101671+4634042, KIC 9761882, KOI-948, WISE J191016.71+463404.3" 0.8200 0.8600 3235.47 K0 5327 14.3 Exoplanet

1845 Kepler-739 "2MASS J19201631+4634449, KIC 9766437, KOI-949, WISE J192016.31+463444.9" 0.9000 0.9300 3679.04 G6 5601 14.3 Exoplanet

1846 Kepler-740 "2MASS J19055574+4641328, KIC 9820483, KOI-953" 0.8700 0.9100 4116.09 G7 5438 14.6 Exoplanet

1847 Kepler-741 "2MASS J19174360+4637031, KIC 9825625, KOI-955, WISE J191743.61+463702.9" 1.2400 1.1600 4990.19 G0 6129 14.0 Exoplanet

1848 Kepler-742 "2MASS J18552784+4647225, KIC 9875711, KOI-956, WISE J185527.83+464722.7" 0.7100 0.7600 1627.52 K4 4642 13.5 Exoplanet

1849 Kepler-743 "2MASS J19421779+4248231, KIC 7295235, KOI-987, Kepler-743 A, WISE J194217.79+424823.0" 0.8500 0.9400 841.48 G7 5486 11.2 Exoplanet

1850 Kepler-744 "2MASS J19455907+4710583, KIC 10154388, KOI-991, WISE J194559.05+471058.1" 0.9300 0.9400 1585.12 G6 5594 12.4 Exoplanet

As mentioned, these particular 'host stars', showcase the accuracy of the proposed revision of the 'stellar constant'. Though many other groups show nearly perfect estimations.

An example being, the 'HIP star cluster'. One random example whould be the 'A2V' star cast 'HIP 65426'.

895   HIP_65426   "HD 116434, 2MASS J13243609-5130159"   1.7700   1.9600   356.20   A2V   8840   7.0

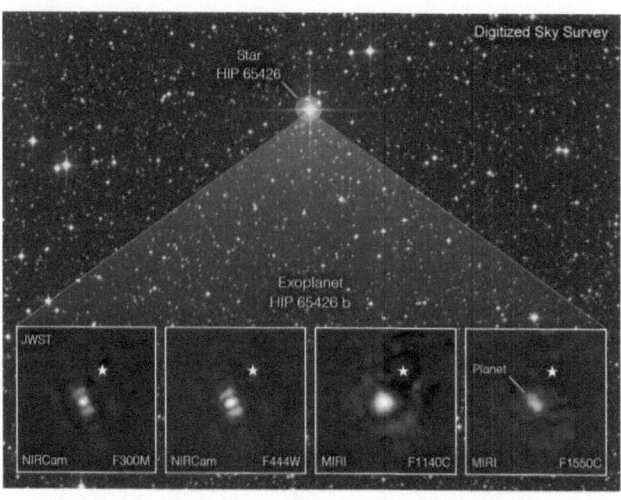

ref [https://blogs.nasa.gov/webb/category/james-webb-space-telescope/]

Infared imaging of 'HIP 65426', shows a planetary companion, 'HIP 65426 b'. As well as three varying images concerning the gravitational concert.

1851 Kepler-745 "2MASS J19255986+3703334, KIC 1432789, KOI-992" 1.0400 1.0400 3910.61 G2 5849 14.0 Exoplanet

1852 Kepler-746 "2MASS J19224373+3721184, KIC 1865042, KOI-1002, WISE J192243.73+372118.4" 0.9300 0.9100 1467.70 G7 5418 12.3 Exoplanet

1853 Kepler-748 "2MASS J19290309+3714131, KIC 1725016, KOI-1007" 1.1000 1.0700 4145.44 G1 5934 14.0 Exoplanet

1854 Kepler-749 "2MASS J19593533+4354140, KIC 8125580, KOI-1014" 0.7500 0.7900 2455.95 K2 5009 14.2 Exoplanet

1855 Kepler-750 "2MASS J19162324+4400157, KIC 8158127, KOI-1015, WISE J191623.24+440015.6" 1.2300 1.1500 3851.90 G0 6160 13.5 Exoplanet

*1856   Kepler-751   "2MASS
J19392251+4404396, KIC 8174625, KOI-1017"
0.8400   0.8700   2439.65   G7   5387   13.7
Exoplanet*

*1857   Kepler-752   "2MASS
J19290434+3757203, KIC 2716853, KOI-1022"
0.8300   0.8700   3506.18   G7   5373   14.5
Exoplanet*

*1858   Kepler-753   "2MASS
J19273678+3754082, KIC 2715135, KOI-1024"
0.6500   0.6800   906.71   K5   4346   12.6
Exoplanet*

*1859   Kepler-754   "2MASS
J19330098+3750463, KIC 2584163, KOI-1031,
WISE J193300.99+375046.2"   1.0800   1.0600
3887.78   G1   5935   13.9   Exoplanet*

*1860   Kepler-755   "2MASS
J19472664+4105504, KIC 5809890, KOI-1050,
Kepler-755 A, WISE J194726.61+410550.0"
0.7700   0.8200   1200.25   K1   5043   12.5
Exoplanet*

1861 Kepler-756 "2MASS J19222590+4112039, KIC 5956656, KOI-1053, WISE J192225.90+411203.8" 0.7900 0.8200 2778.85 K0 5282 14.1 Exoplanet

1862 Kepler-757 "2MASS J19464330+4123114, KIC 6060203, KOI-1059, WISE J194643.31+412311.5" 1.1300 1.0800 3313.74 G0 6014 13.5 Exoplanet

1863 Kepler-758 "2MASS J19322030+4108075, KIC 5880320, KOI-1060, WISE J193220.32+410807.5" 1.4200 1.1600 4412.89 F8 6228 13.4 Exoplanet

1864 Kepler-759 "2MASS J19203156+4122534, KIC 6037187, KOI-1061, WISE J192031.57+412253.4" 1.0400 1.0400 2909.31 G2 5860 13.3 Exoplanet

1865 Kepler-760 "2MASS J19102237+4410459, KIC 8222813, KOI-1069, WISE J191022.36+441045.9" 0.8500 0.8900 2550.54 K0 5322 13.7 Exoplanet

1866 Kepler-761 "2MASS J19220086+4408368, KIC 8229696, KOI-1072, WISE J192200.78+440836.3" 0.9300 0.9500 2827.77 G4 5706 13.6 Exoplanet

1867 Kepler-762 "2MASS J19250615+4719461, KIC 10272640, KOI-1074, WISE J192506.15+471946.2" 1.0800 1.0600 4778.19 G1 5944 14.3 Exoplanet

1868 Kepler-763 "2MASS J19283467+4709264, KIC 10141900, KOI-1082, WISE J192834.69+470926.5" 0.8000 0.8400 2941.93 K1 5166 14.2 Exoplanet

1869 Kepler-764 "2MASS J19493436+4709526, KIC 10157458, KOI-1083" 0.8900 0.9200 3303.96 G6 5557 14.1 Exoplanet

1870 Kepler-765 "2MASS J18524430+4709204, KIC 10122255, KOI-1086, WISE J185244.30+470920.5" 1.0600 1.0500 3261.56 G1 5901 13.5 Exoplanet

1871 Kepler-766 "2MASS J19324428+3758114, KIC 2721030, KOI-1094, WISE J193244.25+375811.0" 1.1500 1.1000 5264.16 G0 5992 14.4 Exoplanet

1872 Kepler-767 "2MASS J19261900+3802089, KIC 2853093, KOI-1099" 0.9400 0.9600 3864.95 G4 5694 14.3 Exoplanet

1873 Kepler-768 "2MASS J19362775+3823365, KIC 3245969, KOI-1101" 0.7800 0.8200 2592.94 K1 5108 14.1 Exoplanet

1874 Kepler-769 "2MASS J19305114+3821295, KIC 3240158, KOI-1106, WISE J193051.14+382129.3" 1.2800 1.1900 4442.24 F8 6186 13.7 Exoplanet

1875 Kepler-770 "2MASS J19055770+3822296, KIC 3218908, KOI-1108, WISE J190557.71+382229.6" 0.9200 0.9400 2482.05 G6 5598 13.4 Exoplanet

1876 Kepler-771 "2MASS J19094658+3805183, KIC 2837111, KOI-1110, WISE J190946.58+380518.4" 1.0500 1.0300 3261.56 G1 5906 13.6 Exoplanet

1877 Kepler-772 "2MASS J19254165+3812597, KIC 3116412, KOI-1115, WISE J192541.66+381259.6" 1.1100 0.9800 2247.21 G4 5714 12.7 Exoplanet

1878 Kepler-773 "2MASS J19233232+3803272, KIC 2849805, KOI-1116, WISE J192332.31+380327.2" 1.0100 1.0400 1722.10 G2 5850 12.2 Exoplanet

1879 Kepler-774 "2MASS J19240766+3812430, KIC 3114811, KOI-1117, WISE J192407.65+381242.8" 2.4200 1.5700 3881.26 F7 6403 11.9 Exoplanet

1880 Kepler-775 "2MASS J19254399+4142123, KIC 6362874, KOI-1128, WISE J192543.98+414212.0" 0.8400 0.9200 1304.62 G7 5468 12.2 Exoplanet

1881 Kepler-776 "2MASS J19090543+4138080, KIC 6272413, KOI-1129, WISE J190905.42+413808.1" 0.7800 0.8300 2371.15 K1 5071 13.9 Exoplanet

1882 Kepler-777 "2MASS J18505377+4420473, KIC 8346392, KOI-1141, WISE J185053.78+442047.4" 0.5600 0.5800 1249.18 K7 4043 13.9 Exoplanet

1883 Kepler-778 "2MASS J19095458+4414150, KIC 8288947, KOI-1142" 0.7700 0.8100 2932.14 K1 5102 14.4 Exoplanet

1884 Kepler-779 "2MASS J19023084+4418392, KIC 8351704, KOI-1146, Kepler-779 A, WISE J190230.84+441838.8" 0.4400 0.4600 730.59 M0 3804 13.4 Exoplanet

1885 Kepler-780 "2MASS J18470393+4417331, KIC 8278371, KOI-1150, WISE J184703.92+441733.1" 1.0200 1.0100 1696.01 G3 5769 12.2 Exoplanet

1886 Kepler-781 "2MASS J19103686+4724533, KIC 10330115, KOI-1160, WISE J191036.86+472453.2" 0.7800 0.8100 3378.98 K1 5162 14.6 Exoplanet

1887 Kepler-782 "2MASS J19152837+4745339, KIC 10528068, KOI-1162, WISE J191528.37+474534.0" 1.0100 0.9800 1343.76 G1 5867 11.7 Exoplanet

1888 Kepler-783 "2MASS J19241510+4729052, KIC 10337517, KOI-1165, WISE J192415.08+472905.3" 0.8900 0.9300 1774.29 G7 5521 12.7 Exoplanet

1889 Kepler-784 "2MASS J19434095+4726550, KIC 10350571, KOI-1175, WISE J194340.95+472655.0" 1.3200 1.0000 1969.98 G5 5674 12.1 Exoplanet

1890 Kepler-785 "2MASS J19281639+3850321, KIC 3749365, KOI-1176, WISE J192816.35+385032.0" 0.7100 0.7700 2172.20 K3 4739 14.1 Exoplanet

1891 Kepler-786 "2MASS J19345854+3856214, KIC 3859079, KOI-1199, WISE J193458.54+385621.2" 0.7400 0.8100 1669.92 K3 4838 13.3 Exoplanet

1892 Kepler-787 "2MASS J19264619+3834224, KIC 3444588, KOI-1202, WISE J192646.19+383422.4" 0.6200 0.6500 1526.41 K6 4248 13.9 Exoplanet

1893 Kepler-788 "2MASS J19200009+3832236, KIC 3438507, KOI-1204, WISE J192000.11+383223.6" 1.2300 1.1600 5378.31 G0 6159 14.2 Exoplanet

1894 Kepler-789 "2MASS J19435403+3856479, KIC 3869014, KOI-1205" 1.0200 1.0100 2984.33 G1 5870 13.5 Exoplanet

*1895 Kepler-790 "2MASS
J19074010+3852199, KIC 3732821, KOI-1207,
WISE J190740.10+385220.0" 0.8000 0.8400
2371.15 K0 5208 13.8 Exoplanet*

*1896 Kepler-791 "2MASS
J19342300+3901461, KIC 3962357, KOI-1210,
WISE J193422.99+390146.0" 1.4700 1.3000
4719.48 F7 6383 13.4 Exoplanet*

*1897 Kepler-792 "2MASS
J19280163+3849146, KIC 3749134, KOI-1212,
WISE J192801.62+384914.5" 1.1200 1.0900
3930.18 G1 5971 13.8 Exoplanet*

*1898 Kepler-793 "2MASS
J19405199+3846275, KIC 3660924, KOI-1214,
WISE J194052.00+384627.8" 0.9700 0.9800
2589.68 G3 5745 13.4 Exoplanet*

*1899 Kepler-794 "2MASS
J19123208+3859487, KIC 3839488, KOI-1216,
WISE J191232.08+385948.7" 1.3800 1.1900
2488.57 G2 5839 12.3 Exoplanet*

1900 Kepler-795 "2MASS J19240457+3832440, KIC 3442055, KOI-1218, Kepler-795 A, WISE J192404.57+383244.4" 0.9600 0.9400 1493.79 G5 5631 12.1 Exoplanet

1901 Kepler-796 "2MASS J19091388+3908410, KIC 4043190, KOI-1220, WISE J190913.89+390841.0" 1.0900 0.9300 1229.61 G7 5475 11.6 Exoplanet

1902 Kepler-797 "2MASS J19485015+4146541, KIC 6383821, KOI-1238, WISE J194850.14+414653.9" 0.9500 0.9600 2452.69 G5 5680 13.3 Exoplanet

1903 Kepler-798 "2MASS J19295476+4208322, KIC 6693640, KOI-1245, WISE J192954.80+420832.4" 1.2900 1.1900 3538.79 F8 6224 13.1 Exoplanet

1904 Kepler-799 "2MASS J19084197+4452428, KIC 8678594, KOI-1261, WISE J190841.96+445242.9" 0.9300 0.9500 3356.15 G4 5681 14.0 Exoplanet

1905 Kepler-800 "2MASS J19061795+4447427, KIC 8612847, KOI-1264, WISE J190617.95+444742.6" 0.8200 0.8500 3421.38 K0 5315 14.4 Exoplanet

1906 Kepler-801 "2MASS J19041805+4439527, KIC 8547140, KOI-1266, WISE J190418.04+443952.6" 0.6300 0.6700 1366.59 K5 4435 13.5 Exoplanet

1907 Kepler-802 "2MASS J19040380+4500279, KIC 8806072, KOI-1273, WISE J190403.79+450027.9" 0.9000 0.9300 2700.57 G7 5507 13.6 Exoplanet

1908 Kepler-803 "2MASS J19565318+4441379, KIC 8583696, KOI-1275, WISE J195653.18+444137.9" 1.1200 1.0500 2005.86 G1 5919 12.4 Exoplanet

1909 Kepler-804 "2MASS J19332934+4447064, KIC 8628758, KOI-1279, WISE J193329.34+444706.6" 1.0500 1.0100 2113.49 G2 5817 12.6 Exoplanet

1910 Kepler-805 "2MASS J19325518+4503119, KIC 8822366, KOI-1282, WISE J193255.19+450312.0" 1.6500 1.1900 2142.84 G0 6112 11.5 Exoplanet

1911 Kepler-806 "2MASS J19440169+4451123, KIC 8700771, KOI-1283, WISE J194401.71+445112.7" 1.1600 0.9900 848.01 G3 5770 10.5 Exoplanet

1912 Kepler-807 "2MASS J19160484+4807113, KIC 10790387, KOI-1288, WISE J191604.83+480711.2" 1.0600 1.0400 4279.17 G1 5965 14.1 Exoplanet

1913 Kepler-808 "2MASS J19262258+4826442, KIC 10975146, KOI-1300, WISE J192622.58+482644.0" 0.7100 0.7600 1046.96 K4 4653 12.6 Exoplanet

1914 Kepler-809 "2MASS J19162007+4801052, KIC 10724369, KOI-1302, WISE J191620.07+480105.0" 0.9800 0.9900 3043.04 G3 5734 13.6 Exoplanet

1915 Kepler-810 "2MASS J19462756+4804575, KIC 10744335, KOI-1304, WISE J194627.56+480457.3" 1.0400 1.0300 5068.46 G2 5803 14.5 Exoplanet

1916 Kepler-811 "2MASS J19014182+4750046, KIC 10586208, KOI-1308, WISE J190141.80+475004.4" 1.2400 1.0100 2762.54 G3 5747 12.9 Exoplanet

1917 Kepler-812 "2MASS J19152526+4812307, KIC 10854768, KOI-1309, WISE J191525.26+481230.6" 1.7100 1.4500 4833.63 F4 6761 13.0 Exoplanet

1918 Kepler-813 "2MASS J19023904+4826073, KIC 10964440, KOI-1310, WISE J190239.04+482607.3" 0.9300 0.9500 2739.71 G3 5743 13.5 Exoplanet

1919 Kepler-814 "2MASS J18593851+4825539, KIC 10963242, KOI-1312, WISE J185938.52+482553.7" 1.2200 1.1500 4328.09 G0 6162 13.7 Exoplanet

1920 Kepler-815 "2MASS J19005306+4752529, KIC 10585852, KOI-1314, WISE J190053.07+475252.7" 3.4200 1.2500 3910.61 K2 5028 11.8 Exoplanet

1921 Kepler-816 "2MASS J19332708+3912448, KIC 4164994, KOI-1320" 0.8500 0.9000 3453.99 K0 5286 14.4 Exoplanet

1922 Kepler-817 "2MASS J19441964+3909418, KIC 4076098, KOI-1323" 1.0300 1.0300 4569.45 G2 5861 14.4 Exoplanet

1923 Kepler-818 "2MASS J19445642+3922132, KIC 4282872, KOI-1325, WISE J194456.39+392212.9" 0.9200 0.9400 3153.93 G5 5638 13.9 Exoplanet

1924 Kepler-819 "2MASS J19412899+3910379, KIC 4072526, KOI-1329, WISE J194128.98+391038.3" 0.8100 0.8600 2354.85 K0 5279 13.7 Exoplanet

1925 Kepler-820 "2MASS J19240483+3913144, KIC 4155328, KOI-1335" 1.3600 1.2300 3225.68 F8 6260 12.8 Exoplanet

1926 Kepler-821 "2MASS J19022818+3922463, KIC 4243911, KOI-1337, WISE J190228.18+392246.1" 0.8000 0.8400 2018.91 K0 5191 13.4 Exoplanet

1927 Kepler-822 "2MASS J19290626+3933006, KIC 4466677, KOI-1338, WISE J192906.26+393300.5" 1.0800 1.0600 3118.05 G1 5928 13.4 Exoplanet

1928 Kepler-823 "2MASS J18581981+3913127, KIC 4135665, KOI-1339, WISE J185819.81+391312.6" 0.9600 0.9800 2922.36 G5 5643 13.6 Exoplanet

1929 Kepler-824 "2MASS J19215457+3943552, KIC 4650674, KOI-1341, WISE J192154.57+394355.1" 1.2200 1.1500 4409.63 G0 6035 13.8 Exoplanet

1930 Kepler-825 "2MASS J19390477+3923546, KIC 4275721, KOI-1342, WISE J193904.76+392354.4" 1.0800 1.0300 2674.48 G1 5976 13.1 Exoplanet

1931 Kepler-826 "2MASS J18592643+3914259, KIC 4136466, KOI-1344, WISE J185926.44+391425.8" 1.1500 1.0500 2116.75 G0 6079 12.4 Exoplanet

1932 Kepler-827 "2MASS J19395185+4242308, KIC 7211141, KOI-1355, WISE J193951.86+424231.0" 0.9100 0.9300 4409.63 G6 5602 14.7 Exoplanet

1933 Kepler-828 "2MASS J19073294+4228165, KIC 6934291, KOI-1367, WISE J190732.94+422816.4" 0.7700 0.8100 2038.47 K1 5039 13.6 Exoplanet

1934 Kepler-829 "2MASS J18491987+4227497, KIC 6924203, KOI-1370, WISE J184919.88+422749.6" 0.9700 0.9800 3111.53 G4 5698 13.7 Exoplanet

1935 Kepler-830 "2MASS J19401302+4245246, KIC 7211469, KOI-1377, WISE J194013.02+424524.4" 1.1100 1.0700 3659.47 G0 6037 13.7 Exoplanet

1936 Kepler-831 "2MASS J19395651+4243396, KIC 7211221, KOI-1379, WISE J193956.52+424339.8" 0.9700 0.9900 1881.92 G3 5732 12.5 Exoplanet

1937 Kepler-832 "2MASS J19434226+4523019, KIC 9034103, KOI-1402, WISE J194342.26+452302.0" 0.9000 0.9200 4390.06 G6 5596 14.7 Exoplanet

1938 Kepler-833 "2MASS J19215518+4536025, KIC 9214942, KOI-1403, WISE J192155.17+453602.2" 0.6200 0.6400 1373.12 K5 4339 13.6 Exoplanet

1939 Kepler-834 "2MASS J19081308+4510493, KIC 8874090, KOI-1404, WISE J190813.07+451049.2" 0.6600 0.7000 2022.17 K4 4554 14.2 Exoplanet

1940 Kepler-835 "2MASS J18541781+4544052, KIC 9264949, KOI-1405, WISE J185417.81+454405.1" 1.1100 1.0800 6559.00 G1 5954 14.9 Exoplanet

1941 Kepler-836 "2MASS J19094866+4542158, KIC 9271752, KOI-1406, WISE J190948.66+454215.8" 1.0400 1.0300 3271.34 G1 5895 13.5 Exoplanet

1942 Kepler-837 "2MASS J19005920+4557007, KIC 9391208, KOI-1409, WISE J190059.18+455700.8" 0.8100 0.8500 2759.28 G7 5403 14.0 Exoplanet

1943 Kepler-838 "2MASS J19014452+4558336, KIC 9391506, KOI-1410, WISE J190144.55+455834.2" 0.9600 0.9800 3946.49 G3 5770 14.2 Exoplanet

1944 Kepler-839 "2MASS J19241792+4514333, KIC 8950853, KOI-1412, WISE J192417.92+451433.2" 1.3100 1.2200 2716.88 G0 6058 12.6 Exoplanet

1945 Kepler-841 "2MASS J18570031+4848346, KIC 11177707, KOI-1423, WISE J185700.32+484834.6" 0.8100 0.8500 3431.16 K0 5324 14.5 Exoplanet

1946 Kepler-842 "2MASS J19291885+4939127, KIC 11611600, KOI-1424, WISE J192918.86+493912.7" 0.7300 0.7800 1800.38 K3 4848 13.5 Exoplanet

*1947 Kepler-843 "2MASS
J19451727+4858173, KIC 11254382, KOI-1425,
WISE J194517.20+485818.3" 1.0300 1.0200
4067.17 G2 5830 14.1 Exoplanet*

*1948 Kepler-844 "2MASS
J19112585+4846268, KIC 11129738, KOI-1427,
WISE J191125.86+484626.4" 0.5700 0.5900
1285.05 K6 4128 13.8 Exoplanet*

*1949 Kepler-845 "2MASS
J19234981+4912137, KIC 11401182, KOI-1428,
WISE J192349.82+491213.4" 0.7500 0.7900
1536.19 K2 4913 13.1 Exoplanet*

*1950 Kepler-846 "2MASS
J19081368+4902456, KIC 11288505, KOI-1433,
WISE J190813.72+490245.2" 0.9100 0.9400
4021.50 G6 5579 14.4 Exoplanet*

*1951 Kepler-847 "2MASS
J18540115+4927036, KIC 11493431, KOI-1434,
WISE J185401.12+492703.5" 0.7700 0.8300
1725.37 K2 4940 13.2 Exoplanet*

*1952 Kepler-848 "2MASS
J19330918+4848418, KIC 11193263, KOI-1438,
WISE J193309.19+484841.8" 1.2000 1.0100
2599.46 G4 5695 12.8 Exoplanet*

1953 Kepler-849 "2MASS J19232442+4831168, KIC 11027624, KOI-1439, WISE J192324.42+483116.8" 1.6400 1.2300 2436.39 G0 6059 11.8 Exoplanet

1954 Kepler-850 "2MASS J19322027+4834314, KIC 11032227, KOI-1440, WISE J193220.26+483431.4" 1.0900 1.0600 5006.49 G1 5932 14.4 Exoplanet

1955 Kepler-851 "2MASS J19384326+4908245, KIC 11356260, KOI-1441, WISE J193843.25+490824.5" 0.8500 0.8900 2834.30 G7 5455 13.9 Exoplanet

1956 Kepler-852 "2MASS J19493398+4833384, KIC 11043167, KOI-1444, WISE J194933.98+483338.5" 1.1600 1.1900 2785.37 G0 6100 12.9 Exoplanet

1957 Kepler-853 "2MASS J18554483+4906371, KIC 11336883, KOI-1445, WISE J185544.83+490637.0" 1.5500 1.3000 1989.55 F8 6350 11.4 Exoplanet

1958 Kepler-855 "2MASS J19402279+4332153, KIC 7832356, KOI-1456, WISE J194022.79+433215.3" 1.0300 1.0300 3401.81 G2 5835 13.7 Exoplanet

1959   Kepler-856   "2MASS J19182492+4618538, KIC 9643874, KOI-1457, WISE J191824.93+461853.7"   0.9300   0.9600   3832.33   G7   5535   14.3   Exoplanet

1960   Kepler-857   "2MASS J19383177+4324016, KIC 7761545, KOI-1472, WISE J193831.78+432401.8"   0.9900   0.9900   3388.76   G3   5773   13.8   Exoplanet

1961   Kepler-858   "2MASS J19152367+5112325, KIC 12403119, KOI-1478, WISE J191523.70+511232.5"   0.9100   0.9600   965.42   G5   5653   11.3   Exoplanet

1962   Kepler-859   "2MASS J19065804+4311243, KIC 7512982, KOI-1480, WISE J190658.04+431124.3"   0.7700   0.8100   2984.33   K2   5020   14.4   Exoplanet

1963   Kepler-860   "2MASS J19421854+4615170, KIC 9597806, KOI-1481, WISE J194218.54+461516.9"   1.0600   1.0400   4223.72   G2   5836   14.1   Exoplanet

1964   Kepler-861   "2MASS J19292494+4613346, KIC 9589323, KOI-1488"   0.7800   0.8200   2628.82   K1   5047   14.1   Exoplanet

1965 Kepler-862 "2MASS J19510702+4629338, KIC 9726659, KOI-1491, WISE J195107.02+462933.8" 0.8400 0.8800 2628.82 K0 5333 13.8 Exoplanet

1966 Kepler-863 "2MASS J19503948+4314562, KIC 7629518, KOI-1495, WISE J195039.47+431456.1" 0.9500 0.9600 3734.49 G5 5678 14.2 Exoplanet

1967 Kepler-864 "2MASS J19001370+4619144, KIC 9636135, KOI-1498, WISE J190013.70+461914.2" 1.0000 1.0000 5130.43 G3 5754 14.7 Exoplanet

1968 Kepler-865 "2MASS J19505382+4331387, KIC 7841925, KOI-1499, WISE J195053.81+433138.3" 0.9200 0.9300 2165.68 G6 5570 13.2 Exoplanet

1969 Kepler-866 "2MASS J19202936+4305080, KIC 7439316, KOI-1501, WISE J192029.34+430507.6" 0.7100 0.7500 2250.48 K3 4751 14.2 Exoplanet

1970 Kepler-867 "2MASS J19090847+5114599, KIC 12400538, KOI-1503, WISE J190908.47+511459.8" 0.9100 0.9200 2687.53 G7 5541 13.6 Exoplanet

1971 Kepler-868 "2MASS J18492724+4640308, KIC 9813499, KOI-1505, WISE J184927.24+464030.8" 0.8900 0.9300 4138.92 G6 5614 14.5 Exoplanet

1972 Kepler-869 "2MASS J19174190+5059388, KIC 12254792, KOI-1506, WISE J191741.88+505938.9" 0.9500 0.9700 3121.31 G5 5664 13.7 Exoplanet

1973 Kepler-870 "2MASS J19413661+5028430, KIC 12020218, KOI-1507, WISE J194136.62+502842.8" 1.0200 1.0100 4014.98 G2 5857 14.1 Exoplanet

1974 Kepler-871 "2MASS J19380650+4322053, KIC 7690844, KOI-1508" 1.1400 1.1100 5528.34 G0 5993 14.5 Exoplanet

1975 Kepler-872 "2MASS J19414019+4336203, KIC 7901948, KOI-1511, WISE J194140.19+433620.2" 1.0800 1.0500 3633.38 G1 5902 13.8 Exoplanet

1976 Kepler-873 "2MASS J19453677+5116168, KIC 12418724, KOI-1516, WISE J194536.75+511616.6" 1.2700 1.1800 4556.40 G0 6163 13.7 Exoplanet

1977 Kepler-874 "2MASS J19394964+4300515, KIC 7456001, KOI-1517, WISE J193949.65+430051.4" 1.1300 1.0900 3496.39 G0 6020 13.5 Exoplanet

1978 Kepler-875 "2MASS J19491231+4308307, KIC 7549209, KOI-1518, WISE J194912.31+430830.5" 1.1100 1.0600 4057.38 G1 5958 14.0 Exoplanet

1979 Kepler-876 "2MASS J18535476+4323016, KIC 7663405, KOI-1519, WISE J185354.77+432301.5" 0.7700 0.8100 2397.25 K1 5060 13.9 Exoplanet

1980 Kepler-877 "2MASS J19192619+4631216, KIC 9765975, KOI-1520, WISE J191926.17+463121.7" 0.8100 0.8500 1865.61 K0 5261 13.2 Exoplanet

1981 Kepler-878 "2MASS J19011108+4636123, KIC 9818462, KOI-1521, WISE J190111.10+463612.4" 0.7700 0.8100 1849.30 K1 5044 13.4 Exoplanet

1982 Kepler-879 "2MASS J19431357+5054352, KIC 12266636, KOI-1522, WISE J194313.57+505435.1" 1.0200 1.0200 2517.92 G2 5792 13.1 Exoplanet

1983 Kepler-880 "2MASS J18475309+4340219, KIC 7869917, KOI-1525, WISE J184753.09+434022.0" 1.7400 1.4600 2195.03 F4 6761 11.2 Exoplanet

1984 Kepler-881 "2MASS J19155822+4640147, KIC 9824805, KOI-1526, WISE J191558.21+464014.5" 1.0900 1.0600 4448.77 G1 5961 14.1 Exoplanet

1985 Kepler-882 "2MASS J19383597+4320081, KIC 7691260, KOI-1528, WISE J193835.99+432008.1" 0.8700 0.9000 1712.32 G7 5476 12.8 Exoplanet

1986 Kepler-883 "2MASS J19054408+5018011, KIC 11954842, KOI-1530, WISE J190544.10+501800.8" 1.0900 1.0600 1790.60 G0 6116 12.1 Exoplanet

1987 Kepler-884 "2MASS J19302026+4955233, KIC 11764462, KOI-1531, WISE J193020.26+495523.4" 0.9400 1.0000 1369.86 G4 5715 11.9 Exoplanet

1988 Kepler-885 "2MASS J19143877+4944139, KIC 11656246, KOI-1532, WISE J191438.77+494413.8" 1.3500 1.2100 2061.31 F8 6187 11.8 Exoplanet

*1989 Kepler-886 "2MASS
J19050521+4335428, KIC 7808587, KOI-1533,
WISE J190505.21+433542.7" 1.1600 1.1000
2795.16 G0 6098 12.9 Exoplanet*

*1990 Kepler-887 "2MASS
J19202179+3949011, KIC 4741126, KOI-1534,
WISE J192021.78+394900.9" 1.2900 1.1900
2710.36 F8 6194 12.5 Exoplanet*

*1991 Kepler-888 "2MASS
J19420508+4944190, KIC 11669125, KOI-1535,
WISE J194205.08+494419.1" 0.9000 0.9700
1347.02 G1 5875 11.9 Exoplanet*

*1992 Kepler-889 "2MASS
J19255215+5045341, KIC 12159249, KOI-1536,
WISE J192552.10+504533.9" 1.2500 1.1400
1673.18 G1 5961 11.6 Exoplanet*

*1993 Kepler-890 "2MASS
J19134457+4345485, KIC 7951018, KOI-1553,
WISE J191344.57+434548.4" 1.1300 1.0900
4523.78 G1 5954 14.1 Exoplanet*

*1994 Kepler-891 "2MASS
J19242011+4021189, KIC 5184584, KOI-1564,
WISE J192420.12+402118.8" 1.0700 1.0600
4474.86 G1 5887 14.2 Exoplanet*

*1995 Kepler-892 "2MASS
J18523111+4353176, KIC 8009350, KOI-1569"
0.7200 0.7500 2087.40 K3 4747 14.0
Exoplanet*

*1996 Kepler-893 "2MASS
J18595112+4354468, KIC 8082001, KOI-1570,
WISE J185951.16+435446.9" 0.9900 1.0000
3966.06 G2 5820 14.1 Exoplanet*

*1997 Kepler-894 "2MASS
J19145618+4656218, KIC 10004519, KOI-1572,
WISE J191456.17+465621.8" 0.8500 0.8700
3555.10 G6 5603 14.3 Exoplanet*

*1998 Kepler-895 "2MASS
J19170975+5124320, KIC 12506770, KOI-1577,
WISE J191709.77+512432.2" 0.6100 0.6500
1682.96 K5 4315 14.1 Exoplanet*

*1999 Kepler-896 "2MASS
J18494540+4344041, KIC 7939330, KOI-1581,
WISE J184945.39+434404.0" 0.8100 0.8400
2922.36 K0 5262 14.2 Exoplanet*

*2000 Kepler-897 "2MASS
J19222084+5141449, KIC 12602568, KOI-1583,
WISE J192220.83+514144.8" 1.0400 1.0300
3741.01 G2 5839 13.9 Exoplanet*

2001 Kepler-898 "2MASS J19062049+4652153, KIC 9941066, KOI-1584" 0.6200 0.6500 1562.29 K6 4223 14.0 Exoplanet

2002 Kepler-899 "2MASS J19495582+4040508, KIC 5470739, KOI-1585" 0.9100 0.9300 3385.50 G6 5595 14.1 Exoplanet

2003 Kepler-900 "2MASS J19444255+4659564, KIC 10022908, KOI-1586, WISE J194442.54+465956.2" 0.7300 0.7800 1647.09 K3 4836 13.4 Exoplanet

2004 Kepler-901 "2MASS J19243670+4053149, KIC 5617854, KOI-1588, WISE J192436.67+405315.4" 0.5700 0.5900 786.04 K6 4184 12.8 Exoplanet

2005 Kepler-902 "2MASS J19185560+4657137, KIC 10006581, KOI-1595, WISE J191855.60+465713.9" 0.9300 0.9500 2948.45 G5 5647 13.7 Exoplanet

2006 Kepler-903 "2MASS J19150504+4039510, KIC 5438757, KOI-1601, WISE J191505.04+403950.9" 0.9700 0.9800 2703.83 G4 5682 13.4 Exoplanet

2007 Kepler-904 "2MASS J19151750+4023205, KIC 5177104, KOI-1603, WISE J191517.49+402320.4" 1.2500 1.1600 3754.06 G0 6160 13.4 Exoplanet

2008 Kepler-905 "2MASS J19201226+4642481, KIC 9886661, KOI-1606, WISE J192012.27+464248.2" 0.8600 0.9500 1699.27 G7 5461 12.7 Exoplanet

2009 Kepler-906 "2MASS J19253733+4007317, KIC 5009743, KOI-1609" 1.0200 1.0600 2472.26 G0 6035 12.9 Exoplanet

2010 Kepler-907 "2MASS J19015438+4137578, KIC 6268648, KOI-1613, WISE J190154.36+413757.6" 1.3800 1.0800 1148.07 G0 6106 10.6 Exoplanet

2011 Kepler-908 "2MASS J19411740+3922353, KIC 4278221, KOI-1615, Kepler-908 A, WISE J194117.40+392235.2" 1.1200 1.1100 815.39 G1 5973 10.4 Exoplanet

2012 Kepler-909 "2MASS J19180152+4522155, KIC 9015738, KOI-1616, WISE J191801.52+452215.5" 1.2300 1.1700 1037.18 G0 6154 10.6 *Exoplanet*

2013 Kepler-910 "2MASS J19441136+4244348, KIC 7215603, KOI-1618, WISE J194411.35+424434.6" 1.5000 1.2600 1311.15 F8 6230 10.6 *Exoplanet*

2014 Kepler-911 "2MASS J19542140+4045024, KIC 5561278, KOI-1621, WISE J195421.40+404502.5" 1.9900 1.3400 1849.30 G0 6112 10.8 *Exoplanet*

2015 Kepler-912 "2MASS J19522668+4145300, KIC 6387542, KOI-1626, WISE J195226.69+414529.8" 1.1100 1.0700 4125.87 G0 5998 14.0 *Exoplanet*

2016 Kepler-913 "2MASS J19501994+4157087, KIC 6543893, KOI-1627, WISE J195020.06+415708.5" 0.6100 0.6300 1947.15 K4 4687 14.4 *Exoplanet*

2017 Kepler-914 "2MASS J19213888+4453575, KIC 8685497, KOI-1629, WISE J192138.89+445357.6" 1.1500 1.1000 2211.34 G1 5877 12.5 *Exoplanet*

2018 Kepler-915 "2MASS J19222209+4544136, KIC 9277896, KOI-1632, WISE J192222.10+454413.9" 1.3800 1.2100 2628.82 G0 6173 12.3 Exoplanet

2019 Kepler-916 "2MASS J19235599+4558238, KIC 9401997, KOI-1633, WISE J192356.00+455823.9" 0.8100 0.8500 2508.14 K0 5248 13.8 Exoplanet

2020 Kepler-917 "2MASS J19561230+4756574, KIC 10686864, KOI-1637, WISE J195612.29+475657.4" 0.7600 0.8000 3349.62 G7 5418 14.6 Exoplanet

2021 Kepler-918 "2MASS J19524817+4816042, KIC 10879038, KOI-1641, WISE J195248.17+481604.2" 1.1400 1.1100 4060.64 G0 6028 13.8 Exoplanet

2022 Kepler-919 "2MASS J19522754+4829398, KIC 10990917, KOI-1643, WISE J195227.54+482939.7" 1.2100 1.1500 3975.84 G0 6113 13.6 Exoplanet

2023 Kepler-920 "2MASS J18571126+4909312, KIC 11337372, KOI-1650, WISE J185711.26+490931.0" 0.8500 0.8900 3020.20 G7 5403 14.0 Exoplanet

2024 Kepler-921 "2MASS J18582788+4911269, KIC 11337833, KOI-1651, WISE J185827.89+491126.7" 0.9100 0.9300 2762.54 G5 5663 13.6 Exoplanet

2025 Kepler-922 "2MASS J18585555+4931595, KIC 11547505, KOI-1655, WISE J185855.57+493159.4" 0.9300 0.9500 1819.95 G5 5671 12.6 Exoplanet

2026 Kepler-923 "2MASS J19364106+4003186, KIC 4932442, KOI-1665, WISE J193641.06+400318.5" 1.2600 1.1100 3150.67 G1 5988 13.0 Exoplanet

2027 Kepler-924 "2MASS J19224044+4023517, KIC 5183357, KOI-1669, WISE J192240.44+402351.8" 1.2300 1.1400 3245.25 G0 6167 13.1 Exoplanet

2028 Kepler-925 "2MASS J19202556+4029263, KIC 5269467, KOI-1672, WISE J192025.56+402926.1" 0.7200 0.7700 2031.95 K4 4673 14.0 Exoplanet

2029 Kepler-926 "2MASS J19184304+4042016, KIC 5526717, KOI-1677, WISE J191843.04+404201.6" 1.0100 1.0100 2514.66 G2 5806 13.1 Exoplanet

2030   Kepler-927   "2MASS J19173204+4123337, KIC 6034945, KOI-1683, WISE J191732.03+412333.6"   0.9900   0.9900   2866.91   G3   5743   13.5   Exoplanet

2031   Kepler-928   "2MASS J19194097+4132341, KIC 6198999, KOI-1687, WISE J191940.95+413233.9"   0.7000   0.7300   1735.15   K4   4700   13.7   Exoplanet

2032   Kepler-929   "2MASS J19535546+4136552, KIC 6310636, KOI-1688, WISE J195355.46+413655.2"   1.0200   1.0100   2674.48   G1   5869   13.3   Exoplanet

2033   Kepler-930   "2MASS J19531546+4214507, KIC 6803855, KOI-1695, WISE J195315.46+421450.7"   1.4000   1.2500   2951.71   F8   6335   12.6   Exoplanet

2034   Kepler-931   "2MASS J19483183+4246057, KIC 7220429, KOI-1700, WISE J194831.83+424605.8"   0.8100   0.8600   1598.16   K0   5241   12.9   Exoplanet

2035   Kepler-932   "2MASS J19474849+4316190, KIC 7626370, KOI-1706, WISE J194748.49+431619.2"   0.8400   0.8700   1559.03   K0   5331   12.7   Exoplanet

2036 Kepler-933 "2MASS J19181647+4332190, KIC 7815744, KOI-1710" 0.8400 0.8700 3007.16 G7 5346 14.1 Exoplanet

2037 Kepler-934 "2MASS J19210923+4345191, KIC 7955580, KOI-1711, WISE J192109.22+434519.0" 0.7700 0.8100 1966.72 K2 5001 13.5 Exoplanet

2038 Kepler-935 "2MASS J19400520+4637091, KIC 9838949, KOI-1716, WISE J194005.20+463709.1" 0.7300 0.7800 1572.07 K3 4830 13.3 Exoplanet

2039 Kepler-936 "2MASS J19341866+4644108, KIC 9895006, KOI-1717, WISE J193418.66+464410.9" 0.8900 0.9200 2240.69 G7 5482 13.3 Exoplanet

2040 Kepler-937 "2MASS J19364051+4642525, KIC 9896558, KOI-1718" 1.2200 1.1500 4833.63 G0 6095 14.0 Exoplanet

2041 Kepler-938 "2MASS J19390939+4659023, KIC 10019065, KOI-1721, WISE J193909.38+465902.2" 0.8900 0.9200 2808.20 G7 5533 13.7 Exoplanet

2042   Kepler-939   "2MASS J19352774+4701365, KIC 10080248, KOI-1724"   0.8500   0.8800   3356.15   G7   5471   14.3   Exoplanet

2043   Kepler-940   "2MASS J19365791+4716335, KIC 10213902, KOI-1723, WISE J193657.91+471633.4"   0.9600   0.9700   4295.47   G3   5769   14.4   Exoplanet

2044   Kepler-941   "2MASS J19371832+4713034, KIC 10214162, KOI-1724"   0.8600   0.8900   3604.02   G7   5539   14.4   Exoplanet

2045   Kepler-942   "2MASS J19394922+4408593, KIC 8242434, KOI-1726, WISE J193949.22+440859.7"   0.7500   0.8100   711.02   K3   4861   11.5   Exoplanet

2046   Kepler-943   "2MASS J18570575+4132060, KIC 6185331, KOI-1727, WISE J185705.74+413205.9"   0.9100   0.9300   4041.07   G6   5612   15.0   Exoplanet

2047   Kepler-944   "2MASS J19342430+4222471, KIC 6869184, KOI-1732, WISE J193424.30+422247.2"   0.8300   0.8600   3375.71   G7   5409   14.4   Exoplanet

2048 Kepler-945 "2MASS J19250473+4205457, KIC 6604328, KOI-1736, WISE J192504.72+420545.7" 0.9700 0.9700 5032.59 G4 5718 14.7 Exoplanet

2049 Kepler-946 "2MASS J20034310+4401436, KIC 8197343, KOI-1746, WISE J200343.09+440143.4" 0.9300 0.9400 2994.11 G5 5665 13.7 Exoplanet

2050 Kepler-947 "2MASS J19372801+4215096, KIC 6786348, KOI-1749, WISE J193728.02+421509.4" 0.8700 0.9000 3874.73 G7 5508 14.5 Exoplanet

2051 Kepler-948 "2MASS J19331205+4131240, KIC 6209677, KOI-1750, WISE J193312.06+413123.7" 0.9400 0.9600 2883.22 G5 5679 13.6 Exoplanet

2052 Kepler-949 "2MASS J19542589+4627132, KIC 9729691, KOI-1751, WISE J195425.89+462713.2" 0.8600 0.8900 1865.61 G7 5403 13.1 Exoplanet

2053 Kepler-950 "2MASS J19114957+4107491, KIC 5864975, KOI-1787, WISE J191149.57+410749.0" 1.0200 1.0200 4856.46 G2 5857 14.5 Exoplanet

2054 Kepler-951 "2MASS J19105701+3806524, KIC 2975770, KOI-1788, Kepler-951 A, WISE J191057.01+380652.7" 0.7300 0.7700 1330.72 K3 4834 12.9 Exoplanet

2055 Kepler-952 "2MASS J19012926+4159380, KIC 6504954, KOI-1790, WISE J190129.25+415937.9" 0.9900 1.0000 3806.24 G3 5730 14.1 Exoplanet

2056 Kepler-953 "KIC 8552719, 2MASS J19155319+4437283, KOI-1792, WISE J191553.21+443728.4" 0.9900 0.9500 782.77 G7 5416 10.8 Exoplanet

2057 Kepler-954 "2MASS J19432625+4756222, KIC 10676014, KOI-1797, WISE J194326.26+475622.4" 0.7600 0.8200 730.59 K2 4990 11.4 Exoplanet

2058 Kepler-955 "2MASS J19135314+4016112, KIC 5088591, KOI-1801, WISE J191353.15+401611.3" 0.8400 0.8900 2077.61 G7 5350 13.3 Exoplanet

2059 Kepler-956 "2MASS J19300739+4903421, KIC 11298298, KOI-1802, WISE J193007.39+490342.0" 1.1500 1.1000 2058.04 G0 6040 12.3 Exoplanet

2060 Kepler-957 "2MASS J19203752+4849083, KIC 11187436, KOI-1804, WISE J192037.51+484908.1" 0.7500 0.8100 2442.91 K2 4963 14.1 Exoplanet

2061 Kepler-958 "2MASS J19090160+4604003, KIC 9455325, KOI-1813, WISE J190901.59+460400.2" 0.8600 0.9100 1523.15 G7 5421 12.5 Exoplanet

2062 Kepler-959 "2MASS J19284108+4048409, KIC 5621125, KOI-1814, WISE J192841.08+404841.0" 2.0100 1.6000 3271.34 F2 7005 11.8 Exoplanet

2063 Kepler-960 "2MASS J18454971+4644472, KIC 9872283, KOI-1815, WISE J184549.72+464447.5" 0.7200 0.7700 971.94 K3 4755 12.3 Exoplanet

2064 Kepler-961 "2MASS J18480851+4337525, KIC 7870032, KOI-1818, WISE J184808.51+433752.5" 0.9000 0.9600 1979.77 G6 5582 12.9 Exoplanet

2065 Kepler-962 "2MASS J19411515+4614149, KIC 9597058, KOI-1819, WISE J194115.16+461415.0" 0.8600 0.9300 1431.82 G7 5478 12.3 Exoplanet

2066 Kepler-963 "2MASS J19470071+4502279, KIC 8832512, KOI-1821, WISE J194700.71+450228.0" 0.8700 0.9100 2563.59 G7 5461 13.7 Exoplanet

2067 Kepler-964 "2MASS J19411202+4033237, KIC 5375194, KOI-1825, WISE J194112.01+403323.7" 0.8400 0.9300 1559.03 G7 5427 12.6 Exoplanet

2068 Kepler-965 "2MASS J19540368+4153283, KIC 6468138, KOI-1826, WISE J195403.67+415328.3" 1.1500 1.0500 2015.64 G1 5886 12.3 Exoplanet

2069 Kepler-966 "2MASS J19490493+5007185, KIC 11875734, KOI-1828, WISE J194904.93+500718.5" 1.0200 1.0200 2521.19 G2 5840 13.1 Exoplanet

2070 Kepler-967 "2MASS J19061393+3824193, KIC 3326377, KOI-1830, WISE J190613.91+382419.1" 0.8000 0.8400 1627.52 K0 5178 13.0 Exoplanet

2071 Kepler-968 "2MASS J19022460+5006433, KIC 11853878, KOI-1833, WISE J190224.61+500643.3" 0.7000 0.7600 1017.61 K4 4598 12.5 Exoplanet

2072 Kepler-969 "2MASS J19132940+4756008, KIC 10657406, KOI-1837, WISE J191329.39+475600.8" 0.8200 0.9200 1340.50 K0 5214 12.4 Exoplanet

2073 Kepler-970 "2MASS J19183005+4042314, KIC 5526527, KOI-1838, Kepler-970 B, WISE J191830.04+404231.4" 0.6700 0.7000 1141.55 K4 4511 13.0 Exoplanet

2074 Kepler-971 "2MASS J18562270+4110581, KIC 5856571, KOI-1839, WISE J185622.69+411058.1" 0.8500 0.8800 1125.24 G7 5431 11.9 Exoplanet

2075 Kepler-972 "2MASS J19431888+4325317, KIC 7765528, KOI-1840, WISE J194318.89+432531.4" 1.2200 1.1500 4253.07 G0 6146 13.8 Exoplanet

2076   Kepler-973   "2MASS J19203966+4955259, KIC 11760231, KOI-1841, WISE J192039.67+495525.7"   0.7800   0.8600   968.68   K0   5213   11.8   Exoplanet

2077   Kepler-974   "2MASS J19000314+4013147, KIC 5080636, KOI-1843, WISE J190003.14+401315.2"   0.5000   0.5200   394.65   M2   3687   12.0   Exoplanet

2078   Kepler-975   "2MASS J19221165+3829430, KIC 3338885, KOI-1845, WISE J192211.65+382942.9"   0.7500   0.8000   1317.67   K2   4897   12.8   Exoplanet

2079   Kepler-976   "2MASS J19192871+4643469, KIC 9886255, KOI-1846"   0.8300   0.8700   3326.79   K0   5232   14.4   Exoplanet

2080   Kepler-977   "2MASS J19260389+4214535, KIC 6776401, KOI-1847, WISE J192603.88+421453.2"   0.8300   0.8700   2165.68   K0   5315   13.4   Exoplanet

2081   Kepler-978   "2MASS J19065057+4302364, KIC 7430034, KOI-1848, WISE J190650.55+430236.2"   1.0900   1.0700   2035.21   G0   6002   12.4   Exoplanet

2082 Kepler-979 "2MASS J20012910+4624297, KIC 9735426, KOI-1849, WISE J200129.09+462429.5" 0.8300 0.8700 1976.51 K0 5310 13.3 Exoplanet

2083 Kepler-980 "2MASS J19382712+4503366, KIC 8826168, KOI-1850, WISE J193827.11+450336.6" 1.0600 1.0500 2622.29 G1 5935 13.0 Exoplanet

2084 Kepler-981 "2MASS J19165973+4739003, KIC 10464050, KOI-1851, WISE J191659.74+473900.4" 0.9600 0.9800 2977.80 G4 5718 13.6 Exoplanet

2085 Kepler-982 "2MASS J19134024+4635255, KIC 9763348, KOI-1852, WISE J191340.24+463525.5" 1.2900 1.1600 2289.62 G0 6139 12.2 Exoplanet

2086 Kepler-983 "2MASS J19002497+4500294, KIC 8804397, KOI-1853, WISE J190024.97+450029.3" 1.0800 1.1300 2136.32 G0 6052 12.5 Exoplanet

2087 Kepler-984 "2MASS J19475012+4623388, KIC 9662811, KOI-1854, WISE J194750.12+462338.7" 0.9300 0.9600 1503.58 G6 5610 12.2 Exoplanet

2088   Kepler-985   "2MASS J19203463+4402598, KIC 8160953, KOI-1858"   0.8500   0.9100   2416.82   G7   5434   13.5   Exoplanet

2089   Kepler-986   "2MASS J19322256+4253471, KIC 7286173, KOI-1862, WISE J193222.56+425347.2"   0.9800   0.9600   1836.26   G5   5642   12.5   Exoplanet

2090   Kepler-987   "2MASS J19173865+4607510, KIC 9520838, KOI-1866, WISE J191738.65+460751.0"   0.9100   0.9700   3052.82   G5   5637   13.8   Exoplanet

2091   Kepler-988   "2MASS J19225001+4214141, KIC 6773862, KOI-1868, WISE J192249.99+421414.0"   0.5300   0.5500   808.87   K7   4005   13.1   Exoplanet

2092   Kepler-989   "2MASS J18461989+4714010, KIC 10187159, KOI-1870, WISE J184619.87+471400.7"   0.7800   0.8200   1578.60   K1   5074   13.0   Exoplanet

2093   Kepler-990   "2MASS J19514517+4652530, KIC 9967771, KOI-1875, WISE J195145.17+465252.7"   1.0800   1.0500   3043.04   G1   5948   13.4   Exoplanet

2094 Kepler-991 "2MASS J19482175+4937356, KIC 11622600, KOI-1876, WISE J194821.73+493735.4" 0.6100 0.6400 1206.78 K5 4392 13.3 Exoplanet

2095 Kepler-992 "2MASS J18574326+4738304, KIC 10454632, KOI-1877, WISE J185743.28+473830.0" 0.7400 0.8000 874.10 K2 4944 11.9 Exoplanet

2096 Kepler-993 "2MASS J19302738+4423407, KIC 8367644, KOI-1879, WISE J193027.38+442340.7" 0.5400 0.5700 971.94 M0 3843 13.6 Exoplanet

2097 Kepler-994 "2MASS J19161733+4724254, KIC 10332883, KOI-1880, WISE J191617.31+472425.0" 0.5400 0.5600 554.47 K7 3934 12.3 Exoplanet

2098 Kepler-995 "2MASS J18582777+3907517, KIC 4035640, KOI-1881, WISE J185827.77+390751.6" 0.8000 0.8300 2149.37 K0 5206 13.6 Exoplanet

2099 Kepler-996 "2MASS J19273906+4132009, KIC 6205228, KOI-1882, WISE J192739.07+413201.1" 1.1400 1.0900 3581.19 G0 6014 13.5 Exoplanet

*2100 Kepler-997 "2MASS
J19165600+4956201, KIC 11758544, KOI-1883,
WISE J191656.00+495620.0" 1.5600 1.2200
1532.93 G0 6150 10.9 Exoplanet*

*2101 Kepler-998 "2MASS
J19470099+4912314, KIC 11413812, KOI-1885,
WISE J194700.99+491231.3" 1.1800 1.1200
3248.51 G0 6058 13.2 Exoplanet*

*2102 Kepler-999 "2MASS
J19583851+4611543, KIC 9549648, KOI-1886,
WISE J195838.51+461154.4" 1.6500 1.2900
1852.57 F8 6237 11.2 Exoplanet*

*2103 Kepler-1000 "2MASS
J19064452+4705535, KIC 10063802, KOI-1888,
WISE J190644.51+470553.5" 1.5100 1.4000
3016.94 F7 6453 12.3 Exoplanet*

*2104 Kepler-1001 "2MASS
J19050572+4837073, KIC 11074178, KOI-1889,
WISE J190505.73+483707.2" 0.8800 0.9000
3290.91 G7 5491 14.1 Exoplanet*

*2105 Kepler-1002 "2MASS
J19321907+4304253, KIC 7449136, KOI-1890,
WISE J193219.07+430425.3" 1.5700 1.2200
1386.16 G0 6144 10.7 Exoplanet*

2106 Kepler-1003 "2MASS J19280490+4452343, KIC 8689793, KOI-1893, WISE J192804.90+445234.4" 1.1700 1.1100 2847.34 G0 6109 12.9 Exoplanet

2107 Kepler-1005 "2MASS J19050864+4319136, KIC 7668663, KOI-1898, WISE J190508.62+431913.8" 1.0600 1.0000 1679.70 G2 5782 12.1 Exoplanet

2108 Kepler-1006 "2MASS J19430099+4232149, KIC 7047922, KOI-1899, WISE J194300.98+423215.0" 0.7400 0.7800 1617.73 K0 5328 13.1 Exoplanet

2109 Kepler-1007 "2MASS J19433757+4548328, KIC 9353314, KOI-1900, WISE J194337.56+454832.7" 0.7000 0.7300 1190.47 K4 4587 12.9 Exoplanet

2110 Kepler-1008 "2MASS J19461140+4456309, KIC 8766650, KOI-1904, Kepler-1008 A, WISE J194611.42+445630.6" 0.7800 0.8100 975.21 K1 5066 11.9 Exoplanet

*2111 Kepler-1009 "2MASS
J18512638+4239567, KIC 7094486, KOI-1907,
WISE J185126.37+423956.9" 0.5700 0.5900
916.50 K7 4027 13.2 Exoplanet*

*2112 Kepler-1010 "2MASS
J19164623+4408575, KIC 8226050, KOI-1910,
WISE J191646.23+440857.5" 0.8200 0.8600
1989.55 K0 5253 13.3 Exoplanet*

*2113 Kepler-1011 "2MASS
J19493637+4649264, KIC 9965957, KOI-1911,
WISE J194936.36+464926.4" 0.8800 0.9100
2804.94 G7 5416 13.8 Exoplanet*

*2114 Kepler-1012 "2MASS
J19171110+4627286, KIC 9704384, KOI-1913,
WISE J191711.09+462728.6" 0.9100 0.9500
1369.86 G6 5556 12.1 Exoplanet*

*2115 Kepler-1013 "2MASS
J19205953+4426068, KIC 8426567, KOI-1914,
WISE J192059.54+442607.0" 0.7600 0.8100
1412.26 K2 4954 12.9 Exoplanet*

*2116 Kepler-1014 "2MASS
J19002928+4406381, KIC 8218379, KOI-1920,
WISE J190029.28+440638.0" 0.8400 0.8800
2191.77 G7 5388 13.4 Exoplanet*

2117 Kepler-1015 "2MASS J19310175+4325368, KIC 7755636, KOI-1921, WISE J193101.75+432536.6" 1.8100 1.4900 3039.77 F4 6769 11.9 Exoplanet

2118 Kepler-1016 "2MASS J19382727+4559046, KIC 9411166, KOI-1922, WISE J193827.26+455904.5" 1.0000 0.9900 4041.07 G2 5821 14.2 Exoplanet

2119 Kepler-1017 "2MASS J18535264+4007573, KIC 4989057, KOI-1923, WISE J185352.64+400757.0" 0.8700 0.9300 1806.90 G7 5473 12.8 Exoplanet

2120 Kepler-1018 "2MASS J18542320+4524283, KIC 9072190, KOI-1933, WISE J185423.21+452428.2" 0.8800 0.9100 2915.83 G7 5518 13.8 Exoplanet

2121 Kepler-1019 "2MASS J18545220+4712160, KIC 10190777, KOI-1937, WISE J185452.21+471215.8" 0.6700 0.7000 645.79 K5 4433 11.8 Exoplanet

2122 Kepler-1020 "2MASS J19304141+4622387, KIC 9651234, KOI-1938, WISE J193041.40+462238.3" 0.8000 0.8700 1454.66 K0 5227 12.7 Exoplanet

2123   Kepler-1021   "2MASS J19404917+4233348, KIC 7045496, KOI-1939" 0.8600   0.8900   2729.93   G7   5431   13.8   Exoplanet

2124   Kepler-1022   "2MASS J19172448+4658254, KIC 10005788, KOI-1940, WISE J191724.49+465825.1"   0.6800   0.7100   1484.01   K5   4445   13.5   Exoplanet

2125   Kepler-1023   "2MASS J19160713+4946109, KIC 11656918, KOI-1945, WISE J191607.12+494610.8"   0.8900   0.9300   2237.43   G7   5494   13.2   Exoplanet

2126   Kepler-1024   "2MASS J19274823+3815061, KIC 3118797, KOI-1950, WISE J192748.21+381506.3"   0.7800   0.8100   3317.01   K1   5143   14.6   Exoplanet

2127   Kepler-1025   "2MASS J18580244+4357419, KIC 8081187, KOI-1951, WISE J185802.45+435741.7"   1.1300   1.0900   2335.28   G0   6089   12.6   Exoplanet

2128   Kepler-1026   "2MASS J18542526+3959527, KIC 4813563, KOI-1959, WISE J185425.26+395952.5"   0.7500   0.7900   1268.75   K2   4948   12.7   Exoplanet

2129 Kepler-1027 "2MASS J19101708+4248501, KIC 7269493, KOI-1961, Kepler-1027 A, WISE J191017.08+424849.8" 0.8200 0.9100 949.11 G7 5436 11.5 Exoplanet

2130 Kepler-1028 "2MASS J19182234+4946521, KIC 11657891, KOI-1965, WISE J191822.34+494652.3" 0.8700 0.9000 2064.57 G7 5522 13.1 Exoplanet

2131 Kepler-1029 "2MASS J19283191+4132511, KIC 6205897, KOI-1967, WISE J192831.89+413251.1" 0.7700 0.8200 1376.38 K2 5030 12.8 Exoplanet

2132 Kepler-1030 "2MASS J19344365+4549032, KIC 9347009, KOI-1971, WISE J193443.65+454903.1" 0.7600 0.8000 2592.94 K2 4983 14.2 Exoplanet

2133 Kepler-1031 "2MASS J19442153+4857193, KIC 11253711, KOI-1972, WISE J194421.53+485719.3" 1.1200 1.0900 2416.82 G0 6011 12.7 Exoplanet

2134 Kepler-1032 "2MASS J19194340+4005519, KIC 4917596, KOI-1973, WISE J191943.40+400551.9" 0.7100 0.7700 1979.77 K4 4647 13.9 Exoplanet

2135 Kepler-1033 "2MASS J18552283+4436327, KIC 8543100, KOI-1975, WISE J185522.82+443632.5" 0.9200 0.9400 4647.72 G6 5547 14.7 Exoplanet

2136 Kepler-1034 "2MASS J19042768+3758011, KIC 2693736, KOI-1976, WISE J190427.69+375801.0" 0.8000 0.8300 2302.66 K0 5198 13.7 Exoplanet

2137 Kepler-1035 "2MASS J19161013+4252569, KIC 7273277, KOI-1979, WISE J191610.13+425256.9" 0.9700 0.9800 1330.72 G3 5763 11.8 Exoplanet

2138 Kepler-1036 "2MASS J19404359+4956448, KIC 11769890, KOI-1980, WISE J194043.60+495644.7" 0.8900 0.9500 1653.61 G7 5533 12.5 Exoplanet

2139 Kepler-1037 "2MASS J19452184+4710150, KIC 10153855, KOI-1981, WISE J194521.85+471015.3" 0.7800 0.8200 1470.96 K1 5105 12.8 Exoplanet

2140 Kepler-1038 "2MASS J19555332+4407565, KIC 8257205, KOI-1986, WISE J195553.32+440756.6" 0.8300 0.8700 2028.69 K0 5335 13.4 Exoplanet

2141 Kepler-1039 "2MASS J19531838+4518558, KIC 9044228, KOI-1988, WISE J195318.38+451855.6" 0.7400 0.7900 1056.75 K3 4870 12.4 Exoplanet

2142 Kepler-1040 "2MASS J18522730+4807530, KIC 10779233, KOI-1989, WISE J185227.30+480752.7" 0.9600 0.9800 1542.72 G4 5694 12.2 Exoplanet

2143 Kepler-1041 "2MASS J19353162+4940593, KIC 11614617, KOI-1990, WISE J193531.61+494059.3" 1.0800 1.0600 3193.07 G1 5957 13.4 Exoplanet

2144 Kepler-1042 "2MASS J19144054+3949264, KIC 4736569, KOI-1996, WISE J191440.54+394926.3" 0.7200 0.7500 2149.37 K3 4815 14.0 Exoplanet

2145 Kepler-1043 "2MASS J18463911+4734069, KIC 10384798, KOI-1997, WISE J184639.11+473406.9" 0.9000 0.9200 2733.19 G5 5629 13.6 Exoplanet

*2146 Kepler-1044 "2MASS
J19323466+4639584, KIC 9834040, KOI-1998,
WISE J193234.65+463958.3" 1.1100 1.0800
4915.17 G1 5985 14.3 Exoplanet*

*2147 Kepler-1045 "2MASS
J18564399+4504267, KIC 8802693, KOI-2000,
WISE J185643.98+450426.6" 0.8200 0.8600
3166.97 K0 5301 14.2 Exoplanet*

*2148 Kepler-1046 "2MASS
J19470138+4659538, KIC 10024701, KOI-2002,
WISE J194701.39+465953.8" 1.0400 1.0400
1689.49 G1 5913 12.1 Exoplanet*

*2149 Kepler-1047 "2MASS
J19143510+5047203, KIC 12154526, KOI-2004,
WISE J191435.09+504720.3" 1.1300 1.0800
1846.04 G3 5754 12.2 Exoplanet*

*2150 Kepler-1048 "2MASS
J18473560+4209568, KIC 6665512, KOI-2005,
WISE J184735.59+420956.6" 0.7000 0.7500
1353.55 K4 4651 13.1 Exoplanet*

*2151 Kepler-1049 "2MASS
J19092321+4746226, KIC 10525027, KOI-2006,
WISE J190923.25+474622.4" 0.4900 0.5100
420.74 M0 3864 12.0 Exoplanet*

2152 Kepler-1050 "2MASS J18514199+4837350, KIC 11069176, KOI-2007, WISE J185141.99+483735.0" 1.1300 1.0900 1810.17 G0 6010 12.0 Exoplanet

2153 Kepler-1051 "2MASS J19403794+4053558, KIC 5631630, KOI-2010, WISE J194037.93+405355.9" 1.7300 1.4300 3330.05 F5 6675 12.2 Exoplanet

2154 Kepler-1052 "2MASS J19412225+4636081, KIC 9839821, KOI-2012, WISE J194122.25+463607.9" 1.0300 1.0300 3427.90 G1 5888 13.7 Exoplanet

2155 Kepler-1053 "2MASS J19254047+3907387, KIC 4056616, KOI-2013, WISE J192540.47+390738.6" 0.6900 0.7400 557.73 K4 4529 11.3 Exoplanet

2156 Kepler-1054 "2MASS J19222427+4433229, KIC 8492026, KOI-2016, WISE J192224.26+443322.9" 1.3400 1.2200 3424.64 F8 6209 13.0 Exoplanet

2157 Kepler-1055 "2MASS J19215682+4455574, KIC 8750043, KOI-2017, WISE J192156.82+445557.2" 0.9400 0.9800 1376.38 G4 5723 12.0 Exoplanet

2158 Kepler-1056 "2MASS J19580623+4653573, KIC 9973109, KOI-2018, WISE J195806.23+465357.3" 1.2000 1.1200 3166.97 G0 6127 13.2 Exoplanet

2159 Kepler-1057 "2MASS J19494851+4133292, KIC 6226290, KOI-2019" 1.1000 1.0700 4768.40 G1 5987 14.3 Exoplanet

2160 Kepler-1058 "2MASS J19382298+4552301, KIC 9349482, KOI-2020, WISE J193822.95+455230.2" 0.6900 0.7300 1712.32 K4 4644 13.7 Exoplanet

2161 Kepler-1059 "2MASS J19165285+4142233, KIC 6356207, KOI-2021, WISE J191652.84+414223.2" 0.7200 0.7500 2195.03 K2 4906 14.0 Exoplanet

2162 Kepler-1060 "2MASS J19040604+3937513, KIC 4544907, KOI-2024, WISE J190406.03+393751.6" 0.9900 0.9900 2808.20 G2 5797 13.4 Exoplanet

2163 Kepler-1061 "2MASS J19445520+5016308, KIC 11923284, KOI-2026, WISE J194455.20+501630.7" 1.0700 1.0900 1908.01 G0 6067 12.2 Exoplanet

2164 Kepler-1062 "2MASS J18553585+4113177, KIC 5940165, KOI-2031, WISE J185535.85+411317.7" 0.7000 0.7500 1265.49 K4 4597 13.0 Exoplanet

2165 Kepler-1063 "2MASS J19220642+3808347, KIC 2985767, KOI-2032, Kepler-1063 A, WISE J192206.41+380834.5" 1.1400 1.0900 1190.47 G1 5945 11.2 Exoplanet

2166 Kepler-1064 "2MASS J19265799+3741202, KIC 2304320, KOI-2033, WISE J192657.98+374119.8" 0.7900 0.8500 1219.82 K1 5153 12.3 Exoplanet

2167 Kepler-1065 "2MASS J19380270+3847258, KIC 3657758, KOI-2034" 0.9300 0.9400 3515.96 G5 5635 14.2 Exoplanet

2168 Kepler-1066 "2MASS J19552797+4630080, KIC 9790806, KOI-2035, WISE J195527.98+463008.0" 0.9800 0.9800 1301.36 G3 5762 11.8 Exoplanet

2169 Kepler-1067 "2MASS J19013297+4502565, KIC 8804845, KOI-2039, WISE J190132.96+450256.5" 0.9300 0.9500 2247.21 G6 5592 13.1 Exoplanet

2170 Kepler-1068 "2MASS J19383555+4623325, KIC 9656252, KOI-2044, WISE J193835.52+462332.6" 1.0100 1.0100 4996.71 G2 5806 14.6 Exoplanet

2171 Kepler-1069 "2MASS J19235503+4759204, KIC 10663396, KOI-2046, WISE J192355.02+475920.2" 0.9800 0.9900 1418.78 G4 5722 11.9 Exoplanet

2172 Kepler-1070 "2MASS J19324688+4918594, KIC 11457726, KOI-2047, WISE J193246.88+491859.4" 1.3200 1.2100 3392.02 F8 6261 13.0 Exoplanet

ref [https://www.nasa.gov/content/discoveries-hubbles-star-clusters]

2173 Kepler-1071 "2MASS J19321391+4514557, KIC 8956206, KOI-2048, WISE J193213.90+451455.8" 0.8100 0.8600 3144.14 K0 5215 14.4 Exoplanet

2174 Kepler-1072 "2MASS J19281065+4619444, KIC 9649706, KOI-2049, WISE J192810.65+461944.3" 1.3200 1.2000 3183.28 F8 6199 12.9 Exoplanet

2175 Kepler-1073 "2MASS J19363664+3813589, KIC 3128552, KOI-2055, WISE J193636.66+381359.2" 1.0000 1.0000 2729.93 G2 5792 13.3 Exoplanet

2176 Kepler-1074 "2MASS J18575437+4615092, KIC 9573685, KOI-2057, WISE J185754.39+461509.5" 0.5700 0.6000 799.08 K7 4002 12.9 Exoplanet

2177 Kepler-1075 "2MASS J19100028+4728093, KIC 10329835, KOI-2058, WISE J191000.27+472808.9" 0.5400 0.5600 864.31 K7 3959 13.2 Exoplanet

2178 Kepler-1076 "2MASS J19102162+5103380, KIC 12301181, KOI-2059, WISE J191021.63+510338.2" 0.7400 0.7900 649.05 K3 4868 11.3 Exoplanet

2179 Kepler-1077 "2MASS J19240807+4216042, KIC 6774880, KOI-2062, WISE J192408.07+421604.2" 1.0200 1.0200 3581.19 G2 5816 13.8 Exoplanet

2180 Kepler-1078 "2MASS J19324814+4303001, KIC 7449541, KOI-2063, WISE J193248.13+430300.1" 0.9200 0.9400 3962.80 G6 5612 14.4 Exoplanet

2181 Kepler-1079 "2MASS J19581187+4546111, KIC 9304101, KOI-2067, WISE J195811.86+454611.3" 1.3600 1.0800 1568.81 G3 5758 11.4 Exoplanet

2182 Kepler-1080 "2MASS J19455148+4910584, KIC 11360571, KOI-2069, WISE J194551.48+491058.4" 1.1600 1.1000 2243.95 G1 5956 12.4 Exoplanet

2183 Kepler-1081 "2MASS J19174668+4119039, KIC 6035124, KOI-2071, WISE J191746.72+411904.7" 0.8400 0.8800 1386.16 G7 5345 12.4 Exoplanet

2184 Kepler-1082 "2MASS J19172608+5035545, KIC 12058147, KOI-2072, WISE J191726.08+503554.4" 1.1400 1.0300 2048.26 G1 5923 12.3 Exoplanet

2185 Kepler-1083 "2MASS J18523886+4511539, KIC 8866137, KOI-2074, WISE J185238.85+451154.0" 0.7700 0.8100 2974.54 K1 5049 14.4 Exoplanet

2186 Kepler-1084 "2MASS J19202447+4815040, KIC 10857519, KOI-2075, WISE J192024.47+481504.1" 1.2800 1.1200 1392.69 G0 6113 11.2 Exoplanet

2187 Kepler-1085 "2MASS J19095463+4608282, KIC 9517393, KOI-2076, WISE J190954.63+460828.2" 1.1400 1.1100 4951.05 G0 6000 14.2 Exoplanet

2188 Kepler-1086 "2MASS J19410027+4550346, KIC 9351316, KOI-2078, Kepler-1086 B, WISE J194100.28+455034.6" 0.6600 0.7000 1513.36 K5 4350 13.7 Exoplanet

2189 Kepler-1087 "2MASS J19395491+4600203, KIC 9473078, KOI-2079, WISE J193954.94+460020.6" 0.9400 0.9600 1154.59 G6 5589 11.7 Exoplanet

2190 Kepler-1088 "2MASS J18461474+4227018, KIC 6922710, KOI-2087, WISE J184614.75+422701.6" 1.0800 1.0800 978.47 G1 5975 10.8 Exoplanet

2191 Kepler-1089 "2MASS J19242225+4911242, KIC 11348997, KOI-2090, WISE J192422.25+491124.4" 0.4900 0.5200 740.37 M1 3753 13.3 Exoplanet

2192 Kepler-1090 "2MASS J19423908+4431330, KIC 8505920, KOI-2094, WISE J194239.09+443132.9" 0.8200 0.8600 2289.62 K0 5321 13.6 Exoplanet

2193 Kepler-1091 "2MASS J19590851+4340147, KIC 7918992, KOI-2095, WISE J195908.51+434014.3" 1.0300 1.0100 2984.33 G2 5851 13.5 Exoplanet

2194 Kepler-1092 "2MASS J19505355+4706455, KIC 10158729, KOI-2097, WISE J195053.57+470645.3" 1.0000 0.9900 2981.07 G2 5862 13.5 Exoplanet

2195 Kepler-1093 "2MASS J18595472+4125125, KIC 6105462, KOI-2098, WISE J185954.72+412512.4" 1.2000 1.1300 2765.80 G0 6166 12.8 Exoplanet

2196 Kepler-1094 "2MASS J19291230+3816013, KIC 3120355, KOI-2099, WISE J192912.29+381601.2" 1.2100 1.1400 4471.60 G0 6112 13.8 Exoplanet

2197 Kepler-1095 "2MASS J19330298+4121544, KIC 6047072, KOI-2100, WISE J193302.93+412154.7" 0.9200 0.9400 2472.26 G5 5658 13.3 Exoplanet

2198 Kepler-1096 "2MASS J19385025+4558102, KIC 9411412, KOI-2101, WISE J193850.25+455810.4" 0.6300 0.6600 1121.98 K5 4306 13.2 Exoplanet

2199 Kepler-1097 "2MASS J18462259+4235470, KIC 7008211, KOI-2102, WISE J184622.59+423547.1" 0.7900 0.8200 2407.03 K0 5211 13.8 Exoplanet

2200 Kepler-1098 "2MASS J19420064+4313580, KIC 7620413, KOI-2103" 0.9900 0.9900 2857.13 G2 5794 13.5 Exoplanet

2201 Kepler-1099 "2MASS J19145999+4816378, KIC 10854546, KOI-2104, WISE J191459.99+481637.5" 1.0000 1.0100 3943.23 G2 5837 14.1 Exoplanet

2202 Kepler-1100 "2MASS J19272912+4405145, KIC 8165946, KOI-2105, WISE J192729.12+440514.6" 1.3400 1.2100 3065.87 F8 6247 12.8 Exoplanet

2203 Kepler-1101 "2MASS J19381665+4540165, KIC 9225395, KOI-2107, WISE J193816.64+454016.2" 0.9100 0.9400 2925.62 G6 5614 13.8 Exoplanet

2204 Kepler-1102 "2MASS J18451741+4803594, KIC 10709622, KOI-2108, WISE J184517.41+480359.4" 0.9400 0.9600 3215.90 G4 5724 13.8 Exoplanet

2205 Kepler-1103 "2MASS J19093170+4927086, KIC 11499228, KOI-2109, WISE J190931.70+492708.7" 1.1500 1.1100 3003.90 G0 6092 13.1 Exoplanet

2206 Kepler-1104 "2MASS J19375245+4919516, KIC 11460462, KOI-2110, WISE J193752.45+491951.5" 1.4100 1.3000 1682.96 F7 6417 11.2 Exoplanet

2207 Kepler-1105 "2MASS J18442682+4227176, KIC 6921944, KOI-2114, WISE J184426.82+422717.9" 0.6800 0.7100 1203.52 K6 4299 13.1 Exoplanet

2208 Kepler-1106 "2MASS J19243484+4403451, KIC 8164012, KOI-2116, WISE J192434.84+440344.9" 1.1700 1.1100 3809.50 G0 6104 13.6 Exoplanet

2209 Kepler-1107 "2MASS J19241198+3908300, KIC 4055304, KOI-2119, WISE J192411.98+390829.9" 0.8200 0.8600 1490.53 K0 5268 12.7 Exoplanet

2210 Kepler-1108 "2MASS J19441016+4559065, KIC 9415108, KOI-2121, WISE J194410.15+455906.5" 0.8400 0.8800 2491.83 G7 5406 13.7 Exoplanet

2211 Kepler-1109 "2MASS J19263509+3923478, KIC 4262581, KOI-2122, WISE J192635.10+392347.8" 1.0600 1.0500 2599.46 G1 5893 13.1 Exoplanet

2212 Kepler-1110 "2MASS J19271392+3837217, KIC 3546060, KOI-2126, WISE J192713.91+383721.8" 0.7000 0.7300 2367.89 K3 4781 14.3 Exoplanet

2213 Kepler-1111 "2MASS J19415120+4548458, KIC 9351920, KOI-2129, WISE J194151.19+454846.0" 1.1500 1.1000 3724.70 G0 6077 13.6 Exoplanet

2214 Kepler-1112 "2MASS J19475251+4745053, KIC 10549023, KOI-2131, WISE J194752.50+474505.4" 1.5400 1.3400 5655.55 F6 6496 13.7 Exoplanet

2215 Kepler-1113 "2MASS J19173761+3920198, KIC 4254466, KOI-2134, WISE J191737.69+392019.8" 1.1700 1.1200 3675.78 G1 5931 13.6 Exoplanet

2216 Kepler-1114 "2MASS J19565686+4550049, KIC 9364609, KOI-2137, WISE J195656.88+455005.1" 0.8300 0.8700 1392.69 G7 5374 12.4 Exoplanet

2217 Kepler-1115 "2MASS J19395802+4008398, KIC 5022828, KOI-2138, WISE J193958.01+400839.8" 1.7300 1.6000 3049.56 A4 8480 11.6 Exoplanet

2218 Kepler-1116 "2MASS J19274407+4406558, KIC 8233702, KOI-2140, WISE J192744.07+440655.8" 0.9300 0.9500 3317.01 G5 5641 14.0 Exoplanet

2219 Kepler-1117 "2MASS J19282034+4914149, KIC 11403339, KOI-2143, WISE J192820.34+491414.8" 0.9300 0.9500 2018.91 G6 5612 12.9 Exoplanet

2220 Kepler-1118 "2MASS J19595175+4409392, KIC 8260902, KOI-2144, WISE J195951.75+440939.2" 0.9700 0.9600 2667.96 G4 5688 13.5 Exoplanet

2221 Kepler-1119 "2MASS J19480459+4419390, KIC 8381204, KOI-2145, WISE J194804.60+441938.7" 1.1700 1.1100 4200.89 G0 6083 13.9 Exoplanet

2222 Kepler-1120 "2MASS J19233947+4217116, KIC 6774537, KOI-2146, WISE J192339.46+421711.6" 0.7400 0.7800 2071.09 K2 4904 13.8 Exoplanet

2223 Kepler-1121 "2MASS J19510878+4753100, KIC 10617017, KOI-2149, WISE J195108.77+475310.1" 1.5900 1.2900 1725.37 F8 6231 11.1 Exoplanet

2224 Kepler-1122 "2MASS J19130732+4620272, KIC 9641481, KOI-2152, WISE J191307.31+462026.9" 0.8900 0.9200 3013.68 G7 5544 13.9 Exoplanet

2225 Kepler-1123 "2MASS J19380424+5040134, KIC 12116380, KOI-2155, WISE J193804.26+504013.1" 0.9000 0.9300 2596.20 G7 5500 13.5 Exoplanet

2226 Kepler-1124 "2MASS J19062262+3753285, KIC 2556650, KOI-2156, WISE J190622.61+375328.6" 0.3400 0.3500 577.30 M2 3658 13.7 Exoplanet

2227 Kepler-1125 "2MASS J19415549+4043551, KIC 5546761, KOI-2160, WISE J194155.49+404354.9" 0.9400 0.9500 2968.02 G4 5683 13.7 Exoplanet

2228 Kepler-1126 "2MASS J19024607+4541218, KIC 9205938, KOI-2162, WISE J190246.07+454121.8" 0.9300 0.9200 2178.72 G2 5798 13.0 Exoplanet

2229 Kepler-1127 "2MASS J19325217+4243145, KIC 7204981, KOI-2164, WISE J193252.16+424314.2" 0.9500 0.9700 3248.51 G5 5664 13.9 Exoplanet

2230 Kepler-1128 "2MASS J19321520+3924124, KIC 4370527, KOI-2166" 0.9100 0.9400 3793.19 G7 5543 14.4 Exoplanet

2231 Kepler-1129 "2MASS J19262507+4118336, KIC 6041734, KOI-2167, WISE J192625.06+411833.6" 1.0000 1.0000 4103.04 G2 5831 14.2 Exoplanet

2232 Kepler-1130 "2MASS J19004979+4523036, KIC 9006186, KOI-2169, Kepler-1130 A, WISE J190049.80+452303.7" 0.8100 0.9000 763.21 G7 5403 11.1 Exoplanet

2233 Kepler-1131 "2MASS J19423635+4915406, KIC 11410904, KOI-2171, WISE J194236.36+491540.7" 1.0400 1.0300 3617.07 G2 5851 13.8 Exoplanet

2234 Kepler-1132 "2MASS J19052819+4825261, KIC 10965588, KOI-2177, WISE J190528.20+482526.0" 0.8300 0.8700 3065.87 K0 5298 14.2 Exoplanet

2235 Kepler-1133 "2MASS J19331737+4252028, KIC 7286911, KOI-2180, WISE J193317.37+425203.0" 0.9000 0.9300 2677.74 G6 5569 13.6 Exoplanet

2236 Kepler-1134 "2MASS J19421631+4228418, KIC 6962109, KOI-2182" 0.8100 0.8400 3251.78 K0 5281 14.4 Exoplanet

2237 Kepler-1135 "2MASS J19040071+4445237, KIC 8611781, KOI-2185, WISE J190400.73+444523.6" 0.9400 0.9600 2374.42 G5 5656 13.2 Exoplanet

2238 Kepler-1136 "2MASS J18562587+4414449, KIC 8282651, KOI-2193, WISE J185625.84+441445.3" 0.6800 0.7200 1777.55 K4 4512 13.9 Exoplanet

2239 Kepler-1137 "2MASS J19083126+4839553, KIC 11075429, KOI-2198, WISE J190831.24+483955.2" 1.0400 1.5000 3166.97 F4 6807 11.9 Exoplanet

2240 Kepler-1138 "2MASS J19033581+4818262, KIC 10909127, KOI-2200, WISE J190335.83+481826.2" 0.9200 0.9500 3590.98 G6 5582 14.1 Exoplanet

2241 Kepler-1139 "2MASS J19114694+3913500, KIC 4144576, KOI-2202, WISE J191146.94+391349.9" 0.9100 0.9400 1810.17 G6 5550 12.7 Exoplanet

2242 Kepler-1140 "2MASS J18464655+4656472, KIC 9992325, KOI-2205, WISE J184646.56+465647.3" 0.7300 0.7600 2142.84 K3 4850 13.9 Exoplanet

2243 Kepler-1141 "2MASS J19221047+4743331, KIC 10531955, KOI-2208, WISE J192210.48+474333.2" 1.0700 1.0100 1190.47 G2 5791 11.3 Exoplanet

2244 Kepler-1142 "2MASS J19305146+4404564, KIC 8168187, KOI-2209, WISE J193051.47+440456.3" 0.9600 0.9700 2273.31 G4 5685 13.0 Exoplanet

2245 Kepler-1143 "2MASS J19091267+3917228, KIC 4142847, KOI-2210, WISE J190912.67+391722.7" 0.7700 0.8100 2061.31 K1 5053 13.7 Exoplanet

2246 Kepler-1144 "2MASS J19201039+4715287, KIC 10203349, KOI-2212, WISE J192010.37+471528.5" 0.9600 0.9800 3300.70 G3 5753 13.8 Exoplanet

2247 Kepler-1145 "2MASS J19411395+4302398, KIC 7457296, KOI-2213" 0.7500 0.7900 2328.75 K1 5064 14.0 Exoplanet

2248 Kepler-1146 "2MASS J19065198+4725322, KIC 10328458, KOI-2214, WISE J190652.00+472532.3" 0.7000 0.7400 2263.52 K4 4692 14.2 Exoplanet

2249 Kepler-1147 "2MASS J19301140+4138346, KIC 6287313, KOI-2221" 1.1400 1.0900 4814.06 G1 5941 14.2 Exoplanet

2250 Kepler-1148 "2MASS J19234885+4543103, KIC 9278725, KOI-2223, WISE J192348.87+454310.4" 0.7700 0.8100 2224.38 K1 5054 13.8 Exoplanet

2251 Kepler-1149 "2MASS J19364542+4509056, KIC 8892157, KOI-2224, WISE J193645.40+450905.5" 1.0100 1.0200 3336.58 G2 5833 13.7 Exoplanet

2252 Kepler-1150 "2MASS J19465387+4931577, KIC 11569782, KOI-2225, Kepler-1150 B, WISE J194653.87+493157.7" 0.7200 0.7600 1216.56 K3 4754 12.8 Exoplanet

2253 Kepler-1151 "2MASS J19285947+4752424, KIC 10600955, KOI-2227, WISE J192859.46+475242.4" 0.8500 0.8800 2488.57 G7 5470 13.6 Exoplanet

2254 Kepler-1152 "2MASS J19214416+4406275, KIC 8229458, KOI-2238, WISE J192144.18+440627.9" 0.5300 0.5500 600.13 K7 3964 12.5 Exoplanet

2255 Kepler-1153 "2MASS J19163533+4551582, KIC 9336200, KOI-2242, WISE J191635.33+455158.0" 0.8800 0.9100 3864.95 G7 5470 14.5 Exoplanet

2256 Kepler-1154 "2MASS J19495451+3952380, KIC 4770617, KOI-2243" 1.4300 1.2600 4993.45 F8 6327 13.7 Exoplanet

*2257 Kepler-1155 "2MASS
J19151693+3931221, KIC 4454934, KOI-2245,
WISE J191516.94+393122.3"* 1.0300 1.0300
3219.16 G2 5842 13.6 *Exoplanet*

*2258 Kepler-1156 "2MASS
J19154176+4603274, KIC 9458343, KOI-2246,
WISE J191541.77+460327.3"* 1.0000 1.0000
2475.52 G2 5778 13.1 *Exoplanet*

*2259 Kepler-1157 "2MASS
J18522905+4331323, KIC 7802719, KOI-2247,
WISE J185229.03+433132.2"* 0.7100 0.7600
1128.50 K4 4679 12.7 *Exoplanet*

*2260 Kepler-1158 "2MASS
J19285614+4134307, KIC 6206214, KOI-2252,
WISE J192856.13+413430.7"* 1.9500 1.4100
4103.04 F8 6203 12.5 *Exoplanet*

*2261 Kepler-1159 "2MASS
J19370392+4512155, KIC 8959839, KOI-2253,
WISE J193703.91+451215.3"* 1.2800 1.1900
4037.81 F8 6217 13.5 *Exoplanet*

*2262 Kepler-1160 "2MASS
J19113105+4321506, KIC 7672097, KOI-2255,
WISE J191131.07+432150.9"* 0.8900 0.9200
4217.20 G7 5519 14.6 *Exoplanet*

2263 Kepler-1161 "2MASS J19561850+4526263, KIC 9112931, KOI-2256" 0.5700 0.5900 1395.95 K6 4253 13.9 Exoplanet

2264 Kepler-1162 "2MASS J18531011+4526028, KIC 9071593, KOI-2257, WISE J185310.07+452602.3" 0.8400 0.8900 3225.68 G7 5390 14.2 Exoplanet

2265 Kepler-1163 "2MASS J19205660+5001483, KIC 11811193, KOI-2260, WISE J192056.60+500148.2" 1.3500 1.2200 1588.38 F8 6302 11.3 Exoplanet

2266 Kepler-1164 "2MASS J19100711+3853402, KIC 3734418, KOI-2261, WISE J191007.10+385340.2" 0.7900 0.8500 1457.92 K0 5183 12.7 Exoplanet

2267 Kepler-1165 "2MASS J19075310+4442298, KIC 8613535, KOI-2263, WISE J190753.10+444229.7" 1.1800 1.1300 3525.75 G0 6080 13.4 Exoplanet

2268 Kepler-1166 "2MASS J19212364+5054102, KIC 12256520, KOI-2264, WISE J192123.63+505410.1" 0.8600 0.9000 2113.49 G7 5446 13.2 Exoplanet

2269 Kepler-1167 "2MASS J19531265+4741384, KIC 10489345, KOI-2266, WISE J195312.60+474138.1" 0.7500 0.7900 2645.13 K2 4971 14.3 Exoplanet

2270 Kepler-1168 "2MASS J19091144+4727195, KIC 10329469, KOI-2271, WISE J190911.46+472719.7" 0.8200 0.8700 2971.28 K1 5157 14.1 Exoplanet

2271 Kepler-1169 "2MASS J19393877+4629292, KIC 9717943, KOI-2273, WISE J193938.77+462929.3" 1.2300 1.2400 1754.72 F8 6191 11.7 Exoplanet

2272 Kepler-1170 "2MASS J19284045+4346468, KIC 7960980, KOI-2274, WISE J192840.45+434646.6" 0.7600 0.8000 2971.28 K1 5069 14.5 Exoplanet

2273 Kepler-1171 "2MASS J19395014+3835296, KIC 3458028, KOI-2276, WISE J193950.14+383529.7" 1.9500 1.5800 1698.73 F2 7044 10.8 Exoplanet

2274 Kepler-1172 "2MASS J19215388+3745597, KIC 2439243, KOI-2280, WISE J192153.87+374559.6" 0.8900 0.9200 4213.94 G6 5558 14.6 Exoplanet

2275 Kepler-1173 "2MASS J19323146+4539487, KIC 9221517, KOI-2281, WISE J193231.47+453948.4" 0.8200 0.8600 1311.15 K0 5252 12.4 Exoplanet

2276 Kepler-1174 "2MASS J18471954+4217560, KIC 6751874, KOI-2282, WISE J184719.54+421756.0" 1.0400 1.0400 2703.83 G1 5936 13.2 Exoplanet

2277 Kepler-1175 "2MASS J19163424+4648464, KIC 9945370, KOI-2285, WISE J191634.25+464846.5" 0.8600 0.9000 4057.38 G7 5453 14.6 Exoplanet

2278 Kepler-1176 "2MASS J19514073+4516269, KIC 8973129, KOI-2286, WISE J195140.73+451627.0" 1.0200 1.0100 3336.58 G2 5844 13.8 Exoplanet

2279 Kepler-1177 "2MASS J19064114+4924226, KIC 11498128, KOI-2296, WISE J190641.15+492422.6" 0.9700 0.9800 2703.83 G4 5712 13.3 Exoplanet

2280 Kepler-1178 "2MASS J19134945+4548076, KIC 9334893, KOI-2298, WISE J191349.46+454807.7" 0.7500 0.8000 1095.88 K2 4990 12.3 Exoplanet

2281 Kepler-1179 "2MASS J18562343+4748382, KIC 10583761, KOI-2300, WISE J185623.39+474837.9" 0.8100 0.8400 1480.75 K0 5212 12.7 Exoplanet

2282 Kepler-1180 "2MASS J19433300+4309218, KIC 7542813, KOI-2302, WISE J194332.99+430921.6" 1.1400 1.0900 4187.84 G0 6077 13.9 Exoplanet

2283 Kepler-1181 "2MASS J19185935+3931244, KIC 4458082, KOI-2303, WISE J191859.34+393124.4" 1.3000 1.1700 2827.77 F8 6176 12.6 Exoplanet

2284 Kepler-1182 "2MASS J19451390+4349168, KIC 8042453, KOI-2304, WISE J194513.90+434916.9" 1.0500 1.0400 4103.04 G1 5924 14.1 Exoplanet

2285 Kepler-1183 "2MASS J19285578+3853319, KIC 3749978, KOI-2308, WISE J192855.80+385331.8" 0.9900 1.0000 4494.43 G3 5765 14.5 Exoplanet

2286 Kepler-1184 "2MASS J19250769+4657575, KIC 10010440, KOI-2309, WISE J192507.69+465757.4" 1.0700 1.0500 3891.04 G1 5983 13.9 Exoplanet

2287 Kepler-1185 "2MASS J19085788+3919579, KIC 4247991, KOI-2311, WISE J190857.88+391957.8" 0.8700 0.9600 965.42 G5 5622 11.4 Exoplanet

2288 Kepler-1186 "2MASS J19135511+4706063, KIC 10132832, KOI-2313, WISE J191355.11+470606.2" 0.9300 0.9500 3626.85 G5 5635 14.1 Exoplanet

2289 Kepler-1187 "2MASS J19073408+3819067, KIC 3219995, KOI-2314, WISE J190734.06+381906.5" 1.0900 1.0600 3356.15 G1 5975 13.5 Exoplanet

2290 Kepler-1188 "2MASS J18522492+4308529, KIC 7504778, KOI-2316, WISE J185224.92+430852.9" 1.0600 1.0400 3920.40 G1 5913 13.9 Exoplanet

2291 Kepler-1189 "2MASS J19534232+4756484, KIC 10684670, KOI-2317, WISE J195342.33+475648.5" 1.1600 1.1100 2879.96 G0 6012 13.1 Exoplanet

2292 Kepler-1190 "2MASS J18595990+4928479, KIC 11495458, KOI-2318, WISE J185959.91+492847.9" 0.7200 0.7600 1252.44 K3 4730 12.9 Exoplanet

2293 Kepler-1191 "2MASS J19263786+4800335, KIC 10730703, KOI-2327, WISE J192637.86+480033.4" 0.8100 0.8500 2857.13 K0 5308 14.1 Exoplanet

2294 Kepler-1192 "2MASS J18483373+4353476, KIC 8007644, KOI-2328" 0.8300 0.8600 3613.81 G7 5438 14.5 Exoplanet

2295 Kepler-1193 "2MASS J19123474+5116322, KIC 12401863, KOI-2331, WISE J191234.72+511632.3" 1.2100 1.0800 2266.78 G1 5908 12.4 Exoplanet

2296 Kepler-1194 "2MASS J19264789+3808429, KIC 2990873, KOI-2335, WISE J192647.88+380842.8" 0.9200 0.9400 2009.12 G6 5590 12.9 Exoplanet

2297 Kepler-1195 "2MASS J18572426+4051107, KIC 5599774, KOI-2337, WISE J185724.25+405110.7" 0.7100 0.7400 2648.39 K2 4965 14.4 Exoplanet

2298 Kepler-1196 "2MASS J19292869+4354389, KIC 8099138, KOI-2338, WISE J192928.70+435439.0" 0.9700 0.9800 3085.44 G3 5756 13.6 Exoplanet

2299 Kepler-1197 "2MASS J19264062+4235265, KIC 7033233, KOI-2339, WISE J192640.64+423526.7" 0.7200 0.7800 1647.09 K3 4708 13.5 Exoplanet

2300 Kepler-1198 "2MASS J19152016+4450176, KIC 8681734, KOI-2340, WISE J191520.15+445017.5" 0.9000 0.9300 2534.23 G7 5517 13.5 Exoplanet

2301 Kepler-1199 "2MASS J19345420+4714493, KIC 10212441, KOI-2342, WISE J193454.20+471449.0" 1.1700 0.9400 1761.24 G1 5889 12.0 Exoplanet

2302 Kepler-1200 "2MASS J19462482+4407453, KIC 8247771, KOI-2344" 0.7000 0.7400 1888.44 K4 4612 14.0 Exoplanet

2303 Kepler-1201 "2MASS J19382755+4049594, KIC 5629538, KOI-2345, WISE J193827.55+404959.0" 1.2400 1.1500 3920.40 F8 6177 13.6 Exoplanet

2304 Kepler-1202 "2MASS J19290974+4439117, KIC 8561231, KOI-2346" 1.0400 1.0300 4543.35 G2 5834 14.3 Exoplanet

2305 Kepler-1203 "2MASS J19310561+4410412, KIC 8235924, KOI-2347, WISE J193105.62+441041.1" 0.6100 0.6400 877.36 K6 4105 12.9 Exoplanet

2306 Kepler-1204 "2MASS J19174595+4229532, KIC 6941084, KOI-2348, WISE J191745.96+422953.2" 1.0300 1.0300 4181.32 G2 5825 14.1 Exoplanet

2307 Kepler-1205 "2MASS J19210712+4130541, KIC 6200235, KOI-2350, WISE J192107.07+413054.0" 0.8100 0.8400 2498.35 K0 5226 13.9 Exoplanet

2308 Kepler-1206 "2MASS J19434521+4947281, KIC 11670125, KOI-2355" 0.7500 0.8000 2632.08 K3 4877 14.3 Exoplanet

2309 Kepler-1207 "2MASS J19401541+4921323, KIC 11461844, KOI-2356, WISE J194015.40+492132.2" 1.0600 1.0600 3085.44 G1 5909 13.4 Exoplanet

2310 Kepler-1208 "2MASS J19273150+4433206, KIC 8495415, KOI-2362, WISE J192731.50+443320.6" 0.7600 0.8000 2860.39 K2 5001 14.4 Exoplanet

2311 Kepler-1209 "2MASS J19102037+4909172, KIC 11342416, KOI-2366, WISE J191020.37+490917.1" 1.3800 1.2300 1819.95 F8 6210 11.5 Exoplanet

2312 Kepler-1210 "2MASS J19311971+4813096, KIC 10863608, KOI-2368" 0.9200 0.9400 3767.10 G6 5568 14.3 Exoplanet

2313 Kepler-1211 "2MASS J19025298+4051250, KIC 5602588, KOI-2369, WISE J190252.98+405124.9" 0.9400 0.9600 4846.68 G4 5705 14.8 Exoplanet

2314 Kepler-1212 "2MASS J19472482+5002144, KIC 11824786, KOI-2371, WISE J194724.82+500214.3" 1.1500 1.1000 4253.07 G0 6051 13.9 Exoplanet

2315 Kepler-1213 "2MASS J19175659+5056389, KIC 12254909, KOI-2372, WISE J191756.59+505639.1" 1.2100 1.1400 2234.17 G0 6050 12.4 Exoplanet

2316 Kepler-1214 "2MASS J19003423+4948024, KIC 11701407, KOI-2376, WISE J190034.22+494802.3" 0.8000 0.8500 2469.00 K1 5130 13.8 Exoplanet

2317   Kepler-1215   "2MASS J19495126+4810530, KIC 10813132, KOI-2378, WISE J194951.27+481053.1"   0.9300   0.9500   2286.35   G6   5616   13.2   Exoplanet

2318   Kepler-1216   "2MASS J19093727+4555048, KIC 9395024, KOI-2383, WISE J190937.27+455504.7"   0.9800   0.9900   3665.99   G3   5743   14.0   Exoplanet

2319   Kepler-1217   "2MASS J19164480+5056152, KIC 12254378, KOI-2387, WISE J191644.80+505615.2"   1.0800   1.0600   4445.51   G1   5905   14.1   Exoplanet

2320   Kepler-1218   "2MASS J19261895+4431541, KIC 8494617, KOI-2389, WISE J192618.93+443154.0"   1.1000   1.0600   2175.46   G1   5986   12.5   Exoplanet

2321   Kepler-1219   "2MASS J19485179+4722426, KIC 10289119, KOI-2390, WISE J194851.79+472242.6"   1.9400   1.2500   2028.69   G1   5944   11.1   Exoplanet

2322   Kepler-1220   "2MASS J19481688+4258398, KIC 7382313, KOI-2392"   0.9900   1.0000   3124.57   G2   5842   13.7   Exoplanet

2323 Kepler-1221 "2MASS J19031736+4542428, KIC 9269042, KOI-2397, WISE J190317.37+454242.6" 0.8200 0.8700 2964.76 K0 5194 14.1 Exoplanet

2324 Kepler-1222 "2MASS J19393351+4922471, KIC 11461433, KOI-2399, WISE J193933.50+492247.3" 0.8000 0.8400 1484.01 K0 5239 12.7 Exoplanet

2325 Kepler-1223 "2MASS J19011098+4433099, KIC 8481129, KOI-2402, WISE J190110.96+443309.9" 0.7500 0.8000 1484.01 K3 4870 13.1 Exoplanet

2326 Kepler-1224 "2MASS J19063018+3732142, KIC 2142522, KOI-2403, WISE J190630.17+373214.3" 1.2200 1.1800 1885.18 G0 6155 11.9 Exoplanet

2327 Kepler-1225 "2MASS J19223199+4008131, KIC 5007345, KOI-2406, WISE J192231.98+400813.1" 1.1900 1.1300 4047.60 G0 6140 13.7 Exoplanet

2328 Kepler-1226 "2MASS J19453045+5037172, KIC 12120484, KOI-2407, WISE J194530.44+503717.3" 1.0200 1.0200 2540.76 G1 5923 13.1 Exoplanet

2329 Kepler-1227 "2MASS J19081593+4152296, KIC 6429812, KOI-2408, WISE J190815.94+415229.7" 0.9500 0.9700 2175.46 G3 5747 13.0 Exoplanet

2330 Kepler-1228 "2MASS J19461273+4657586, KIC 10024051, KOI-2409, WISE J194612.68+465758.3" 0.7400 0.7800 1784.07 K1 5063 13.4 Exoplanet

2331 Kepler-1229 "2MASS J19495680+4659481, KIC 10027247, KOI-2418, WISE J194956.83+465948.1" 0.5100 0.5400 769.73 M0 3784 13.2 Exoplanet

2332 Kepler-1230 "2MASS J18530348+4142412, KIC 6343170, KOI-2419, WISE J185303.48+414241.2" 1.0800 1.0600 4673.82 G1 5961 14.2 Exoplanet

2333 Kepler-1231 "2MASS J19142120+4236203, KIC 7107802, KOI-2420, WISE J191421.19+423620.4" 1.0000 1.0100 3091.96 G2 5778 13.6 Exoplanet

2334 Kepler-1232 "2MASS J19461201+4906083, KIC 11360805, KOI-2422" 0.8900 0.9200 2413.55 G7 5471 13.5 Exoplanet

*2335 Kepler-1233 "2MASS
J19493002+4639439, KIC 9845898, KOI-2423,
WISE J194930.01+463944.1" 1.2500 1.1600
4178.06 F8 6198 13.6 Exoplanet*

*2336 Kepler-1234 "2MASS
J19100528+5122331, KIC 12453581, KOI-2424,
WISE J191005.26+512233.3" 0.7600 0.8000
2824.51 K2 4967 14.4 Exoplanet*

*2337 Kepler-1235 "2MASS
J18593672+4357142, KIC 8081899, KOI-2426,
WISE J185936.71+435714.7" 0.9000 0.9300
1738.41 G7 5541 12.6 Exoplanet*

*2338 Kepler-1236 "2MASS
J19422992+4232452, KIC 7047363, KOI-2432,
WISE J194229.93+423245.1" 0.8200 0.8600
3515.96 K0 5337 14.6 Exoplanet*

*2339 Kepler-1237 "2MASS
J19423102+4441262, KIC 8570333, KOI-2436,
WISE J194231.02+444126.1" 0.9000 0.9400
3656.21 G7 5472 14.3 Exoplanet*

*2340 Kepler-1238 "2MASS
J19513739+4009462, KIC 5036705, KOI-2437,
WISE J195137.39+400946.1" 1.4800 1.3000
4999.97 F7 6386 13.6 Exoplanet*

2341 Kepler-1239 "2MASS J19323057+4219123, KIC 6867555, KOI-2439" 1.5700 1.4000 8189.78 F6 6564 14.3 Exoplanet

2342 Kepler-1240 "2MASS J18515993+4033268, KIC 5339567, KOI-2440, WISE J185159.94+403326.7" 0.9600 0.9800 2002.60 G4 5682 12.8 Exoplanet

2343 Kepler-1241 "2MASS J19381829+3827251, KIC 3354846, KOI-2444" 0.8000 0.8400 3052.82 K0 5261 14.3 Exoplanet

2344 Kepler-1242 "2MASS J18582549+4111469, KIC 5857540, KOI-2448, WISE J185825.50+411147.1" 0.7400 0.7700 2224.38 K2 4895 14.0 Exoplanet

2345 Kepler-1243 "2MASS J19360227+4252507, KIC 7289317, KOI-2450, WISE J193602.26+425250.7" 0.9400 0.9600 2860.39 G5 5667 13.6 Exoplanet

2346 Kepler-1244 "2MASS J18491229+4630583, KIC 9753154, KOI-2457, WISE J184912.29+463058.2" 1.7700 1.4600 2491.83 F5 6680 11.5 Exoplanet

2347 Kepler-1245 "2MASS J19225863+4315387, KIC 7604328, KOI-2458, WISE J192258.64+431538.7" 0.8300 0.8600 2808.20 K0 5306 14.0 Exoplanet

2348 Kepler-1246 "2MASS J19103777+4858557, KIC 11236244, KOI-2460, WISE J191037.74+485855.8" 0.6900 0.7300 1418.78 K4 4611 13.3 Exoplanet

2349 Kepler-1247 "2MASS J19380805+4637057, KIC 9837685, KOI-2461, WISE J193808.06+463705.7" 0.8200 0.8600 3568.15 K0 5303 14.5 Exoplanet

2350 Kepler-1248 "2MASS J19121423+5121160, KIC 12454461, KOI-2463, WISE J191214.22+512115.9" 1.2100 1.2100 1761.24 G0 6149 11.8 Exoplanet

2351 Kepler-1249 "2MASS J19473476+4422184, KIC 8380709, KOI-2468, WISE J194734.76+442218.2" 1.2800 1.1900 5459.85 F8 6202 14.2 Exoplanet

2352 Kepler-1250 "2MASS J19111052+4558488, KIC 9395719, KOI-2472" 0.9800 0.9900 4471.60 G4 5717 14.4 Exoplanet

*2353 Kepler-1251 "2MASS
J19282763+4915231, KIC 11403389, KOI-2482,
WISE J192827.62+491523.1" 0.8900 0.9200
2814.73 G7 5545 13.7 Exoplanet*

*2354 Kepler-1252 "2MASS
J19554807+4641340, KIC 9851662, KOI-2483,
WISE J195548.08+464134.1" 1.0900 1.0600
2700.57 G1 5949 13.2 Exoplanet*

*2355 Kepler-1253 "2MASS
J18553242+4738139, KIC 10453588, KOI-2484,
WISE J185532.44+473813.8" 1.1000 0.9700
1272.01 G2 5850 11.4 Exoplanet*

*2356 Kepler-1254 "2MASS
J19004159+4846121, KIC 11125613, KOI-2485,
WISE J190041.59+484612.0" 0.7500 0.7800
2204.81 K2 4985 13.9 Exoplanet*

*2357 Kepler-1255 "2MASS
J19405742+4243353, KIC 7212184, KOI-2487,
WISE J194057.42+424335.3" 1.1200 1.0800
4383.54 G0 6018 14.0 Exoplanet*

*2358 Kepler-1256 "2MASS
J19255383+4441006, KIC 8559152, KOI-2488,
WISE J192553.82+444100.3" 1.3600 1.1700
2811.46 G0 6129 12.5 Exoplanet*

2359 Kepler-1257 "2MASS J19441816+4537374, KIC 9229657, KOI-2491, WISE J194418.15+453737.2" 0.8700 0.9000 3525.75 G7 5502 14.3 Exoplanet

2360 Kepler-1258 "2MASS J19013718+4959410, KIC 11752632, KOI-2492, WISE J190137.18+495941.2" 0.9900 0.9900 2123.28 G2 5839 12.8 Exoplanet

2361 Kepler-1259 "2MASS J19512195+4658036, KIC 10028535, KOI-2493, WISE J195121.90+465803.7" 0.7700 0.8000 2296.14 K1 5053 13.9 Exoplanet

2362 Kepler-1260 "2MASS J19422190+4233188, KIC 7047207, KOI-2494" 1.0800 1.0600 3395.28 G1 5961 13.6 Exoplanet

2363 Kepler-1261 "2MASS J19005578+4848241, KIC 11179076, KOI-2497, WISE J190055.77+484823.9" 0.7700 0.8200 2592.94 K2 5006 14.1 Exoplanet

2364 Kepler-1262 "2MASS J19150523+4212475, KIC 6767840, KOI-2506, WISE J191505.23+421247.5" 0.9800 0.9900 3760.58 G3 5771 14.1 Exoplanet

2365 Kepler-1263 "2MASS J19055607+4645094, KIC 9880190, KOI-2509" 0.8000 0.8400 2266.78 K0 5213 13.6 Exoplanet

2366 Kepler-1264 "2MASS J19193225+4512414, KIC 8947520, KOI-2517, WISE J191932.25+451241.5" 0.9800 0.9900 2654.91 G2 5791 13.3 Exoplanet

2367 Kepler-1265 "2MASS J18582058+4704463, KIC 10059645, KOI-2520, WISE J185820.58+470446.4" 0.6900 0.7100 1894.97 K4 4630 13.9 Exoplanet

2368 Kepler-1266 "2MASS J19032862+4243411, KIC 7183745, KOI-2521" 0.7600 0.8000 2938.67 K1 5044 14.4 Exoplanet

2369 Kepler-1267 "2MASS J19564068+4326279, KIC 7778767, KOI-2523" 1.2000 1.1500 5309.82 G0 6096 14.4 Exoplanet

2370 Kepler-1268 "2MASS J19112123+4309116, KIC 7515762, KOI-2524, WISE J191121.22+430911.5" 1.0900 1.0600 4585.75 G1 5904 14.2 Exoplanet

2371 Kepler-1269 "2MASS J19111333+4520259, KIC 9011825, KOI-2530, WISE J191113.33+452025.9" 1.1500 1.1000 2315.71 G0 5998 12.5 Exoplanet

2372 Kepler-1270 "2MASS J19065175+4838430, KIC 11074835, KOI-2533, WISE J190651.75+483842.9" 3.3800 1.2800 3926.92 K1 5047 11.8 Exoplanet

2373 Kepler-1271 "2MASS J19052262+3724431, KIC 1996180, KOI-2534, WISE J190522.63+372442.8" 1.2300 1.1300 2886.48 G0 6143 12.9 Exoplanet

2374 Kepler-1272 "2MASS J19005276+3848211, KIC 3728701, KOI-2536, WISE J190052.74+384821.0" 1.0900 1.0600 2922.36 G1 5926 13.2 Exoplanet

2375 Kepler-1273 "2MASS J19031277+4452243, KIC 8676148, KOI-2544" 0.9100 0.9400 4419.41 G6 5566 14.6 Exoplanet

2376 Kepler-1274 "2MASS J18582249+4626591, KIC 9696358, KOI-2545, WISE J185822.48+462659.1" 2.1700 1.4500 1986.29 F8 6179 10.8 Exoplanet

2377 Kepler-1275 "2MASS J19340011+4455568, KIC 8757824, KOI-2552, WISE J193400.11+445556.8" 1.3600 1.2300 4174.80 F8 6296 13.4 Exoplanet

2378 Kepler-1276 "2MASS J19112568+4032498, KIC 5350244, KOI-2555, WISE J191125.68+403249.8" 1.2100 1.1400 1914.54 F8 6188 11.9 Exoplanet

2379 Kepler-1277 "2MASS J19402457+4034206, KIC 5374403, KOI-2556, WISE J194024.59+403420.5" 0.9200 0.9400 1976.51 G6 5578 12.9 Exoplanet

2380 Kepler-1278 "2MASS J18514966+4249322, KIC 7259298, KOI-2561, WISE J185149.66+424932.1" 1.1600 1.1100 2423.34 G0 6074 12.6 Exoplanet

2381 Kepler-1279 "2MASS J19122295+4021574, KIC 5175024, KOI-2563, WISE J191222.94+402157.3" 1.3300 1.2100 3317.01 F8 6221 12.9 Exoplanet

2382 Kepler-1280 "2MASS J19341774+4523043, KIC 9026749, KOI-2564, WISE J193417.73+452304.2" 1.3200 1.2000 3281.13 F8 6227 13.0 Exoplanet

2383 Kepler-1281 "2MASS J19412506+4830554, KIC 11037511, KOI-2580, WISE J194125.05+483055.2" 0.8300 0.8700 3555.10 G7 5353 14.5 Exoplanet

2384 Kepler-1282 "2MASS J19204228+4641540, KIC 9827149, KOI-2586, WISE J192042.29+464153.8" 0.8900 0.9200 3672.52 G7 5504 14.3 Exoplanet

2385 Kepler-1283 "2MASS J19415096+4046371, KIC 5546691, KOI-2587, WISE J194150.96+404636.8" 1.2500 1.1600 4735.79 G0 6175 13.9 Exoplanet

2386 Kepler-1284 "2MASS J19250696+4741155, KIC 10468885, KOI-2589" 0.7900 0.8400 2778.85 K1 5123 14.2 Exoplanet

2387 Kepler-1285 "2MASS J18472048+4409213, KIC 8212002, KOI-2593, WISE J184720.48+440921.2" 1.2800 1.2000 1187.21 G0 6170 10.8 Exoplanet

2388 Kepler-1286 "2MASS J18410201+4350087, KIC 8004903, KOI-2594, WISE J184102.00+435008.7" 0.9800 1.0000 3750.79 G3 5753 14.0 Exoplanet

*2389 Kepler-1287 "2MASS
J19163231+4703467, KIC 10068659, KOI-2602,
WISE J191632.31+470346.8" 0.9400 0.9600
3349.62 G4 5715 13.9 Exoplanet*

*2390 Kepler-1288 "2MASS
J19025123+4136211, KIC 6269070, KOI-2608,
WISE J190251.23+413621.1" 1.2900 1.2000
2332.02 G0 6132 12.2 Exoplanet*

*2391 Kepler-1289 "2MASS
J19453331+4102260, KIC 5807769, KOI-2614,
WISE J194533.30+410225.9" 1.1700 1.1000
3453.99 G0 6080 13.4 Exoplanet*

*2392 Kepler-1290 "2MASS
J19224445+4351346, KIC 8025596, KOI-2615,
WISE J192244.46+435134.7" 0.9300 0.9500
4308.52 G5 5660 14.5 Exoplanet*

*2393 Kepler-1291 "2MASS
J19173048+4000041, KIC 4915638, KOI-2617,
WISE J191730.51+400003.6" 0.8000 0.8400
3202.85 K0 5216 14.4 Exoplanet*

*2394 Kepler-1292 "2MASS
J18593737+4356569, KIC 8081905, KOI-2619,
WISE J185937.37+435657.1" 0.9300 0.9500
4585.75 G6 5556 14.7 Exoplanet*

2395 Kepler-1293 "2MASS J19200622+4820094, KIC 10916600, KOI-2623, WISE J192006.21+482009.3" 1.2800 1.1800 2511.40 F8 6241 12.4 Exoplanet

2396 Kepler-1294 "2MASS J19250434+4429174, KIC 8429314, KOI-2624" 0.9700 0.9900 3652.95 G2 5776 14.0 Exoplanet

2397 Kepler-1295 "2MASS J19253548+4535188, KIC 9153570, KOI-2625, WISE J192535.48+453518.8" 0.8900 0.9200 4099.78 G7 5486 14.6 Exoplanet

2398 Kepler-1296 "2MASS J19283004+4124281, KIC 6124512, KOI-2627, WISE J192830.02+412428.1" 0.8300 0.8700 2058.04 G7 5359 13.3 Exoplanet

2399 Kepler-1297 "2MASS J19194956+4701134, KIC 10070468, KOI-2628, WISE J191949.55+470113.2" 0.9900 0.9900 3248.51 G2 5818 13.7 Exoplanet

2400 Kepler-1298 "2MASS J18574145+4906224, KIC 11337566, KOI-2632, WISE J185741.45+490622.3" 2.0000 1.4500 1624.26 F8 6339 10.4 Exoplanet

2401 Kepler-1299 "2MASS J19043603+3724409, KIC 1995519, KOI-2634" 0.9100 0.9400 4409.63 G6 5609 14.6 Exoplanet

2402 Kepler-1300 "2MASS J19160792+4005127, KIC 4914566, KOI-2635, WISE J191607.92+400512.8" 1.7900 1.2900 2469.00 G0 6130 11.7 Exoplanet

2403 Kepler-1301 "2MASS J19062500+4226251, KIC 6933567, KOI-2643, WISE J190625.00+422625.1" 0.8100 0.8500 2661.43 K0 5188 14.0 Exoplanet

2404 Kepler-1302 "2MASS J19235741+5018290, KIC 11962284, KOI-2647, WISE J192357.41+501829.0" 0.8200 0.8600 2371.15 K0 5236 13.7 Exoplanet

2405 Kepler-1303 "2MASS J18570891+4221202, KIC 6842682, KOI-2649, WISE J185708.91+422120.1" 1.0000 1.0100 2951.71 G3 5771 13.5 Exoplanet

2406 Kepler-1304 "2MASS J19010634+3926488, KIC 4346178, KOI-2652, WISE J190106.32+392648.6" 0.8100 0.8500 2224.38 K0 5259 13.6 Exoplanet

2407 Kepler-1305 "2MASS J19492146+4620501, KIC 9664142, KOI-2654, WISE J194921.45+462050.2" 0.9600 0.9700 4380.28 G4 5701 14.5 Exoplanet

2408 Kepler-1306 "2MASS J19375480+4656451, KIC 10018233, KOI-2655, WISE J193754.80+465645.1" 0.9700 0.9800 3685.56 G3 5727 14.1 Exoplanet

2409 Kepler-1307 "2MASS J19312876+4644306, KIC 9893318, KOI-2660" 1.0800 1.0600 4553.14 G1 5884 14.2 Exoplanet

2410 Kepler-1308 "2MASS J19034293+3831155, KIC 3426367, KOI-2662, WISE J190342.91+383114.8" 0.3400 0.3500 238.09 M4 3468 11.9 Exoplanet

2411 Kepler-1309 "2MASS J19545645+4045509, KIC 5562090, KOI-2664, WISE J195456.44+404551.1" 0.8000 0.8500 2756.02 K0 5235 14.1 Exoplanet

2412 Kepler-1310 "2MASS J18554080+4044244, KIC 5513012, KOI-2668, WISE J185540.80+404424.2" 0.8800 0.9100 1901.49 G6 5549 12.9 Exoplanet

2413 Kepler-1311 "2MASS J19183630+4349279, KIC 8022489, KOI-2674, WISE J191836.30+434927.9" 1.4000 1.0500 2299.40 G3 5748 12.2 Exoplanet

2414 Kepler-1312 "2MASS J19315309+4102087, KIC 5794570, KOI-2675, WISE J193153.09+410208.8" 0.9200 0.9900 994.78 G4 5719 11.3 Exoplanet

2415 Kepler-1313 "2MASS J19293325+4213597, KIC 6779260, KOI-2678, WISE J192933.25+421359.7" 0.8500 0.9200 609.91 G7 5453 10.5 Exoplanet

2416 Kepler-1314 "2MASS J19365710+4511503, KIC 8892303, KOI-2688" 0.5900 0.6000 1506.84 K6 4188 14.1 Exoplanet

2417 Kepler-1315 "2MASS J19431714+4603109, KIC 9475552, KOI-2694, WISE J194317.17+460310.6" 0.7500 0.8000 1647.09 K3 4861 13.3 Exoplanet

2418 Kepler-1316 "2MASS J19552061+4017353, KIC 5128673, KOI-2698, WISE J195520.59+401735.0" 1.1200 1.0400 2455.95 G1 5884 12.8 Exoplanet

2419 Kepler-1317 "2MASS J19262685+4206574, KIC 6690836, KOI-2699, WISE J192626.83+420657.5" 0.7900 0.8300 2393.99 K1 5144 13.8 Exoplanet

2420 Kepler-1318 "2MASS J19213031+4109026, KIC 5871985, KOI-2703" 0.7000 0.7300 1549.24 K4 4598 13.5 Exoplanet

2421 Kepler-1319 "KIC 11453592, KOI-2705 A, 2MASS J19234945+4921587, KOI-2705, Kepler-1319 A, WISE J192349.49+492159.9" 0.5400 0.5600 371.82 M2 3655 11.6 Exoplanet

2422 Kepler-1320 "2MASS J19134406+4022511, KIC 5175986, KOI-2708, WISE J191344.06+402250.8" 0.7400 0.8000 2514.66 K3 4817 14.2 Exoplanet

2423 Kepler-1321 "2MASS J19380686+4638274, KIC 9837661, KOI-2715, WISE J193806.88+463827.6" 0.5300 0.5400 1784.07 K7 4094 14.8 Exoplanet

2424 Kepler-1322 "2MASS J19324908+4526074, KIC 9092504, KOI-2716, WISE J193249.07+452607.4" 0.8700 0.9000 3969.32 G7 5488 14.6 Exoplanet

2425 Kepler-1323 "2MASS J19312934+4605559, KIC 9467404, KOI-2717, WISE J193129.34+460555.6" 1.4000 1.1800 1728.63 G0 6169 11.4 Exoplanet

2426 Kepler-1324 "2MASS J19244439+4018403, KIC 5184911, KOI-2719, WISE J192444.38+401840.3" 0.7300 0.7800 1702.53 K3 4776 13.5 Exoplanet

2427 Kepler-1325 "2MASS J19000413+4205073, KIC 6587105, KOI-2721, WISE J190004.11+420507.1" 0.9100 0.9300 3114.79 G6 5550 13.9 Exoplanet

2428 Kepler-1326 "2MASS J19445331+3916082, KIC 4178606, KOI-2728" 1.7400 1.4500 2968.02 F5 6725 12.0 Exoplanet

2429 Kepler-1327 "2MASS J19161556+5027395, KIC 12008872, KOI-2729, WISE J191615.52+502739.4" 1.0300 1.0200 2243.95 G1 5885 12.8 Exoplanet

2430 Kepler-1328 "2MASS J18584209+4425039, KIC 8415200, KOI-2730, WISE J185842.09+442503.8" 0.9900 1.0000 2054.78 G2 5780 12.7 Exoplanet

2431 Kepler-1329 "2MASS J18463546+4816157, KIC 10842192, KOI-2736, WISE J184635.44+481615.5" 0.6900 0.7200 2035.21 K5 4500 14.2 Exoplanet

2432 Kepler-1330 "2MASS J19221841+3957248, KIC 4831728, KOI-2739, WISE J192218.40+395724.8" 0.9400 0.9700 3062.60 G6 5608 13.8 Exoplanet

2433 Kepler-1331 "2MASS J19481770+4113281, KIC 5980208, KOI-2742, WISE J194817.70+411328.0" 0.6900 0.7200 1190.47 K4 4508 13.1 Exoplanet

2434 Kepler-1332 "2MASS J19240686+4354492, KIC 8095441, KOI-2743, WISE J192406.86+435449.2" 0.9000 0.9500 1679.70 G6 5581 12.6 Exoplanet

2435 Kepler-1333 "2MASS J19340661+4106411, KIC 5881813, KOI-2744, WISE J193406.56+410640.8" 0.9200 0.9400 3124.57 G5 5628 13.9 Exoplanet

2436 Kepler-1334 "2MASS J19171475+5119151, KIC 12456601, KOI-2745, WISE J191714.75+511915.1" 0.9100 0.9400 3414.85 G6 5614 14.1 Exoplanet

2437 Kepler-1335 "2MASS J18592121+4204135, KIC 6586746, KOI-2747" 0.7400 0.7700 2048.26 K2 4903 13.8 Exoplanet

2438 Kepler-1336 "2MASS J19450665+4653594, KIC 9962455, KOI-2748, WISE J194506.64+465359.3" 1.3000 0.9400 2681.00 G7 5512 12.8 Exoplanet

2439 Kepler-1337 "2MASS J19080218+4647459, KIC 9881077, KOI-2751, WISE J190802.18+464746.0" 0.6700 0.7000 1917.80 K4 4523 14.1 Exoplanet

2440 Kepler-1338 "2MASS J18561016+4141569, KIC 6265792, KOI-2753, WISE J185610.14+414156.6" 1.0500 1.0400 2018.91 G1 5909 12.5 Exoplanet

2441 Kepler-1339 "2MASS J18545899+4822242, KIC 10905911, KOI-2754, WISE J185458.97+482224.4" 0.9300 0.9400 870.84 G6 5586 11.0 Exoplanet

2442 Kepler-1340 "2MASS J19445587+4228220, KIC 6964929, KOI-2756, WISE J194455.87+422822.0" 1.4200 1.2700 4634.68 F8 6331 13.6 Exoplanet

2443 Kepler-1341 "2MASS J18420282+4409336, KIC 8210018, KOI-2762, Kepler-1341 A, WISE J184202.80+440933.6" 0.7200 0.7900 1519.89 K4 4662 13.3 Exoplanet

2444 Kepler-1342 "2MASS J19480481+4325571, KIC 7769819, KOI-2778" 0.9000 0.9300 3069.13 G7 5527 14.0 Exoplanet

2445 Kepler-1343 "2MASS J19371068+5043313, KIC 12164564, KOI-2780, WISE J193710.68+504331.3" 0.9300 0.9500 4262.86 G3 5759 14.5 Exoplanet

2446 Kepler-1344 "2MASS J19082071+4656449, KIC 10001368, KOI-2785, WISE J190820.70+465644.8" 1.1300 1.0900 2775.59 G1 5981 13.0 Exoplanet

2447 Kepler-1345 "2MASS J19295471+4601222, KIC 9466429, KOI-2786, WISE J192954.70+460122.2" 1.5500 1.3200 3796.46 F7 6449 12.8 Exoplanet

2448 Kepler-1346 "2MASS J19272191+4510450, KIC 8885643, KOI-2789, WISE J192721.91+451045.0" 1.2100 1.1400 3662.73 G0 6133 13.4 Exoplanet

2449 Kepler-1347 "2MASS J19583830+4050378, KIC 5652893, KOI-2790, WISE J195838.30+405037.8" 0.7900 0.8200 1046.96 K0 5193 12.0 Exoplanet

2450 Kepler-1348 "2MASS J19282099+4947195, KIC 11662184, KOI-2791, WISE J192820.98+494719.4" 1.0400 1.0400 3369.19 G1 5911 13.6 Exoplanet

2451 Kepler-1349 "2MASS J19052120+4844387, KIC 11127479, KOI-2792, WISE J190521.23+484439.2" 1.2800 1.1600 848.01 G0 6086 10.1 Exoplanet

2452 Kepler-1350 "2MASS J19130013+4640465, KIC 9823519, KOI-2793, WISE J191300.14+464046.2" 0.5300 0.5500 1141.55 M0 3827 14.0 Exoplanet

2453 Kepler-1351 "2MASS J19342609+4211516, KIC 6697756, KOI-2798, WISE J193426.04+421152.1" 0.6700 0.7000 786.04 K5 4439 12.2 Exoplanet

2454 Kepler-1352 "2MASS J19224649+4842053, KIC 11135308, KOI-2805, WISE J192246.50+484205.2" 1.1600 1.1100 2077.61 G0 6118 12.2 Exoplanet

2455 Kepler-1353 "2MASS J19425648+4234345, KIC 7047824, KOI-2806" 0.7200 0.7600 1943.89 K3 4776 13.8 Exoplanet

2456 Kepler-1354 "2MASS J19245884+3745326, KIC 2442448, KOI-2812, WISE J192458.83+374532.6" 1.2400 1.1600 3447.47 G0 6168 13.3 Exoplanet

2457 Kepler-1355 "2MASS J18545793+4904047, KIC 11283615, KOI-2816, WISE J185457.93+490404.7" 0.8300 0.8800 3140.88 G7 5352 14.2 Exoplanet

2458 Kepler-1356 "2MASS J19235888+4314381, KIC 7605093, KOI-2817" 0.7800 0.8200 2873.43 K1 5106 14.3 Exoplanet

2459 Kepler-1357 "2MASS J19261154+5021119, KIC 11963206, KOI-2820, WISE J192611.53+502111.7" 0.9000 0.9300 3346.36 G6 5597 14.1 Exoplanet

2460 Kepler-1358 "2MASS J19044093+4300320, KIC 7428736, KOI-2827, WISE J190440.96+430032.1" 0.7900 0.8200 1819.95 K0 5181 13.2 Exoplanet

2461 Kepler-1359 "2MASS J19180931+4153341, KIC 6436029, KOI-2828, WISE J191809.31+415334.0" 0.7200 0.7800 2181.98 K3 4709 14.0 Exoplanet

2462 Kepler-1360 "2MASS J20012257+4537235, KIC 9244508, KOI-2830, WISE J200122.56+453723.4" 1.8300 1.5100 4582.49 F4 6778 12.9 Exoplanet

2463 Kepler-1361 "2MASS J18541567+4654153, KIC 9995402, KOI-2832, WISE J185415.68+465415.4" 0.7900 0.8300 1317.67 K1 5131 12.5 Exoplanet

2464 Kepler-1362 "2MASS J19140925+4052375, KIC 5609593, KOI-2834, WISE J191409.25+405237.5" 0.7400 0.8000 2501.62 K3 4857 14.2 Exoplanet

2465 Kepler-1363 "2MASS J19475917+4915231, KIC 11414465, KOI-2836, WISE J194759.17+491522.8" 0.7200 0.7600 1823.21 K3 4839 13.7 Exoplanet

2466 Kepler-1364 "2MASS J19403652+4935153, KIC 11565924, KOI-2837, WISE J194036.52+493515.3" 1.7900 1.4900 3747.53 F4 6805 12.3 Exoplanet

2467 Kepler-1365 "2MASS J19284793+4202459, KIC 6607357, KOI-2838, WISE J192847.92+420245.6" 1.0500 1.0000 1764.50 G3 5770 12.3 Exoplanet

2468 Kepler-1366 "2MASS J19001557+4133175, KIC 6186964, KOI-2839" 0.6000 0.6200 1288.32 K7 4070 13.8 Exoplanet

Thousands upon thousands of stars illuminate this breathtaking image of star cluster Liller 1, imaged with Hubble's Wide Field Camera 3. This stellar system, located 30,000 light-years from Earth, formed stars over 11 billion years!

ref [https://www.nasa.gov/content/discoveries-hubbles-star-clusters]

2469   Kepler-1367   "2MASS J19133996+4752434, KIC 10591855, KOI-2845, WISE J191339.99+475243.4"   0.6000   0.6200   1164.38   K6   4106   13.5   Exoplanet

2470   Kepler-1368   "2MASS J19390407+4138408, KIC 6294819, KOI-2852, WISE J193904.03+413841.0"   1.0800   1.0700   5707.73   G1   5906   14.7   Exoplanet

2471 Kepler-1369 "2MASS J19031133+4056102, KIC 5688910, KOI-2856, WISE J190311.33+405610.2" 0.9900 0.9900 4031.29 G3 5761 14.2 Exoplanet

2472 Kepler-1370 "2MASS J18581576+4146425, KIC 6345732, KOI-2857, WISE J185815.74+414642.3" 1.2900 1.1900 2863.65 F8 6202 12.7 Exoplanet

2473 Kepler-1371 "2MASS J19151953+4733071, KIC 10397751, KOI-2859, WISE J191519.53+473307.1" 0.8300 0.8700 1467.70 G7 5361 12.5 Exoplanet

2474 Kepler-1372 "2MASS J19153279+4450223, KIC 8681833, KOI-2865, WISE J191532.79+445022.1" 0.9700 0.9800 3786.67 G5 5677 14.1 Exoplanet

2475 Kepler-1373 "2MASS J19030049+3914571, KIC 4138951, KOI-2866, WISE J190300.48+391457.0" 1.3300 1.2200 3626.85 F8 6299 13.1 Exoplanet

2476 Kepler-1374 "2MASS J19252399+4510201, KIC 8884274, KOI-2868, WISE J192523.99+451020.2" 0.8100 0.8500 3701.87 K0 5323 14.6 Exoplanet

2477 Kepler-1375 "2MASS J19451045+4324117, KIC 7767162, KOI-2869, WISE J194510.44+432411.6" *1.7800* *1.4700* *4037.81 F5 6704 12.7 Exoplanet*

2478 Kepler-1376 "2MASS J19075002+4232289, KIC 7019524, KOI-2877, WISE J190750.02+423229.0" *0.9700* *0.9800* *2817.99 G5 5659 13.4 Exoplanet*

2479 Kepler-1377 "2MASS J19164690+4639061, KIC 9825174, KOI-2880, WISE J191646.78+463905.5" *0.8200* *0.8600* *3323.53 K0 5218 14.3 Exoplanet*

2480 Kepler-1378 "2MASS J19492959+4021590, KIC 5209845, KOI-2883" *0.6700* *0.7000* *1833.00 K5 4407 14.1 Exoplanet*

2481 Kepler-1379 "2MASS J19344091+4124368, KIC 6129524, KOI-2886, WISE J193440.85+412437.3" *0.7900* *0.8300* *3101.74 K0 5188 14.4 Exoplanet*

2482 Kepler-1380 "2MASS J19122785+4226255, KIC 6937402, KOI-2894, WISE J191227.84+422625.4" *0.9400* *0.9600* *3943.23 G6 5570 14.3 Exoplanet*

2483 Kepler-1381 "2MASS J19100858+4843400, KIC 11129258, KOI-2898, WISE J191008.58+484340.0" 0.9400 0.9600 4259.60 G3 5747 14.4 Exoplanet

2484 Kepler-1382 "2MASS J19413057+3902529, KIC 3969687, KOI-2904, WISE J194130.58+390253.0" 1.7200 1.3600 2380.94 G0 6161 11.7 Exoplanet

2485 Kepler-1383 "2MASS J19514674+4211307, KIC 6716545, KOI-2906, WISE J195146.74+421130.7" 1.4400 1.2600 3134.36 F7 6370 12.7 Exoplanet

2486 Kepler-1384 "2MASS J19445164+3931373, KIC 4483138, KOI-2910" 0.7400 0.7800 2015.64 K2 4919 13.8 Exoplanet

2487 Kepler-1385 "2MASS J18503152+4628519, KIC 9693006, KOI-2913, WISE J185031.52+462851.7" 1.2900 1.1500 1718.84 G3 5732 11.7 Exoplanet

2488 Kepler-1386 "2MASS J18431761+4238097, KIC 7090524, KOI-2920, WISE J184317.60+423809.7" 1.0300 1.0200 2733.19 G3 5733 13.2 Exoplanet

2489 Kepler-1387 "2MASS J19294569+4312339, KIC 7609553, KOI-2924, WISE J192945.69+431233.6" 0.7700 0.8200 1601.43 K1 5046 13.1 Exoplanet

2490 Kepler-1388 "2MASS J18532065+4710283, KIC 10122538, KOI-2926, WISE J185320.64+471028.1" 0.6100 0.6300 1604.69 K7 4098 14.2 Exoplanet

2491 Kepler-1389 "2MASS J19025218+4445303, KIC 8611257, KOI-2931, WISE J190252.18+444530.1" 0.7400 0.8100 1699.27 K1 5078 13.2 Exoplanet

2492 Kepler-1390 "2MASS J19543896+4814555, KIC 10880507, KOI-2936, WISE J195438.97+481455.8" 0.9800 0.9800 2478.79 G3 5753 13.2 Exoplanet

2493 Kepler-1391 "2MASS J19391944+4639345, KIC 9838468, KOI-2943, WISE J193919.43+463934.4" 1.1000 1.0300 2351.58 G2 5840 12.7 Exoplanet

2494 Kepler-1392 "2MASS J19150407+4623399, KIC 9642292, KOI-2946, WISE J191504.06+462340.1" 0.8500 0.8800 3643.16 G7 5479 14.4 Exoplanet

2495 Kepler-1393 "2MASS J18575026+4008332, KIC 4991208, KOI-2951, WISE J185750.26+400833.0" 0.9200 0.9500 1506.84 G4 5697 12.2 Exoplanet

2496 Kepler-1394 "2MASS J18534876+4505029, KIC 8801316, KOI-2956, WISE J185348.76+450502.7" 2.5500 1.6400 2674.48 F6 6481 10.9 Exoplanet

2497 Kepler-1395 "2MASS J19292101+4739511, KIC 10471515, KOI-2961, WISE J192921.00+473951.0" 1.2300 1.1700 1653.61 G0 6138 11.6 Exoplanet

2498 Kepler-1396 "2MASS J19372075+4455058, KIC 8760040, KOI-2963, WISE J193720.73+445505.7" 1.2700 1.1800 4031.29 F8 6195 13.5 Exoplanet

2499 Kepler-1397 "2MASS J19584220+4704330, KIC 10098844, KOI-2964, WISE J195842.21+470433.0" 1.1200 1.0900 2511.40 G0 6026 12.8 Exoplanet

2500 Kepler-1398 "2MASS J19392788+4838203, KIC 11090556, KOI-2977, WISE J193927.87+483820.3" 1.1800 1.1300 2586.42 G0 6126 12.7 Exoplanet

2501 Kepler-1399 "2MASS J19331480+4602301, KIC 9468551, KOI-2980" 0.9600 0.9700 4096.52 G3 5735 14.3 Exoplanet

2502 Kepler-1400 "2MASS J19050519+4526269, KIC 9076971, KOI-2981, WISE J190505.15+452626.6" 0.7800 0.8300 2866.91 K1 5044 14.3 Exoplanet

2503 Kepler-1401 "2MASS J19095185+4045304, KIC 5520547, KOI-2990, WISE J190951.84+404530.3" 1.1000 1.0700 4050.86 G1 5964 13.9 Exoplanet

2504 Kepler-1402 "2MASS J19272347+4858052, KIC 11244137, KOI-2994, WISE J192723.47+485805.3" 0.8700 0.9000 2221.12 G7 5416 13.3 Exoplanet

2505 Kepler-1403 "2MASS J19232824+3857364, KIC 3848275, KOI-2995, WISE J192328.24+385736.3" 1.1500 1.1100 5874.07 G0 6060 14.6 Exoplanet

2506 Kepler-1404 "2MASS J19440226+5029541, KIC 12021625, KOI-2996, WISE J194402.27+502954.2" 0.8000 0.8400 3085.44 K0 5261 14.3 Exoplanet

2507 Kepler-1405 "2MASS J19424436+3915221, KIC 4175630, KOI-2998" 1.0700 1.0500 5234.80 G1 5925 14.6 Exoplanet

2508 Kepler-1406 "2MASS J19281964+3854541, KIC 3852655, KOI-3002, WISE J192819.64+385453.9" 1.1200 1.0500 1914.54 G1 5892 12.2 Exoplanet

2509 Kepler-1407 "2MASS J18554618+4128177, KIC 6103377, KOI-3004, WISE J185546.18+412817.5" 1.1500 1.1000 4158.49 G0 6010 13.8 Exoplanet

2510 Kepler-1408 "2MASS J18504798+4525327, KIC 9070666, KOI-3008, WISE J185047.97+452532.8" 1.3500 1.2100 1389.42 G0 6170 11.0 Exoplanet

2511 Kepler-1409 "2MASS J19202034+5112309, KIC 12405333, KOI-3009, WISE J192020.33+511231.0" 0.7900 0.8300 2354.85 K1 5160 13.8 Exoplanet

2512 Kepler-1410 "2MASS J19220244+3844367, KIC 3642335, KOI-3010, WISE J192202.44+384436.8" 0.6000 0.6300 1196.99 K7 4092 13.6 Exoplanet

*2513 Kepler-1411 "2MASS
J19052677+4257501, KIC 7347246, KOI-3014,
WISE J190526.77+425750.0" 0.9200 0.9500
4667.29 G5 5664 14.7 Exoplanet*

*2514 Kepler-1412 "2MASS
J19284322+4912089, KIC 11403530, KOI-3015,
WISE J192843.22+491208.9" 1.2700 1.0600
2084.14 G1 5880 12.1 Exoplanet*

*2515 Kepler-1413 "2MASS
J19372199+4629555, KIC 9716391, KOI-3025,
WISE J193722.00+462955.7" 0.8000 0.8400
3789.93 K0 5196 14.8 Exoplanet*

*2516 Kepler-1414 "2MASS
J18594285+4225203, KIC 6929841, KOI-3026,
WISE J185942.85+422520.3" 0.7500 0.8000
1741.67 K2 4951 13.4 Exoplanet*

*2517 Kepler-1415 "2MASS
J19003765+4752239, KIC 10585738, KOI-3032,
WISE J190037.63+475223.8" 0.8400 0.8900
3476.82 K0 5267 14.4 Exoplanet*

*2518 Kepler-1416 "2MASS
J19543923+4353386, KIC 8051946, KOI-3038,
WISE J195439.23+435338.6" 1.1500 1.0900
2632.08 G0 6019 12.9 Exoplanet*

2519 Kepler-1417 "2MASS J19234797+4036187, KIC 5445681, KOI-3039, WISE J192347.96+403618.7" 1.0200 1.0200 2139.58 G2 5839 12.7 Exoplanet

2520 Kepler-1418 "2MASS J18515939+4140427, KIC 6263593, KOI-3049, WISE J185159.40+414042.7" 0.7200 0.7700 1627.52 K3 4770 13.4 Exoplanet

2521 Kepler-1419 "2MASS J19290111+3758171, KIC 2716801, KOI-3053" 1.0100 1.0100 4709.69 G2 5796 14.5 Exoplanet

2522 Kepler-1420 "2MASS J19444891+4246401, KIC 7216284, KOI-3056, WISE J194448.92+424640.1" 0.7900 0.8200 3010.42 K0 5187 14.4 Exoplanet

2523 Kepler-1421 "2MASS J19061934+4832391, KIC 11019987, KOI-3060, WISE J190619.34+483239.1" 1.4200 1.2500 2201.55 F8 6335 11.8 Exoplanet

2524 Kepler-1422 "2MASS J19353364+4820100, KIC 10924562, KOI-3063, WISE J193533.66+482009.7" 1.2300 1.1500 6787.31 F8 6194 14.7 Exoplanet

2525 Kepler-1423 "2MASS J19125850+4106362, KIC 5865654, KOI-3071, WISE J191258.50+410636.2" 0.7500 0.7900 1464.44 K2 4939 13.0 Exoplanet

2526 Kepler-1424 "2MASS J19235800+4013455, KIC 5096590, KOI-3093, WISE J192357.99+401345.6" 1.0700 1.0200 2022.17 G2 5838 12.5 Exoplanet

2527 Kepler-1425 "2MASS J19394824+4300447, KIC 7455981, KOI-3096, WISE J193948.24+430044.7" 0.9500 0.9700 1627.52 G4 5718 12.4 Exoplanet

2528 Kepler-1426 "2MASS J19301098+4925011, KIC 11508644, KOI-3101, WISE J193010.96+492500.9" 1.0200 1.0200 3949.75 G2 5831 14.0 Exoplanet

2529 Kepler-1427 "2MASS J19412392+4506523, KIC 8895758, KOI-3106, WISE J194123.91+450652.3" 1.0100 1.0100 3979.10 G2 5793 14.1 Exoplanet

2530 Kepler-1428 "2MASS J19503414+4935419, KIC 11572193, KOI-3109, WISE J195034.14+493541.9" 1.3600 1.2800 2615.77 F8 6184 12.4 Exoplanet

2531 Kepler-1429 "2MASS J19012789+4902415, KIC 11285870, KOI-3110, WISE J190127.89+490241.4" 1.0700 1.0500 3770.36 G1 5902 13.8 Exoplanet

2532 Kepler-1430 "2MASS J19184739+4322195, KIC 7676423, KOI-3113, WISE J191847.40+432219.2" 0.7200 0.7700 1764.50 K3 4796 13.5 Exoplanet

2533 Kepler-1431 "2MASS J19303801+4951546, KIC 11714231, KOI-3115" 1.0300 1.0300 4142.18 G2 5806 14.1 Exoplanet

2534 Kepler-1432 "2MASS J19420580+4949463, KIC 11720424, KOI-3116, WISE J194205.75+494946.4" 1.1300 1.0900 5061.94 G0 6031 14.3 Exoplanet

2535 Kepler-1433 "2MASS J19092719+4927248, KIC 11499192, KOI-3120, WISE J190927.18+492724.7" 1.1900 1.1400 4331.35 G0 6097 13.8 Exoplanet

2536 Kepler-1434 "2MASS J19420921+5112106, KIC 12416661, KOI-3122, WISE J194209.22+511210.7" 2.0400 1.4700 2217.86 F8 6291 11.1 Exoplanet

2537 Kepler-1435 "2MASS J19244159+4455160, KIC 8751796, KOI-3125, WISE J192441.58+445515.9" 1.3200 1.2100 2221.12 F7 6356 12.0 Exoplanet

2538 Kepler-1436 "2MASS J19505077+4646048, KIC 9907129, KOI-3127, WISE J195050.77+464604.7" 1.0900 1.0600 3724.70 G1 5972 13.8 Exoplanet

2539 Kepler-1437 "2MASS J19272758+4919333, KIC 11455181, KOI-3131, WISE J192727.57+491933.2" 0.9000 0.9300 3855.16 G6 5557 14.4 Exoplanet

2540 Kepler-1438 "2MASS J19170955+4040540, KIC 5440317, KOI-3141, WISE J191709.45+404054.2" 0.9600 0.9700 2824.51 G7 5530 13.5 Exoplanet

2541 Kepler-1439 "2MASS J19025755+4058481, KIC 5688790, KOI-3144" 0.4300 0.4600 701.24 M3 3578 13.6 Exoplanet

2542 Kepler-1440 "2MASS J19012326+4818441, KIC 10908248, KOI-3146, WISE J190123.27+481844.0" 0.9600 0.9800 2234.17 G4 5698 13.0 Exoplanet

2543 Kepler-1441 "2MASS J19345259+4307285, KIC 7534267, KOI-3147" 1.0000 1.0000 2449.43 G2 5802 13.1 Exoplanet

2544 Kepler-1442 "2MASS J19250134+4850490, KIC 11189311, KOI-3220, WISE J192501.34+485048.9" 1.4400 1.3400 1712.32 F7 6394 11.2 Exoplanet

2545 Kepler-1443 "2MASS J18534458+4704006, KIC 10057494, KOI-3234, WISE J185344.57+470400.4" 1.2700 1.1900 1549.24 F8 6289 11.3 Exoplanet

2546 Kepler-1444 "2MASS J19011934+4202255, KIC 6587796, KOI-3237, WISE J190119.35+420225.7" 1.0500 1.0300 1108.93 G2 5810 11.2 Exoplanet

2547 Kepler-1445 "2MASS J18405986+4354542, KIC 8073705, KOI-3245, WISE J184059.87+435454.0" 1.2600 1.1300 1572.07 G0 6150 11.4 Exoplanet

2548 Kepler-1446 "2MASS J19174175+4643342, KIC 9885417, KOI-3246, WISE J191741.76+464333.9" 0.7500 0.8100 528.37 K3 4865 10.8 Exoplanet

2549 Kepler-1447 "2MASS J19183442+5043375, KIC 12156174, KOI-3260, WISE J191834.42+504337.3" 0.9500 0.9700 2840.82 G4 5722 13.5 Exoplanet

2550 Kepler-1448 "2MASS J19112817+5035441, KIC 12055539, KOI-3261, WISE J191128.16+503544.0" 0.9300 0.9500 2563.59 G3 5774 13.4 Exoplanet

2551 Kepler-1449 "2MASS J19125561+5034043, KIC 12056139, KOI-3262, WISE J191255.61+503404.2" 1.1000 1.0800 4308.52 G1 5979 14.0 Exoplanet

2552 Kepler-1450 "2MASS J19381291+4504530, KIC 8826007, KOI-3266, WISE J193812.89+450452.7" 0.6800 0.7100 1598.16 K4 4524 13.7 Exoplanet

2553 Kepler-1451 "2MASS J19334714+4024356, KIC 5280587, KOI-3274" 0.9900 1.0000 3780.15 G2 5782 14.1 Exoplanet

2554 Kepler-1452 "2MASS J19294147+3815587, KIC 3120904, KOI-3277, WISE J192941.46+381558.7" 2.0600 1.4100 3176.76 G0 6101 12.0 Exoplanet

2555 Kepler-1453 "2MASS J19043013+4756514, KIC 10653179, KOI-3280, WISE J190430.12+475651.2" 0.9400 0.9700 4187.84 G5 5665 14.4 Exoplanet

2556 Kepler-1454 "2MASS J18565359+4849543, KIC 11177676, KOI-3281, WISE J185653.59+484954.3" 0.8600 0.9000 2592.94 G7 5448 13.6 Exoplanet

2557 Kepler-1455 "2MASS J19361993+5030099, KIC 12066569, KOI-3282, WISE J193619.93+503009.9" 0.6000 0.6200 1278.53 K7 4075 13.8 Exoplanet

2558 Kepler-1456 "2MASS J19074687+4349219, KIC 8016691, KOI-3286, WISE J190746.88+434921.9" 0.6200 0.6400 1236.13 K6 4231 13.5 Exoplanet

2559 Kepler-1457 "2MASS J18550494+4201380, KIC 6584273, KOI-3287, WISE J185504.93+420137.9" 1.0100 1.0100 2374.42 G1 5866 12.9 Exoplanet

2560 Kepler-1458 "2MASS J18525078+4102170, KIC 5768816, KOI-3288, WISE J185250.78+410216.9" 0.9400 0.9600 2093.92 G5 5653 12.9 Exoplanet

2561 Kepler-1459 "2MASS J18494152+4600504, KIC 9447166, KOI-3296, WISE J184941.51+460050.3" 0.7400 0.7800 1418.78 K3 4828 13.0 Exoplanet

2562 Kepler-1460 "2MASS J19021387+4400388, KIC 8151055, KOI-3298, WISE J190213.86+440038.9" 0.6700 0.7000 1872.14 K5 4422 14.1 Exoplanet

2563 Kepler-1461 "2MASS J19031930+4311542, KIC 7510820, KOI-3303, WISE J190319.31+431154.2" 0.7400 0.7900 2452.69 K2 4919 14.1 Exoplanet

2564 Kepler-1462 "2MASS J19453540+4223489, KIC 6880517, KOI-3305, WISE J194535.38+422348.8" 1.0000 1.0000 4461.81 G3 5756 14.5 Exoplanet

2565 Kepler-1463 "2MASS J19375695+4200249, KIC 6615511, KOI-3306, WISE J193756.93+420024.7" 0.9500 0.9600 4373.75 G5 5679 14.5 Exoplanet

2566 Kepler-1464 "2MASS J19085656+3845149, KIC 3632089, KOI-3308, WISE J190856.56+384514.8" 1.0100 1.0200 2257.00 G2 5828 12.9 Exoplanet

2567 Kepler-1465 "2MASS J19191664+5154174, KIC 12735830, KOI-3311, WISE J191916.65+515417.4" 0.7100 0.7500 1141.55 K3 4726 12.7 Exoplanet

2568 Kepler-1466 "2MASS J19191949+4436355, KIC 8554701, KOI-3315, WISE J191919.49+443635.4" 1.0200 1.0100 2237.43 G1 5884 12.8 Exoplanet

2569 Kepler-1467 "2MASS J19401164+4520336, KIC 9031209, KOI-3316, WISE J194011.61+452033.0" 0.8200 0.8600 2902.79 K0 5332 14.1 Exoplanet

2570 Kepler-1468 "2MASS J19340476+4116386, KIC 5965819, KOI-3319, WISE J193404.76+411638.5" 1.0500 1.0400 3685.56 G1 5893 13.8 Exoplanet

2571 Kepler-1469 "2MASS J19351712+3923288, KIC 4271474, KOI-3324, WISE J193517.10+392329.1" 0.8900 0.9200 4093.26 G7 5507 14.6 Exoplanet

2572 Kepler-1470 "2MASS J19144680+3952595, KIC 4736644, KOI-3330, WISE J191446.78+395259.2" 0.7600 0.8000 1855.83 K2 4961 13.5 Exoplanet

*2573 Kepler-1471 "2MASS
J19183957+5001121, KIC 11810124, KOI-3344,
WISE J191839.58+500112.2" 0.9300 0.9500
3453.99 G5 5660 14.0 Exoplanet*

*2574 Kepler-1472 "2MASS
J19392463+4903268, KIC 11303322, KOI-3345,
WISE J193924.64+490326.8" 1.2500 1.1600
4138.92 G0 6159 13.6 Exoplanet*

*2575 Kepler-1473 "2MASS
J19223277+4859458, KIC 11241912, KOI-3346,
WISE J192232.79+485946.3" 1.0900 1.0900
2038.47 G0 6046 12.3 Exoplanet*

*2576 Kepler-1474 "2MASS
J19384657+4552006, KIC 9349757, KOI-3348,
WISE J193846.56+455200.5" 1.0400 1.0400
3959.53 G1 5870 14.0 Exoplanet*

*2577 Kepler-1475 "2MASS
J19434758+4445112, KIC 8636333, KOI-3349,
WISE J194347.59+444511.1" 1.2800 1.1800
5590.31 F8 6214 14.2 Exoplanet*

*2578 Kepler-1476 "2MASS
J18580770+4359238, KIC 8081239, KOI-3352,
WISE J185807.71+435923.3" 0.9600 0.9800
3972.58 G5 5663 14.2 Exoplanet*

2579 Kepler-1477 "2MASS J18451164+4241087, KIC 7091432, KOI-3353, WISE J184511.64+424108.5" 0.7800 0.8100 1712.32 K1 5100 13.2 Exoplanet

2580 Kepler-1478 "2MASS J19323961+4144464, KIC 6368230, KOI-3356, WISE J193239.61+414446.2" 1.0600 1.0400 4582.49 G1 5904 14.3 Exoplanet

2581 Kepler-1479 "2MASS J19025086+4942239, KIC 11651712, KOI-3363, WISE J190250.87+494224.1" 0.9800 0.9900 2018.91 G2 5796 12.7 Exoplanet

2582 Kepler-1480 "2MASS J19275994+4918065, KIC 11455428, KOI-3365, Kepler-1480 A, WISE J192759.95+491806.6" 0.8100 0.8500 1761.24 K1 5156 13.1 Exoplanet

2583 Kepler-1481 "2MASS J19174535+4943523, KIC 11657614, KOI-3370, WISE J191745.35+494352.3" 0.7500 0.8000 1607.95 K2 4908 13.2 Exoplanet

2584 Kepler-1482 "2MASS J19011531+4843309, KIC 11125797, KOI-3371, WISE J190115.32+484331.1" 0.8400 0.8800 1441.61 G7 5381 12.4 Exoplanet

2585 Kepler-1483 "2MASS J19413834+4209029, KIC 6705026, KOI-3374" 1.4000 1.2500 4328.09 F8 6337 13.4 Exoplanet

2586 Kepler-1484 "2MASS J19304422+3807346, KIC 2995392, KOI-3379, WISE J193044.21+380734.5" 0.9200 0.9400 3571.41 G3 5730 14.1 Exoplanet

2587 Kepler-1485 "2MASS J19522290+4444134, KIC 8644365, KOI-3384, WISE J195222.90+444413.4" 1.1200 1.1100 1793.86 G0 6087 12.0 Exoplanet

2588 Kepler-1486 "2MASS J19222169+4526229, KIC 9085563, KOI-3393, WISE J192221.72+452623.3" 1.1200 1.0800 4778.19 G1 5965 14.2 Exoplanet

2589 Kepler-1487 "2MASS J19415954+3838402, KIC 3561464, KOI-3398, WISE J194159.53+383840.1" 1.6300 1.3800 3568.15 F6 6541 12.6 Exoplanet

2590 Kepler-1488 "2MASS J19063514+4956160, KIC 11754430, KOI-3403, WISE J190635.13+495615.9" 1.3100 1.0500 2015.64 G2 5820 12.0 Exoplanet

2591 Kepler-1489 "2MASS J18451099+4427554, KIC 8409295, KOI-3404, WISE J184510.99+442755.4" 0.9000 0.9300 2837.56 G5 5655 13.7 Exoplanet

2592 Kepler-1490 "2MASS J19424645+4236342, KIC 7131760, KOI-3407, WISE J194246.44+423634.0" 0.8700 0.9000 3157.19 G7 5515 14.1 Exoplanet

2593 Kepler-1491 "2MASS J19343114+4544263, KIC 9285265, KOI-3410, WISE J193431.14+454426.3" 0.9900 1.0000 4279.17 G3 5728 14.3 Exoplanet

2594 Kepler-1492 "2MASS J19142330+4102111, KIC 5780930, KOI-3412, WISE J191423.29+410210.9" 0.7200 0.7700 1210.04 K3 4712 12.8 Exoplanet

2595 Kepler-1493 "2MASS J19141179+3833548, KIC 3433668, KOI-3415, WISE J191411.80+383354.7" 1.2900 1.0600 1865.61 G2 5863 11.9 Exoplanet

2596 Kepler-1494 "2MASS J18503777+4309450, KIC 7503885, KOI-3417, WISE J185037.77+430945.0" 0.9400 0.9600 3453.99 G5 5659 14.0 Exoplanet

2597 Kepler-1495 "2MASS J19043138+3846466, KIC 3629330, KOI-3418" 1.0400 1.0300 4262.86 G2 5831 14.2 Exoplanet

2598 Kepler-1496 "2MASS J19355374+4521025, KIC 9027909, KOI-3428, WISE J193553.73+452102.6" 1.2700 1.1800 4217.20 F8 6182 13.6 Exoplanet

2599 Kepler-1497 "2MASS J19444707+4538035, KIC 9230021, KOI-3429, WISE J194447.07+453803.5" 0.9500 0.9600 3659.47 G5 5675 14.1 Exoplanet

2600 Kepler-1498 "2MASS J18590674+4455004, KIC 8738775, KOI-3432, WISE J185906.74+445500.3" 0.8100 0.8600 2413.55 K0 5256 13.7 Exoplanet

2601 Kepler-1499 "2MASS J18555672+4139014, KIC 6265665, KOI-3436, WISE J185556.71+413901.7" 0.7800 0.8200 1011.08 K1 5097 12.0 Exoplanet

*2602 Kepler-1500 "2MASS
J19153199+3944404, KIC 4645174, KOI-3437,
WISE J191532.01+394440.6" 1.0000 1.0000
2948.45 G2 5845 13.5 Exoplanet*

*2603 Kepler-1501 "2MASS
J19194044+4200051, KIC 6599975, KOI-3438,
WISE J191940.45+420005.1" 1.3000 1.2000
2896.27 F8 6229 12.7 Exoplanet*

*2604 Kepler-1502 "2MASS
J19442589+3919116, KIC 4282191, KOI-3439,
WISE J194425.89+391911.6" 1.7200 1.4400
5022.80 F5 6666 13.2 Exoplanet*

*2605 Kepler-1503 "2MASS
J19345452+4248243, KIC 7288306, KOI-3443,
WISE J193454.52+424824.1" 0.7400 0.7700
2772.33 K1 5069 14.4 Exoplanet*

*2606 Kepler-1504 "2MASS
J19185087+5007415, KIC 11860395, KOI-3445,
WISE J191850.87+500741.6" 0.8100 0.8500
3356.15 G7 5393 14.4 Exoplanet*

*2607 Kepler-1505 "2MASS
J19280049+4147130, KIC 6364582, KOI-3456,
WISE J192800.49+414713.1" 0.8600 0.9300
1170.90 G4 5686 11.8 Exoplanet*

2608 Kepler-1506 "2MASS J19203597+4127525, KIC 6118370, KOI-3458, WISE J192035.97+412752.5" 0.9300 0.9500 4298.74 G5 5676 14.5 Exoplanet

2609 Kepler-1507 "2MASS J19141476+4632097, KIC 9763612, KOI-3465, WISE J191414.78+463209.9" 0.8500 0.8900 1115.45 G7 5410 11.9 Exoplanet

2610 Kepler-1508 "2MASS J19522853+4022301, KIC 5213404, KOI-3468, WISE J195228.53+402230.3" 1.2200 1.1400 2909.31 G0 6158 13.0 Exoplanet

2611 Kepler-1509 "2MASS J18551147+4655516, KIC 9995771, KOI-3470" 0.9900 1.0000 4165.01 G2 5780 14.2 Exoplanet

2612 Kepler-1510 "2MASS J19555019+4815281, KIC 10881457, KOI-3484, WISE J195550.20+481527.9" 1.2800 1.1900 5267.42 F8 6200 14.1 Exoplanet

2613 Kepler-1511 "2MASS J19134109+4310472, KIC 7517261, KOI-3496, WISE J191341.09+431047.1" 1.2900 1.1700 2925.62 G0 6064 12.7 Exoplanet

2614   Kepler-1512   "2MASS J19170588+4428129, KIC 8424002, KOI-3497, WISE J191705.88+442813.0"   0.6700   0.7300   528.37   K5   4372   11.3   Exoplanet

2615   Kepler-1513   "2MASS J19190999+3917070, KIC 4150804, KOI-3678, WISE J191910.00+391706.8"   0.9700   0.9900   1252.44   G6   5617   11.8   Exoplanet

2616   Kepler-1514   "2MASS J19303059+3751364, KIC 2581316, KOI-3681, TIC 137685450, TYC 3135-497-1, WISE J193030.59+375136.5"   1.2900   1.2000   1130.52   G0   6145   11.0   Exoplanet

2617   Kepler-1515   "2MASS J19235374+4810413, KIC 10795103, KOI-3683, WISE J192353.73+481041.5"   1.4100   1.3000   1643.83   F6   6511   11.2   Exoplanet

2618   Kepler-1516   "2MASS J19255870+4431246, KIC 8494410, KOI-3685, WISE J192558.70+443124.3"   1.0700   1.0400   2844.08   G1   5904   13.2   Exoplanet

2619 Kepler-1517 "2MASS J19111373+4311196, KIC 7515679, KOI-3728, WISE J191113.73+431119.6" 1.9500 1.5800 2861.02 F2 7010 11.5 Exoplanet

2620 Kepler-1518 "2MASS J20011977+4459100, KIC 8780959, KOI-3741, WISE J200119.77+445910.0" 1.8800 1.5400 3718.18 F3 6846 12.3 Exoplanet

2621 Kepler-1519 "2MASS J19464029+4927426, KIC 11518142, KOI-3762, WISE J194640.29+492742.6" 0.9100 0.9400 2798.42 G5 5644 13.6 Exoplanet

2622 Kepler-1520 "Kepler-1520, 2MASS J19235189+5130170, KIC 12557548, KOI-3794, WISE J192351.88+513017.0" 0.7100 0.7600 2074.35 K4V 4677 16.0 Exoplanet

2623 Kepler-1521 "2MASS J19304566+3750059, KIC 2581554, KOI-3835, WISE J193045.67+375006.0" 0.7600 0.8100 740.37 K1 5042 11.4 Exoplanet

2624 Kepler-1522 "2MASS J19192237+5204125, KIC 12784167, KOI-3848, WISE J191922.38+520412.7" 0.9300 0.9600 2250.48 G4 5706 13.1 Exoplanet

2625 Kepler-1523 "2MASS J19441297+4549373, KIC 9353742, KOI-3867, WISE J194412.97+454937.3" 0.9600 0.9700 2994.11 G4 5708 13.7 Exoplanet

2626 Kepler-1524 "2MASS J19353249+3931113, KIC 4472818, KOI-3878, WISE J193532.48+393111.4" 1.2500 1.1700 1650.35 F8 6179 11.6 Exoplanet

2627 Kepler-1525 "2MASS J19221428+4956348, KIC 11760860, KOI-3892, WISE J192214.26+495634.4" 1.0400 1.0700 1291.58 G3 5748 11.6 Exoplanet

2628 Kepler-1526 "2MASS J19002872+3851591, KIC 3728432, KOI-3893, WISE J190028.73+385159.1" 0.6900 0.7300 1878.66 K4 4601 13.9 Exoplanet

2629 Kepler-1527 "2MASS J19493945+4603389, KIC 9480535, KOI-3901, WISE J194939.46+460338.9" 1.3200 1.2100 5088.03 F8 6224 13.9 Exoplanet

2630 Kepler-1528 "2MASS J19093670+4634263, KIC 9761615, KOI-3911, WISE J190936.74+463426.2" 1.0300 1.0300 2987.59 G2 5857 13.4 Exoplanet

2631 Kepler-1529 "2MASS J19192897+4102266, KIC 5784777, KOI-3916, WISE J191928.97+410226.7" 0.7700 0.8100 2227.65 K1 5048 13.8 Exoplanet

2632 Kepler-1530 "2MASS J19123900+4809545, KIC 10788461, KOI-3925, WISE J191238.99+480954.5" 0.8800 0.9200 1800.38 G7 5477 12.8 Exoplanet

2633 Kepler-1531 "2MASS J19003517+3922148, KIC 4242692, KOI-3928, WISE J190035.12+392214.8" 1.2700 1.1600 2185.25 F8 6260 12.1 Exoplanet

2634 Kepler-1532 "2MASS J19473667+4111534, KIC 5895158, KOI-3935" 0.8800 0.9100 2687.53 G6 5559 13.7 Exoplanet

2635 Kepler-1533 "2MASS J19435413+4442484, KIC 8636434, KOI-3946, WISE J194354.13+444248.2" 1.5100 1.3100 2778.85 F7 6431 12.2 Exoplanet

2636 Kepler-1534 "2MASS J19293489+4352086, KIC 8030339, KOI-3954, WISE J192934.89+435208.4" 0.8600 0.9000 3610.55 G7 5442 14.4 Exoplanet

2637   Kepler-1535   "2MASS J19062728+3853310, KIC 3732035, KOI-3966, WISE J190627.28+385331.0"   1.1100   1.0800   2866.91   G0   6021   13.1   Exoplanet

2638   Kepler-1536   "2MASS J19262044+4542568, KIC 9280239, KOI-3975, WISE J192620.45+454257.0"   0.6700   0.7100   1307.89   K5   4434   13.3   Exoplanet

2639   Kepler-1537   "2MASS J19373249+4349316, KIC 8036287, KOI-3984, WISE J193732.49+434931.6"   0.7700   0.8100   1640.56   K1   5079   13.1   Exoplanet

ref [https://www.nasa.gov/content/discoveries-hubbles-star-clusters]

2640   Kepler-1538   "2MASS J18532297+4516280, KIC 8934103, KOI-4009, WISE J185322.95+451627.7"   1.0300   1.0300   4210.67   G2   5837   14.1   Exoplanet

2641   Kepler-1539   "2MASS J18565266+4416067, KIC 8282846, KOI-4015, WISE J185652.66+441606.7"   0.8000   0.8400   2570.11   K0   5176   13.9   Exoplanet

2642   Kepler-1540   "2MASS J18532267+ 4112062, KIC 5938970, KOI-4016, Kepler-1540 A, WISE J185322.67+411206.2"   0.6900   0.7400   854.53   K4   4540   12.2   Exoplanet

2643   Kepler-1541   "2MASS J18550888+4801464, KIC 10714072, KOI-4024, WISE J185508.88+480146.7"   0.8100   0.8600   1350.29   K0   5282   12.5   Exoplanet

2644   Kepler-1542   "2MASS J19025483+4239163, KIC 7100673, KOI-4032, WISE J190254.83+423916.1"   0.9900   0.9400   1095.88   G6   5564   11.4   Exoplanet

2645   Kepler-1543   "2MASS J19482983+4702132, KIC 10089911, KOI-4034, WISE J194829.82+470213.2"   1.6500   1.3900   3633.38   F6   6561   12.5   Exoplanet

2646 Kepler-1544 "2MASS J19490839+4912448, KIC 11415243, KOI-4036, WISE J194908.43+491244.8" 0.7400 0.8100 1138.28 K2 4886 12.5 Exoplanet

2647 Kepler-1545 "2MASS J19553570+4727471, KIC 10360722, KOI-4051, WISE J195535.72+472747.0" 0.8000 0.8400 2243.95 K0 5201 13.6 Exoplanet

2648 Kepler-1546 "2MASS J19502014+4132284, KIC 6226908, KOI-4068" 0.9300 0.9500 3241.99 G5 5623 14.0 Exoplanet

2649 Kepler-1547 "2MASS J18550337+4213198, KIC 6755944, KOI-4072, WISE J185503.37+421319.6" 1.1800 1.1200 2168.94 G0 6078 12.3 Exoplanet

2650 Kepler-1548 "2MASS J19095309+4604503, KIC 9455677, KOI-4076, WISE J190953.08+460450.1" 0.9700 0.9900 3750.79 G4 5706 14.1 Exoplanet

2651 Kepler-1549 "2MASS J19041258+3905457, KIC 3937814, KOI-4084, WISE J190412.58+390545.6" 0.8400 0.8800 2583.16 K0 5324 13.8 Exoplanet

2652 Kepler-1550 "2MASS J19110349+3817409, KIC 3103227, KOI-4091, WISE J191103.50+381740.9" 1.1100 1.0700 3920.40 G0 5991 13.8 Exoplanet

2653 Kepler-1551 "2MASS J19430852+3954285, KIC 4850961, KOI-4092, WISE J194308.48+395428.8" 1.2200 1.1400 5088.03 G0 6136 14.1 Exoplanet

2654 Kepler-1552 "2MASS J19264243+3852296, KIC 3747817, KOI-4103" 0.7800 0.8500 2015.64 K0 5202 13.5 Exoplanet

2655 Kepler-1553 "2MASS J19274059+3901201, KIC 3955817, KOI-4117, WISE J192740.59+390119.9" 0.8100 0.8500 2345.06 K0 5288 13.7 Exoplanet

2656 Kepler-1554 "2MASS J19061828+4144292, KIC 6349881, KOI-4121, WISE J190618.26+414429.5" 0.8100 0.8400 3202.85 K0 5297 14.4 Exoplanet

2657 Kepler-1555 "2MASS J19103251+4542578, KIC 9272070, KOI-4126, WISE J191032.51+454257.6" 1.0600 1.0400 4507.48 G1 5866 14.2 Exoplanet

2658 Kepler-1556 "2MASS J19133528+4012475, KIC 5088400, KOI-4127, WISE J191335.26+401247.4" 0.9500 0.9700 3457.25 G6 5608 14.0 Exoplanet

2659 Kepler-1557 "2MASS J19353153+4650199, KIC 9956082, KOI-4139, WISE J193531.53+465019.7" 1.1700 1.1100 4996.71 G0 6099 14.2 Exoplanet

2660 Kepler-1558 "2MASS J19071664+4654420, KIC 10000941, KOI-4146, WISE J190716.65+465442.3" 0.7900 0.8300 1118.72 K1 5101 12.2 Exoplanet

2661 Kepler-1559 "2MASS J19290877+4204208, KIC 6607644, KOI-4159, WISE J192908.77+420421.3" 0.8200 0.8600 1891.70 K0 5316 13.2 Exoplanet

2662 Kepler-1560 "2MASS J19310830+4312575, KIC 7610663, KOI-4160, WISE J193108.31+431257.5" 1.0200 1.0200 1725.37 G2 5815 12.2 Exoplanet

2663 Kepler-1561 "2MASS J19474166+4333592, KIC 7838675, KOI-4169, WISE J194741.65+433359.2" 1.1100 1.0700 3238.73 G1 5957 13.5 Exoplanet

2664 Kepler-1562 "2MASS J19374937+4644370, KIC 9897364, KOI-4189" 1.0500 1.0200 4288.95 G3 5760 14.2 Exoplanet

2665 Kepler-1563 "2MASS J19141766+5128219, KIC 12505503, KOI-4190, WISE J191417.65+512821.9" 0.9900 1.0000 1784.07 G3 5765 12.4 Exoplanet

2666 Kepler-1564 "2MASS J19222066+4638336, KIC 9828127, KOI-4192, WISE J192220.66+463833.8" 0.9000 0.9300 2844.08 G7 5528 13.7 Exoplanet

2667 Kepler-1565 "2MASS J19514871+4048245, KIC 5644412, KOI-4194" 0.7300 0.7600 2142.84 K2 4940 13.9 Exoplanet

2668 Kepler-1566 "2MASS J18542102+4034297, KIC 5340878, KOI-4199, WISE J185421.01+403429.6" 0.8100 0.8400 1666.66 K0 5254 12.9 Exoplanet

2669 Kepler-1567 "2MASS J19064684+4017305, KIC 5084171, KOI-4202, WISE J190646.83+401730.6" 0.9300 0.9500 3998.67 G5 5655 14.4 Exoplanet

2670 Kepler-1568 "2MASS J19164383+4752241, KIC 10593535, KOI-4204, WISE J191643.83+475224.0" 1.1900 1.0900 2879.96 G1 5956 12.9 Exoplanet

2671 Kepler-1569 "2MASS J19284912+3713163, KIC 1724719, KOI-4212, WISE J192849.12+371316.4" 1.4000 1.2500 3424.64 F8 6319 12.9 Exoplanet

2672 Kepler-1570 "2MASS J19592683+4549384, KIC 9366617, KOI-4215, WISE J195926.82+454938.6" 0.8900 0.9200 1510.10 G6 5550 12.5 Exoplanet

2673 Kepler-1571 "2MASS J20034449+4535475, KIC 9183378, KOI-4222, WISE J200344.50+453547.5" 1.3900 1.2300 2246.10 F8 6297 12.5 Exoplanet

2674 Kepler-1572 "2MASS J18473534+4643214, KIC 9872831, KOI-4230, WISE J184735.35+464321.6" 0.9500 0.9700 1956.94 G6 5618 12.7 Exoplanet

2675 Kepler-1573 "2MASS J19315720+4929058, KIC 11509504, KOI-4232, WISE J193157.20+492905.7" 1.0000 1.0100 3848.64 G2 5808 14.0 Exoplanet

2676 Kepler-1574 "2MASS J19283807+4938159, KIC 11611275, KOI-4234, WISE J192838.09+493815.9" 1.0800 1.0600 4158.49 G1 5892 14.0 Exoplanet

2677 Kepler-1575 "2MASS J19345838+4545417, KIC 9285568, KOI-4241, WISE J193458.38+454541.5" 0.9200 0.9500 3816.03 G5 5667 14.3 Exoplanet

2678 Kepler-1576 "2MASS J19161775+4021576, KIC 5177859, KOI-4246, WISE J191617.74+402157.6" 1.0600 1.0500 1757.98 G1 5876 12.2 Exoplanet

2679 Kepler-1577 "2MASS J19314926+4734231, KIC 10407482, KOI-4255, WISE J193149.26+473423.0" 0.7400 0.7800 1771.03 K3 4862 13.5 Exoplanet

2680 Kepler-1578 "2MASS J19131248+4746319, KIC 10526887, KOI-4261, WISE J191312.49+474632.1" 0.8600 0.9000 3313.74 G7 5545 14.2 Exoplanet

2681 Kepler-1579 "2MASS J19330912+4330539, KIC 7826620, KOI-4268, WISE J193309.12+433053.7" 0.7000 0.7500 1519.89 K4 4584 13.4 Exoplanet

2682 Kepler-1580 "2MASS J19035249+4121488, KIC 6026924, KOI-4276, WISE J190352.48+412148.7" 2.1500 1.4700 2844.08 F8 6228 11.6 Exoplanet

2683 Kepler-1581 "2MASS J19092910+3936128, KIC 4548011, KOI-4288, WISE J190929.11+393613.0" 1.2300 1.1200 1444.87 G0 6022 11.3 Exoplanet

2684 Kepler-1582 "2MASS J19173039+4109311, KIC 5868793, KOI-4290" 0.3000 0.2800 365.29 M6 3208 13.3 Exoplanet

2685 Kepler-1583 "2MASS J19053286+4700598, KIC 10063208, KOI-4292, WISE J190532.87+470059.5" 0.9100 0.9400 1164.38 G5 5645 11.7 Exoplanet

2686 Kepler-1584 "2MASS J19110304+4316279, KIC 7596240, KOI-4295, WISE J191103.04+431627.8" 1.1300 1.1000 4321.57 G0 6069 13.9 Exoplanet

2687 Kepler-1585 "2MASS J19443816+4433472, KIC 8507475, KOI-4300, WISE J194438.21+443347.0" 0.9100 0.9400 4138.92 G7 5538 14.6 Exoplanet

*2688 Kepler-1586 "2MASS
J19524862+4455329, KIC 8773015, KOI-4301,
WISE J195248.62+445533.0"* 1.7500 1.4500
2817.99 F5 6681 12.0 Exoplanet

*2689 Kepler-1587 "2MASS
J19304265+4939500, KIC 11612280, KOI-4304,
WISE J193042.66+493949.9"* 1.2200 1.0800
2958.23 G1 5933 13.0 Exoplanet

*2690 Kepler-1588 "2MASS
J19125585+4800078, KIC 10722485, KOI-4312,
WISE J191255.85+480007.8"* 0.9900 0.9600
2146.11 G2 5817 12.8 Exoplanet

*2691 Kepler-1589 "2MASS
J19374603+4034180, KIC 5371777, KOI-4327,
WISE J193746.02+403417.8"* 1.2500 1.1800
4624.89 G0 6166 13.9 Exoplanet

*2692 Kepler-1590 "2MASS
J19253787+4801044, KIC 10730070, KOI-4335,
WISE J192537.90+480104.1"* 1.1600 1.1100
2935.40 G0 6053 13.0 Exoplanet

*2693 Kepler-1591 "2MASS
J19460399+4436309, KIC 8573193, KOI-4337,
WISE J194603.99+443630.9"* 1.1600 1.1000
3555.10 G0 6082 13.5 Exoplanet

2694   Kepler-1592   "2MASS J19352415+3823519, KIC 3244792, KOI-4347, WISE J193524.15+382351.9"   1.2800   1.1800   4399.84   F8   6213   13.7   Exoplanet

2695   Kepler-1593   "2MASS J20015716+4427384, KIC 8459663, KOI-4356"   0.7700   0.8100   2462.48   K2   4995   14.2   Exoplanet

2696   Kepler-1594   "2MASS J19342954+4757428, KIC 10669994, KOI-4360, WISE J193429.53+475742.9"   1.0800   1.0600   3587.72   G1   5946   13.6   Exoplanet

2697   Kepler-1595   "2MASS J19025345+4300341, KIC 7427764, KOI-4364, WISE J190253.45+430034.1"   0.8000   0.8400   2742.97   K0   5203   14.0   Exoplanet

2698   Kepler-1596   "2MASS J19021380+4919482, KIC 11444514, KOI-4371, WISE J190213.81+491948.3"   0.9200   0.9500   3802.98   G4   5706   14.2   Exoplanet

2699   Kepler-1597   "2MASS J19123935+4228518, KIC 6937529, KOI-4382, WISE J191239.34+422851.7"   1.3900   1.2500   4093.26   F7   6377   13.2   Exoplanet

2700 Kepler-1598 "2MASS J19135258+4647012, KIC 9883606, KOI-4383, WISE J191352.59+464701.0" 1.0900 1.0700 2393.99 G1 5940 12.7 Exoplanet

2701 Kepler-1599 "2MASS J19045301+4109045, KIC 5860968, KOI-4384, WISE J190453.00+410904.3" 0.9900 0.9900 3274.61 G3 5767 13.7 Exoplanet

2702 Kepler-1600 "2MASS J19253585+3847159, KIC 3645438, KOI-4385, WISE J192535.85+384715.9" 0.8200 0.8600 3235.47 K0 5214 14.4 Exoplanet

2703 Kepler-1601 "2MASS J19020310+3804470, KIC 2831055, KOI-4400, WISE J190203.11+380447.3" 1.0700 1.0400 2152.63 G1 5869 12.6 Exoplanet

2704 Kepler-1602 "2MASS J19341940+4025388, KIC 5281113, KOI-4411, WISE J193419.40+402539.1" 1.3600 1.2200 2658.17 F8 6296 12.4 Exoplanet

2705 Kepler-1603 "2MASS J19411916+4232058, KIC 7046035, KOI-4424, WISE J194119.15+423205.9" 1.3100 1.2100 5710.99 F8 6241 14.2 Exoplanet

2706 Kepler-1604 "2MASS J19013855+4424439, KIC 8416523, KOI-4441, WISE J190138.55+442444.2" 0.7600 0.8100 1833.00 K2 4976 13.4 Exoplanet

2707 Kepler-1605 "2MASS J19083237+4729190, KIC 10329196, KOI-4446, WISE J190832.38+472919.0" 0.8200 0.8600 730.59 K0 5280 11.1 Exoplanet

2708 Kepler-1606 "2MASS J19053078+4304237, KIC 7429240, KOI-4450, WISE J190530.79+430423.5" 0.8600 0.9000 2870.17 G7 5422 13.9 Exoplanet

2709 Kepler-1607 "2MASS J19441436+4239217, KIC 7133294, KOI-4473, WISE J194414.36+423921.8" 1.2100 1.1400 2397.25 G0 6116 12.6 Exoplanet

2710 Kepler-1608 "2MASS J19421525+3925033, KIC 4381429, KOI-4474" 0.7200 0.7500 2713.62 K2 4992 14.4 Exoplanet

2711 Kepler-1609 "2MASS J19203517+3939569, KIC 4556468, KOI-4491" 1.2700 1.1800 4836.89 G0 6132 13.9 Exoplanet

*2712 Kepler-1610 "2MASS
J19433720+4524195, KIC 9100953, KOI-4500,
WISE J194337.19+452419.5" 0.8700 0.9100
3467.04 G7 5383 14.3 Exoplanet*

*2713 Kepler-1611 "2MASS
J19460289+4943399, KIC 11671579, KOI-4510,
WISE J194602.87+494339.8" 0.9300 0.9400
2237.43 G6 5605 13.1 Exoplanet*

*2714 Kepler-1612 "2MASS
J19250006+4539182, KIC 9216775, KOI-4513,
WISE J192500.06+453918.2" 0.9400 0.9600
2729.93 G5 5643 13.5 Exoplanet*

*2715 Kepler-1613 "2MASS
J19193000+4325154, KIC 7747457, KOI-4561,
WISE J191930.00+432515.3" 1.1200 1.0800
2788.63 G0 6005 13.0 Exoplanet*

*2716 Kepler-1614 "2MASS
J18592912+4946332, KIC 11650401, KOI-4566,
WISE J185929.12+494633.2" 0.7600 0.7900
3202.85 K1 5121 14.6 Exoplanet*

*2717 Kepler-1615 "2MASS
J19052621+4213389, KIC 6761777, KOI-4571,
WISE J190526.20+421338.6" 1.0500 1.0400
3065.87 G2 5865 13.4 Exoplanet*

2718 Kepler-1616 "2MASS J19061047+4518175, KIC 9009036, KOI-4585, WISE J190610.47+451817.5" 1.3400 1.2100 2811.46 F8 6266 12.5 Exoplanet

2719 Kepler-1617 "2MASS J19114493+4625065, KIC 9701962, KOI-4617, WISE J191144.92+462506.5" 1.2200 1.1500 2651.65 G0 6167 12.7 Exoplanet

2720 Kepler-1618 "2MASS J19404209+4555512, KIC 9412623, KOI-4640, WISE J194042.08+455551.1" 1.6500 1.4100 4037.81 F6 6620 12.8 Exoplanet

2721 Kepler-1619 "2MASS J19024883+4425192, KIC 8417078, KOI-4693, WISE J190248.85+442519.5" 1.0000 1.0000 1696.01 G2 5852 12.2 Exoplanet

2722 Kepler-1620 "2MASS J19490501+4655423, KIC 10026502, KOI-4706, WISE J194905.01+465542.5" 1.2300 1.1500 2521.19 G0 6157 12.6 Exoplanet

2723 Kepler-1621 "2MASS J19502124+4350283, KIC 8047428, KOI-4747, WISE J195021.24+435028.2" 1.2400 1.1500 4765.14 G0 6158 13.9 Exoplanet

2724 Kepler-1622 "2MASS J19491893+4748556, KIC 10615440, KOI-4765, WISE J194918.92+474855.6" 1.5000 1.3100 3023.47 F7 6436 12.4 Exoplanet

2725 Kepler-1623 "2MASS J19361984+3933219, KIC 4473613, KOI-4803" 1.0000 1.0000 3215.90 G3 5772 13.7 Exoplanet

2726 Kepler-1624 "2MASS J19301917+3722350, KIC 1873513, KOI-4928, WISE J193019.16+372234.7" 0.4700 0.5000 649.05 M3 3636 13.1 Exoplanet

2727 Kepler-1625 "2MASS J19414304+3953115, KIC 4760478, KOI-5084" 0.9400 0.9600 3956.27 G5 5677 14.4 Exoplanet

2728 Kepler-1626 "2MASS J19460010+4043164, KIC 5551240, KOI-5178, WISE J194600.07+404316.1" 1.8500 1.5100 5603.36 F3 6826 13.3 Exoplanet

2729 Kepler-1627 "2MASS J18561360+4134362, KIC 6184894, KOI-5245, WISE J185613.59+413436.2" 0.8400 0.8700 1014.35 G7 5445 11.7 Exoplanet

2730 Kepler-1628 "2MASS J18463208+4324416, KIC 7731281, KOI-5416, WISE J184632.07+432441.5" 0.5200 0.5500 1148.07 M2 3724 14.1 Exoplanet

2731 Kepler-1629 "2MASS J18404958+4346274, KIC 7935997, KOI-5447, WISE J184049.59+434627.5" 1.0100 1.0100 1272.01 G2 5776 11.6 Exoplanet

2732 Kepler-1630 "2MASS J19500199+4342394, KIC 7978202, KOI-5454, WISE J195001.96+434239.8" 0.6300 0.6600 1090.68 K3 4736 12.5 Exoplanet

2733 Kepler-1631 "2MASS J19383181+4348276, KIC 8037038, KOI-5466, WISE J193831.81+434827.5" 0.9500 0.9700 3881.26 G5 5679 14.3 Exoplanet

2734 Kepler-1632 "2MASS J19375876+4354490, KIC 8105398, KOI-5475, WISE J193758.77+435448.8" 1.1900 1.1200 1904.75 G0 6137 12.0 Exoplanet

2735 Kepler-1633 "2MASS J19140364+4455236, KIC 8745553, KOI-5568, WISE J191403.63+445523.6" 1.3200 1.2000 2645.13 F8 6256 12.4 Exoplanet

2736 Kepler-1634 "2MASS J19361041+4508232, KIC 8891684, KOI-5581, WISE J193610.41+450823.3" 0.8900 0.9200 2133.06 G7 5474 13.2 Exoplanet

2737 Kepler-1635 "2MASS J19012375+4533222, KIC 9141355, KOI-5622, WISE J190123.78+453322.3" 0.8500 0.8900 3535.53 G7 5347 14.3 Exoplanet

2738 Kepler-1636 "2MASS J19361383+4626277, KIC 9715631, KOI-5706" 1.0200 1.0100 5110.86 G2 5797 14.6 Exoplanet

2739 Kepler-1637 "2MASS J18485684+4809154, KIC 10777591, KOI-5827, WISE J184856.83+480915.3" 1.0200 1.0200 1650.35 G2 5789 12.1 Exoplanet

2740 Kepler-1638 "2MASS J19415577+4831280, KIC 11037818, KOI-5856, WISE J194155.75+483128.2" 0.9500 0.9700 2866.91 G4 5710 13.6 Exoplanet

2741 Kepler-1639 "2MASS J18521647+4848075, KIC 11176166, KOI-5875, WISE J185216.47+484807.6" 1.1800 1.1200 3809.50 G0 6150 13.5 Exoplanet

2742 Kepler-1640 "2MASS J19381389+4051018, KIC 5629353, KOI-6132, WISE J193813.89+405101.7" 1.4300 1.2700 4497.69 F8 6324 13.5 Exoplanet

2743 Kepler-1641 "2MASS J19452626+4134283, KIC 6221385, KOI-6145, WISE J194526.26+413428.3" 1.1900 1.1200 3134.36 G0 6152 13.2 Exoplanet

2744 Kepler-1642 "2MASS J19485091+4338373, KIC 7908367, KOI-6166, WISE J194850.90+433837.5" 0.8400 0.8800 1457.92 G7 5355 12.6 Exoplanet

2745 Kepler-1643 "2MASS J20014344+4445036, KIC 8653134, KOI-6186, WISE J200143.35+444504.4" 0.8800 0.9200 1350.29 G7 5508 12.3 Exoplanet

2746 Kepler-1644 "2MASS J19015401+4802057, KIC 10717220, KOI-6228, WISE J190154.01+480205.5" 0.8600 0.8900 1930.84 G7 5499 13.0 Exoplanet

2747 Kepler-1645 "2MASS J19495507+4825068, KIC 10989274, KOI-6233, WISE J194955.08+482506.9" 1.0200 1.0200 2752.76 G2 5812 13.3 Exoplanet

*2748 Kepler-1646 "2MASS
J19100633+4254464, KIC 7350067, KOI-6863"
0.2600 0.2400 264.19 M6 3299 12.9
Exoplanet*

*2749 Kepler-1647_(AB) 1.7900 2.1885
3960.61 F8 6210 13.8 Exoplanet*

*2750 Kepler-1649 "KIC 6444896,
2MASS J19300092+4149496, KOI-3138,
LSPM J1930+4149, TIC 137558813, WISE
J193000.77+414948.5" 0.2300 0.2000
301.47 M5V 3240 16.7 Exoplanet*

*2751 Kepler-1650 "KIC 7304449, 2MASS
J19505502+4252009, KOI 1702, KOI-1702,
WISE J195055.01+425200.3" 0.3300 0.3300
393.02 M5 3410 14.9 Exoplanet*

*2752 Kepler-1651 "KIC 10905746, 2MASS
J18543080+4823277, KOI 1725 A, KOI-1725,
Kepler-1651 A, WISE J185430.87+482327.0"
0.5000 0.5200 226.35 M2 3713 13.1
Exoplanet*

*2753 Kepler-1652 "KIC 11768142, 2MASS
J19372786+4954542, KOI-2626" 0.3800
0.4000 821.91 M2V 3638 10.2 Exoplanet*

2754 Kepler-1653 "2MASS J19454986+4115576, KIC 5977470, KOI-4550, WISE J194549.84+411557.6" 0.6900 0.7200 2462.48 K3 4807 13.9 Exoplanet

2755 Kepler-1654 "2MASS J18484459+4426041, KIC 8410697, WISE J184844.57+442604.1" 1.1800 1.0100 1883.88 G5 V 5597 12.3 Exoplanet

2756 Kepler-1655 "2MASS J19064546+3912428, KIC 4141376, KOI-280, WISE J190645.48+391243.3" 1.0300 1.0300 699.86 G0 V 6148 11.1 Exoplanet

2757 Kepler-1656 "KOI-367, KIC-4815520, 2MASS J18575331+3954425, KIC 4815520, WISE J185753.33+395442.7" 1.1000 1.0300 609.52 G3 5731 11.6 Exoplanet

2758 Kepler-1658 "2MASS J19372557+3856505, KIC 3861595, KOI-4, TYC 3135-652-1, WISE J193725.57+385650.4" 2.8900 1.4500 2629.05 F8 6216 11.0 Exoplanet

2759 Kepler-1661_(AB) KOI-3152 1.0676 1.1000 1355.18 M9 3300 14.0 Exoplanet

2760 Kepler-1663 "2MASS J19213636+4849213, KIC 11187837, KOI-252, WISE J192136.36+484921.7" 0.7100 0.0000 1112.91 M0 3793 13.4 Exoplanet

2761 Kepler-1664 "11394027, 2MASS J19072463+4915420, KIC 11394027, KOI-349, WISE J190724.63+491541.8" 1.1460 1.0810 2043.99 G1 5945 13.4 Exoplanet

2762 Kepler-1665 "5786676, 2MASS J19213508+4102242, KIC 5786676, KOI-650, WISE J192135.06+410223.8" 0.8000 0.7460 1105.02 K2 4949 13.3 Exoplanet

2763 Kepler-1666 "9605514, 2MASS J19514837+4615529, KIC 9605514, KOI-945" 1.2100 1.0840 4678.45 G2 5818 14.9 Exoplanet

2764 Kepler-1667 "10713616, 2MASS J18540790+4805393, KIC 10713616, KOI-1311, WISE J185407.90+480539.6" 1.0600 1.0940 2082.02 G1 5951 13.3 Exoplanet

2765 Kepler-1668 "9480310, 2MASS J19492455+4605453, KIC 9480310, KOI-1470" 1.0500 1.0650 4521.14 K0 5328 15.5 Exoplanet

2766 Kepler-1669 "4770365, 2MASS J19494329+3950522, KIC 4770365, KOI-1475, WISE J194943.27+395052.2" 0.7100 0.5700 1799.66 K6 4218 15.4 Exoplanet

2767 Kepler-1670 "7522911, 2MASS J19211836+4307186, KIC 7522911, KOI-1705, WISE J192118.36+430718.1" 1.5700 1.0860 7170.25 G3 5766 15.3 Exoplanet

2768 Kepler-1671 "4365645, 2MASS J19265960+3926487, KIC 4365645, KOI-1738, WISE J192659.61+392648.5" 0.9200 0.7660 1176.67 K1 5085 13.0 Exoplanet

2769 Kepler-1672 "5124667, 2MASS J19514564+4016430, KIC 5124667, KOI-1822, WISE J195145.63+401642.9" 1.0800 0.9360 1290.21 G1 5899 12.3 Exoplanet

2770 Kepler-1673 "11126381, 2MASS J19024010+4843104, KIC 11126381, KOI-1863, WISE J190240.11+484310.5" 1.0400 1.1000 2422.62 F8 6220 13.5 Exoplanet

2771 Kepler-1674 "9030537, 2MASS J19391586+4518220, KIC 9030537, KOI-1892, WISE J193915.85+451821.8" 0.8700 0.9250 3398.77 K0 5326 15.3 Exoplanet

2772 Kepler-1675 "5770074, 2MASS J18551428+4102284, KIC 5770074, KOI-1928, WISE J185514.28+410228.5" 1.1300 1.1370 2164.31 G3 5747 13.4 Exoplanet

2773 Kepler-1676 "7810483, 2MASS J19085682+4334019, KIC 7810483, KOI-1943, WISE J190856.82+433401.9" 0.8800 1.0700 0.00 G1 5893 13.2 Exoplanet

2774 Kepler-1677 "10094670, 2MASS J19535839+4700469, KIC 10094670, KOI-1984, WISE J195358.38+470046.9" 1.2000 1.1950 2450.18 G2 5804 13.5 Exoplanet

2775 Kepler-1678 "3239671, 2MASS J19302199+3823587, KIC 3239671, KOI-2066, WISE J193021.99+382358.7" 0.9000 0.9610 2830.84 G7 5421 14.7 Exoplanet

2776 Kepler-1679 "12017109, 2MASS J19353613+5025373, KIC 12017109, KOI-2106, WISE J193536.15+502537.3" 0.9000 0.9960 3041.83 G7 5358 14.9 Exoplanet

2777 Kepler-1680 "4857213, 2MASS J19481791+3956018, KIC 4857213, KOI-2120, WISE J194817.91+395601.9" 0.7000 0.8320 1021.26 K2 4975 13.4 Exoplanet

2778 Kepler-1681 "9661979, 2MASS J19464734+4622181, KIC 9661979, KOI-2132, WISE J194647.33+462218.0" 0.8900 0.7240 2127.35 K1 5173 14.3 Exoplanet

2779 Kepler-1682 "4473226, 2MASS J19355605+3934223, KIC 4473226, KOI-2229" 0.8400 0.9260 3906.14 G7 5517 15.5 Exoplanet

2780 Kepler-1683 "8321314, 2MASS J19534802+4417024, KIC 8321314, KOI-2293, WISE J195348.02+441702.4" 0.9500 0.9090 2441.73 K1 5047 14.6 Exoplanet

2781 Kepler-1684 "9654468, 2MASS J19360129+4618383, KIC 9654468, KOI-2417, WISE J193601.29+461838.4" 0.6000 0.6720 2064.73 K3 4787 15.9 Exoplanet

2782 Kepler-1685 "8110767, 2MASS J19444518+4356126, KIC 8110767, KOI-2504, WISE J194445.20+435612.6" 0.7900 1.0380 3844.82 G7 5378 15.7 Exoplanet

2783 Kepler-1686 "6605493, 2MASS J19262561+4202093, KIC 6605493, KOI-2559, WISE J192625.60+420209.6" 1.1400 0.9960 2431.46 G3 5774 13.6 Exoplanet

2784 Kepler-1687 "12156347, 2MASS J19185826+5047133, KIC 12156347, KOI-2588, WISE J191858.27+504713.4" 0.6500 0.5650 1376.44 K6 4249 15.0 Exoplanet

2785 Kepler-1688 "5953297, 2MASS J19181271+4117522, KIC 5953297, KOI-2733, WISE J191812.71+411752.2" 1.8260 0.9490 1850.77 K2 4936 13.6 Exoplanet

2786 Kepler-1689 "3545135, 2MASS J19261781+3839214, KIC 3545135, KOI-2755, WISE J192617.80+383921.3" 0.9600 0.9160 967.48 G2 5806 12.0 Exoplanet

2787 Kepler-1690 "6432345, 2MASS J19123760+4152406, KIC 6432345, KOI-2757, WISE J191237.60+415240.2" 0.8700 0.8820 2342.78 K0 5336 14.4 Exoplanet

2788 Kepler-1691 "5775129, 2MASS J19050106+4101187, KIC 5775129, KOI-2802, WISE J190501.05+410118.6" 1.2100 1.2210 4290.91 G3 5753 14.8 Exoplanet

2789 Kepler-1692 "10064256, 2MASS J19074183+4703134, KIC 10064256, KOI-2849, WISE J190741.78+470313.4" 0.9400 1.0120 1960.92 K2 4935 14.3 Exoplanet

2790 Kepler-1693 "10793172, 2MASS J19204838+4811089, KIC 10793172, KOI-2871, WISE J192048.37+481108.8" 0.8900 0.9500 2533.97 G7 5356 14.5 Exoplanet

2791 Kepler-1694 "5106313, 2MASS J19351045+4014273, KIC 5106313, KOI-2878, WISE J193510.46+401427.5" 0.7200 0.6750 1699.27 K2 4958 14.4 Exoplanet

2792 Kepler-1695 "9714550, 2MASS J19342862+4624480, KIC 9714550, KOI-3048, WISE J193428.63+462448.0" 0.9500 0.8650 2640.23 G7 5437 14.4 Exoplanet

2793 Kepler-1696 "6619815, 2MASS J19421825+4201241, KIC 6619815, KOI-3361" 1.2700 1.0470 5125.02 G7 5379 15.3 Exoplanet

2794 Kepler-1697 "7742408, 2MASS J19103921+4328172, KIC 7742408, KOI-3478, WISE J191039.20+432817.1" 0.6400 0.9620 813.95 K2 5017 13.0 Exoplanet

2795 Kepler-1698 "4164922, 2MASS J19332279+3915281, KIC 4164922, KOI-3864, WISE J193322.80+391527.9" 0.7400 0.7170 729.87 K2 4945 12.6 Exoplanet

2796 Kepler-1699 "11244682, 2MASS J19283296+4855018, KIC 11244682, KOI-3933, WISE J192832.95+485501.8" 0.7240 0.7910 2670.43 K0 5214 14.4 Exoplanet

2797 Kepler-1700 "9009953, 2MASS J19074793+4521137, KIC 9009953, KOI-4014, WISE J190747.92+452113.7" 1.1400 1.2490 2389.84 G1 5885 13.5 Exoplanet

2798 Kepler-1701 "6428794, 2MASS J19062613+4153216, KIC 6428794, KOI-4054, WISE J190626.12+415321.5" 0.8300 0.8640 1937.69 K1 5116 14.3 Exoplanet

2799 Kepler-1702 "8480582, 2MASS J18595340+4434031, KIC 8480582, KOI-4386, WISE J185953.39+443402.9" 0.7400 0.8290 2864.40 K2 5003 15.5 Exoplanet

2800 Kepler-1705 KOI-4772 0.7680 0.8380 5374.13 G3 5775 15.3 Exoplanet

2801 Kepler-1708 1.1170 1.0880 5437.02 G0 6157 16.0 Exoplanet

2802 Kepler-1790 1.3900 1.1500 3490.42 G0 6108 22.0 Exoplanet

2803   2MASS_J19181161+4009511   5003670
0.9300   0.9310   2827.21   G1   5931   14.7
Exoplanet

2804   KIC_8121913   2.2330   1.4560   0.00
G1   5975   22.0   Exoplanet

K-2 STAR GROUPING

It is well established that roughly half of all nearby solar-type stars have at least one companion. Stellar companions can have significant implications for the detection and characterization of exoplanets, including triggering false positives and masking the true radii of planets. Determining the fraction of exoplanet host stars that are also binaries allows us to better determine planetary characteristics as well as establish the relationship between binarity and planet formation. Using high angular resolution speckle imaging, we detect stellar companions within ⌀1 arcsec of K2 planet-candidate host stars. Comparing our detected companion rate to TRILEGAL star count simulations and known detection limits of speckle imaging, we estimate the binary fraction of K2 planet host stars to be 40%–50%, similar to that of Kepler exoplanet hosts and field stars.

ref [https://iopscience.iop.org/article/10.3847/1538-3881/aac778]

*2805   K2-3   "EPIC 201367065 , 2MASS
J11292037-0127173, EPIC 201367065, WISE
J112920.45-012718.0"   0.5600   0.6000
143.44   M0.0V   3896   12.2   Exoplanet*

*2806   K2-4   "EPIC 201208431, 2MASS
J11385895-0354202, WISE J113858.93-
035420.0"   0.5700   0.6400   761.82   K7
4014   12.4   Exoplanet*

*2807   K2-5   "EPIC 201338508, 2MASS
J11171284-0152406, WISE J111712.83-
015240.3"   0.5700   0.6100   657.37   K7.5 V
3930   12.4   Exoplanet*

*2808   K2-6   "EPIC 201384232, 2MASS
J11524614-0111545, WISE J115246.12-
011154.3"   0.9600   0.9700   1038.61   G2
5850   11.4   Exoplanet*

*2809   K2-7   "EPIC 201393098, 2MASS
J11082249-0103565, WISE J110822.49-
010356.9"   0.9600   0.9700   2311.52   G3
5772   12.0   Exoplanet*

*2810   K2-8   "EPIC 201445392, 2MASS
J11191047-0017036, WISE J111910.45-
001703.8"   0.7400   0.7800   1331.79   K3 V
4870   14.4   Exoplanet*

2811 K2-9 "EPIC 201465501,
2MASS J11450348+0000190, WISE
J114503.35+000019.3" 0.3100 0.3000
270.58 M2.5 V 3390 12.5 Exoplanet

2812 K2-10 "EPIC 201577035,
2MASS J11282927+0141264, WISE
J112829.21+014126.2" 0.9800 0.9200
889.99 F9 5620 12.5 Exoplanet

2813 K2-11 "EPIC 201596316,
2MASS J11161006+0159128, WISE
J111610.04+015912.3" 5.1500 1.3500
1083.14 G8 5433 11.9 Exoplanet

2814 K2-12 "EPIC 201613023,
2MASS J11324609+0214415, WISE
J113246.07+021441.0" 1.0100 1.0100
1043.17 F9 5800 11.0 Exoplanet

2815 K2-13 "EPIC 201629650,
2MASS J11203732+0230097, WISE
J112037.31+023009.8" 0.7800 0.8000
1109.03 G3 5698 11.6 Exoplanet

2816 K2-14 "EPIC 201635569,
2MASS J11521368+0235390, WISE
J115213.65+023538.9" 0.4500 0.4700
1172.80 M0 3789 13.4 Exoplanet

*2817 K2-15 "EPIC 201736247,
2MASS J11522658+0415171, WISE
J115226.55+041516.8" 0.6800 0.7200
1638.56 G8 5131 13.1 Exoplanet*

*2818 K2-16 "EPIC 201754305,
2MASS J11402333+0433264, WISE
J114023.33+043326.7" 0.6600 0.6700 inf
K3 V 4761 14.3 Exoplanet*

*2819 K2-17 "EPIC 201855371,
2MASS J11531915+0624439, WISE
J115319.12+062444.2" 0.6600 0.7100
403.03 K7 4320 11.1 Exoplanet*

*2820 K2-18 "EPIC 201912552,
2MASS J11301450+0735180, WISE
J113014.45+073516.8" 0.4100 0.3600
124.26 M2.5 V 3457 13.5 Exoplanet*

*2821 K2-19 "EPIC 201505350,
2MASS J11395048+0036129, WISE
J113950.46+003612.9" 0.8600 0.9300
976.22 G9 V 5430 12.8 Exoplanet*

*2822 K2-21 "2MASS 22411288-1429202,
2MASS J22411288-1429202, EPIC 206011691,
WISE J224112.90-142921.1" 0.6500 0.6800
272.56 M0.0 4222 12.8 Exoplanet*

*2823 K2-22 "EPIC 201637175, K2-22,
2MASS J11175587+0237086, EPIC 201637175
A, K2-22 A, WISE J111755.84+023708.4"
0.5700 0.6000 787.70 M0 V 3830 17.0
Exoplanet*

*2824 K2-24 "EPIC 203771098, 2MASS
16101770-2459251, 2MASS J16101770-
2459251, TYC 6784-837-1, WISE J161017.64-
245925.8" 1.1600 1.0700 559.70 G9 V
5625 11.6 Exoplanet*

*2825 K2-25 "2MASS J04130560+1514520,
EPIC 210490365, WISE J041305.70+151451.7"
0.2900 0.2900 145.88 M4.5 3180 15.9
Exoplanet*

*2826 K2-26 "2MASS J06164957+2435470,
EPIC 202083828, WISE J061649.55+243545.5"
0.5200 0.5600 325.52 M1.0 V 3785 13.0
Exoplanet*

*2827 K2-27 "EPIC 201546283, 2MASS
J11260363+0113505, K2-27 B, WISE
J112603.64+011350.2" 0.8900 0.8700
810.95 K0 5248 11.2 Exoplanet*

2828 K2-28 "EPIC 20631837, 2MASS J22222988-0757195, EPIC 206318379, LP 700-6, WISE J222229.68-075721.8" 0.2900 0.2600 205.47 M4 3214 11.7 Exoplanet

2829 K2-29 "WASP-152, EPIC 211089792, 1SWASP J041040.95+242407.3, 2MASS J04104086+2424061, EPIC 211089792 A, K2-29 A, TYC 1818-1428Ø 0.8600 0.9400 577.93 G7 V 5358 10.6 Exoplanet

2830 K2-30 "2MASS J03292204+2217577, EPIC 210957318, WISE J032922.08+221757.7" 0.8400 0.9000 1087.66 G6 V 5425 13.5 Exoplanet

2831 K2-31_ "EPIC 204129699, TYC 6794- 471-1, 2MASS 16214578-2332520" 0.7800 0.9100 359.36 G7V 5280 10.8 Exoplanet

2832 K2-32 "EPIC 205071984, 2MASS J16494226-1932340, EPIC 205071984 A, K2- 32 A, WISE J164942.25-193234.6" 0.8400 0.8600 510.10 G9 V 5315 12.3 Exoplanet

2833 K2-33 "EPIC 205117205, 2MASS J16101473-1919095, WISE J161014.73- 191909.6" 1.0500 0.5600 453.44 M3.3 3540 16.0 Exoplanet

2834 K2-34 "2MASS J08301891+2214092, EPIC 212110888, TYC 1391-121-1, WISE J083018.89+221409.2" 1.4400 1.1500 1133.90 F9 V 6071 11.5 Exoplanet

ref [https://www.nasa.gov/content/discoveries-hubbles-star-clusters]

2835 K2-35 "EPIC 201549860, 2MASS J11202473+0117094, WISE J112024.74+011709.1" 0.6200 0.7000 833.20 K4 V 4402 12.1 Exoplanet

2836   K2-36   "EPIC 201713348, 2MASS J11174778+0351590, TYC 266-622-1, WISE J111747.76+035159.2"   0.7200   0.7900   inf   K2 V   4916   11.8   Exoplanet

2837   K2-37   "2MASS J16134824-2447132, EPIC 203826436, WISE J161348.23-244713.3"   0.8500   0.9000   580.48   G3 V   5413   12.5   Exoplanet

2838   K2-38   "2MASS J16000805-2311213, EPIC 204221263, TYC 6779-268-1, WISE J160008.01-231121.6"   1.3800   2.2400   621.56   G2 V   5757   11.4   Exoplanet

2839   K2-39   "2MASS J22332842-0901219, EPIC 206247743, TYC 5811-835-1, WISE J223328.38-090122.4"   2.9700   0.6600   1007.81   K2   4881   10.8   Exoplanet

2840   K2-42   "2MASS J11463977-0510186, EPIC 201155177, WISE J114639.77-051019.1"   0.6400   0.7000   1286.36   K4   4613   13.0   Exoplanet

2841   K2-43   "EPIC 201205469, 2MASS J11162811-0358315, WISE J111628.09-035831.5"   0.5400   0.5700   594.70   K7 V   3840   15.6   Exoplanet

*2842 K2-45 "2MASS J11183189-0146270,
EPIC 201345483, WISE J111831.86-014626.6"
0.4500 0.5000 1656.62 K6 4103 13.5
Exoplanet*

*2843 K2-46 "2MASS J11370392-0054262,
EPIC 201403446, WISE J113703.90-005426.0"
1.2900 0.9600 1478.29 F8 6256 11.0
Exoplanet*

*2844 K2-47 "2MASS J11141982+0246508,
EPIC 201647718, WISE J111419.81+024650.2"
0.7600 0.7500 1153.92 K1 5054 12.3
Exoplanet*

*2845 K2-48 "2MASS J11442963+0316205,
EPIC 201677835, WISE J114429.60+031620.7"
0.7300 0.7700 1037.85 K2 4899 12.4
Exoplanet*

*2846 K2-49 "2MASS J11491686+0328318,
EPIC 201690311, WISE J114916.85+032831.9"
0.4500 0.5100 1501.50 K6 4175 13.5
Exoplanet*

*2847 K2-50 "2MASS J11175607+0559183,
EPIC 201833600, WISE J111756.07+055917.9"
0.5471 0.6100 836.64 M9 3300 12.4
Exoplanet*

2848 K2-52 "2MASS J16262672-2458119, EPIC 203776696, WISE J162626.73-245811.8" 2.1900 1.6900 3140.95 F1 7147 12.7 Exoplanet

2849 K2-53 "2MASS J16163403-2024019, EPIC 204890128, WISE J161634.05-202402.0" 0.8100 0.8500 449.07 K0 5263 10.3 Exoplanet

2850 K2-54 "2MASS J22321299-1732384, EPIC 205916793" 0.3800 0.4200 568.48 M0 3798 11.8 Exoplanet

2851 K2-55 "2MASS J22150046-1715025, EPIC 205924614, WISE J221500.44-171502.7" 0.6300 0.7000 517.73 K5 4456 13.6 Exoplanet

2852 K2-57 "2MASS J22504600-1404116, EPIC 206026136, WISE J225046.02-140411.8" 0.6200 0.6800 864.01 K5 4434 12.3 Exoplanet

2853 K2-58 "2MASS J22151722-1402593, EPIC 206026904, WISE J221517.23-140259.4" 0.8600 0.8900 593.74 G7 5413 10.8 Exoplanet

*2854 K2-59 "2MASS J22354616-1401398,
EPIC 206027655, WISE J223546.19-140139.8"
0.7300 0.7700 1028.69 K1 5055 12.5
Exoplanet*

*2855 K2-60 "2MASS 22342548-134351, EPIC
22342548-13435, 2MASS J22342548-1343541,
EPIC 206038483, WISE J223425.49-134354.3"
1.1200 0.9700 1574.57 G4 V 5500 11.4
Exoplanet*

*2856 K2-61 "2MASS J22384194-1333360,
EPIC 206044803, WISE J223841.95-133336.1"
1.3600 1.2100 1354.64 F8 6293 11.8
Exoplanet*

*2857 K2-62 "2MASS J22172739-1211150,
EPIC 206096602, WISE J221727.45-121114.9"
0.7300 0.7700 367.02 K3 4880 10.4
Exoplanet*

*2858 K2-63 "2MASS J22134239-1203587,
EPIC 206101302, WISE J221342.41-120358.8"
1.6300 1.4000 1674.91 F4 6771 11.6
Exoplanet*

2859   K2-64   "2MASS J22093926-1125434, EPIC 206125618, WISE J220939.30-112543.3"   0.7300   0.7400   1598.18   K0   5312   12.7   Exoplanet

2860   K2-65   "2MASS J22125079-1055311, BD-11 5779, EPIC 206144956, HIP 109656, TYC 5806-00695-1"   0.8400   0.8700   209.21   K0   5213   9.0   Exoplanet

2861   K2-66   "EPIC 206153219, TYC 5805-449-1, 2MASS J22060640-1042414, WISE J220606.39-104241.5"   1.6700   1.1100   1662.11   G1   5887   11.7   Exoplanet

2862   K2-68   "2MASS J22160474-1034022, EPIC 206159027, WISE J221604.70-103402.4"   0.6800   0.7300   552.85   K3   4746   11.1   Exoplanet

2863   K2-69   "2MASS J22230229-1029187, EPIC 206162305, WISE J222302.31-102919.1"   0.4900   0.5500   578.50   K6   4127   12.6   Exoplanet

2864   K2-70   "2MASS J22335419-1005057, EPIC 206181769, WISE J223354.21-100505.9"   0.9300   0.9400   778.06   G5   5622   11.4   Exoplanet

2865 K2-71 "2MASS J22465386-0952538, EPIC 206192813, WISE J224653.92-095253.8" 0.4300 0.4800 503.31 K7 4006 12.6 Exoplanet

2866 K2-72 "2MASS J22182923-0936444, EPIC 206209135" 0.3300 0.2700 216.94 M5 3360 11.7 Exoplanet

2867 K2-73 "2MASS J22200610-0903219, EPIC 206245553, TYC 5804-1290-1, WISE J222006.14-090321.9" 1.0600 1.0500 897.78 G1 5922 10.7 Exoplanet

2868 K2-74 "2MASS J22394063-0842521, EPIC 206268299, WISE J223940.63-084252.3" 0.9800 0.9600 1237.45 G0 6060 11.4 Exoplanet

2869 K2-75 "2MASS J22352275-0728114, EPIC 206348688, WISE J223522.76-072811.5" 1.5600 1.1600 1911.82 G0 5995 11.6 Exoplanet

2870 K2-77 "EPIC 210363145, 2MASS J03405481+1234216, WISE J034054.84+123421.0" 0.7600 0.8000 464.15 K 4970 12.2 Exoplanet

2871   K2-79   "2MASS J03410141+1331098,
EPIC 210402237, WISE J034101.42+133109.3"
1.2800   1.0600   841.16   G1   5926   10.4
Exoplanet

2872   K2-80   "2MASS J03560900+1333334,
EPIC 210403955, WISE J035608.99+133332.8"
0.8700   0.9000   649.71   G7   5441   10.9
Exoplanet

2873   K2-81   "2MASS J03495652+1430080,
EPIC 210448987, WISE J034956.50+143007.5"
0.6300   0.7500   816.33   K4   4674   12.0
Exoplanet

2874   K2-83   "2MASS J03593637+1533320,
EPIC 210508766, WISE J035936.34+153331.8"
0.4200   0.4800   409.71   K7   3910   11.6
Exoplanet

2875   K2-84   "2MASS J03431422+1638044,
EPIC 210577548, WISE J034314.24+163804.1"
0.9300   0.9500   939.09   G5   5652   11.6
Exoplanet

2876   K2-85   "2MASS J03575144+1827551,
EPIC 210707130, WISE J035751.52+182754.2"
0.5100   0.5700   315.88   K6   4268   10.2
Exoplanet

2877 K2-86 "2MASS J03261265+1838081, EPIC 210718708, WISE J032612.71+183808.0" 0.7600 0.7900 833.18 G7 5482 11.4 Exoplanet

2878 K2-87 "2MASS J04245669+1849387, EPIC 210731500, WISE J042456.71+184938.6" 1.4000 1.1600 1627.20 G3 5747 11.8 Exoplanet

2879 K2-88 "2MASS J03390038+1907126, EPIC 210750726" 0.2600 0.2600 363.80 M4 3537 12.0 Exoplanet

2880 K2-89 "2MASS J03481599+2027347, EPIC 210838726, WISE J034816.07+202734.3" 0.3200 0.3500 281.23 M2 3691 10.9 Exoplanet

2881 K2-90 "2MASS J03563656+2228216, EPIC 210968143, WISE J035636.62+222821.0" 0.6200 0.6300 438.06 K5 4484 11.2 Exoplanet

2882 K2-91 "2MASS J04125232+2412185, EPIC 211077024" 0.2800 0.2900 203.35 M3 3622 11.4 Exoplanet

2883   K2-95   "EPIC 211916756, JS 183, 2MASS J08372705+1858360, WISE J083727.03+185835.9"   0.4200   0.4400   587.46   M3.0   3548   17.1   Exoplanet

2884   K2-97   "EPIC 211351816, 2MASS J08310308+1050513, WISE J083103.08+105051.2"   4.4700   1.2000   2660.11   K3   4717   10.7   Exoplanet

2885   K2-98   "2MASS 08255719+1130402, K2-98, 2MASS J08255719+1130402, EPIC 211391664, WISE J082557.17+113040.0"   1.5700   1.2000   1705.75   F8 V   6172   12.2   Exoplanet

2886   K2-99   "TYC 4974-871, 2MASS J13550570-0526330, EPIC 212803289, TYC 4974-871-1, WISE J135505.70-052632.9"   2.6300   1.6300   1703.48   G0 IV   6217   11.1   Exoplanet

2887   K2-100   "2MASS J08382429+2006217, EPIC 211990866, TYC 1398-142-1, WISE J083824.27+200621.7"   1.2200   1.2300   596.01   G0 V   6168   9.5   Exoplanet

2888   K2-101   "2MASS J08412258+1856020, EPIC 211913977, WISE J084122.55+185601.8"   0.7300   0.8000   604.42   K3   4819   11.2   Exoplanet

2889   K2-102   "2MASS J08401345+1946436, EPIC 211970147, WISE J084013.43+194643.6"   0.7100   0.7700   604.47   K5   4695   11.3   Exoplanet

2890   EPIC_211822797   "2MASS J08413848+1738240, K2-103, WISE J084138.46+173823.9"   0.5700   0.6600   610.53   M0   4148   12.3   Exoplanet

2891   K2-104   "2MASS J08383283+1946256, EPIC 211969807, WISE J083832.80+194625.4"   0.4900   0.4300   610.47   M2.5e   3546   12.9   Exoplanet

2892   K2-105   "2MASS J08214087+1329512, EPIC 211525389, TYC 807-1019-1, WISE J082140.87+132951.1"   0.9100   0.9900   650.95   K1   5464   12.0   Exoplanet

2893   EPIC_220674823   "K2-106, TYC 608-458-1, 2MASS J00521914+1047409, WISE J005219.18+104740.9"   0.9800   0.9700   802.67   G5 V   5617   12.1   Exoplanet

2894 K2-107 "2MASS 18595649-221736, EPIC 216468514, 2MASS J18595649-2217363, WISE J185956.48-221736.2" 1.8100 1.3000 2194.42 F9 IV 6061 11.6 Exoplanet

2895 K2-108 "EPIC 211736671, 2MASS J08133165+1625107, WISE J081331.64+162510.4" 1.7600 1.1700 1535.43 G6 5599 12.3 Exoplanet

2896 K2-110 "2MASS J13492388-1217042, EPIC 212521166, WISE J134923.91-121705.2" 0.7100 0.7500 380.06 K3 V 4950 11.9 Exoplanet

2897 K2-111 "2MASS 03593351 + 211755, Cl* Melotte 25 PELS 9, K2-111, 2MASS J03593351+2117552, EPIC 210894022, TIC 14227229, WISE J03ò 1.2500 0.8400 647.73 G2 5775 11.1 Exoplanet

2898 K2-113 "2MASS J01174783+0652080, EPIC 220504338, WISE J011747.84+065207.8" 1.2400 1.0400 2072.94 G 5660 13.7 Exoplanet

2899 K2-114 "2MASS J08313191+1155202, EPIC 211418729, WISE J083131.90+115520.1" 0.8400 0.8900 1563.55 K1 5044 12.8 Exoplanet

2900 K2-116 "BD-12 6259, EPIC 206119924, 2MASS J22243636-1134428, HIP 110620, TYC 5807-01363-1, WISE J222436.50-113444.7" 0.6700 0.6900 162.62 K7V 4348 8.6 Exoplanet

2901 K2-117 "2MASS J08552535+1028087, K2-117, EPIC 211331236, WISE J085525.36+102809.0" 0.5100 0.5400 333.48 M1.0 V 3778 11.4 Exoplanet

2902 K2-118 "EPIC 211680698, 2MASS J08483045+1539216, WISE J084830.45+153921.3" 0.7300 0.7600 1057.06 K3V 4726 12.3 Exoplanet

2903 K2-119 "EPIC 211770795, 2MASS J08480233+1654067, WISE J084802.35+165406.4" 0.7100 0.7600 1182.88 K5V 4740 12.8 Exoplanet

*2904   K2-120   "EPIC 211791178,
2MASS J08483431+1711267, WISE
J084834.28+171126.8"   0.6700   0.6900
944.37   M0V   4349   12.0   Exoplanet*

*2905   K2-121   "EPIC 211818569,
2MASS J08274481+1734457, WISE
J082744.80+173445.6"   0.6800   0.7200
552.15   K5V   4551   11.3   Exoplanet*

*2906   K2-122   "2MASS J08255432+2021344,
K2-122, EPIC 212006344, EPIC 212006344
A, K2-122 A, WISE J082554.29+202133.8"
0.6000   0.6200   235.84   M0   4027   10.1
Exoplanet*

*2907   K2-123   "2MASS J08574660+2127127,
K2-123, EPIC 212069861, WISE
J085746.59+212712.0"   0.5900   0.6200
528.61   M0V   4035   11.9   Exoplanet*

*2908   K2-124   "EPIC 212154564,
2MASS J08543387+2307584, WISE
J085433.86+230758.5"   0.3900   0.3900
448.32   M3V   3570   12.8   Exoplanet*

2909 K2-125 "EPIC 212398486, 2MASS J13363410-1456512, WISE J133634.07-145651.8" 0.4000 0.4900 414.90 M2V 3654 12.6 Exoplanet

2910 K2-126 "EPIC 212460519, 2MASS J13341115-1334370, WISE J133411.19-133437.0" 0.6500 0.6900 336.76 K7V 4339 10.5 Exoplanet

2911 K2-127 "EPIC 212554013, 2MASS J13481881-1135204, WISE J134818.79-113520.3" 0.6600 0.7200 2362.59 K3V 4575 13.4 Exoplanet

2912 K2-128 "EPIC 212686205, 2MASS J13374504-0835494, WISE J133745.03-083549.4" 0.7800 0.7100 375.10 K4V 4469 10.5 Exoplanet

2913 K2-129 "EPIC 214787262, LP 868-19, 2MASS J19163558-2538417, WISE J191635.63-253845.2" 0.3600 0.3600 90.73 M3V 3459 9.7 Exoplanet

2914 K2-130 "EPIC 217941732, 2MASS J19210486-1941269, WISE J192104.90-194127.0" 0.7400 0.7000 386.21 K5V 4356 10.6 Exoplanet

2915   K2-131   "2MASS J12110036-0945547, EPIC 228732031, WISE J121100.34-094554.7" 0.7500   0.8400   503.44   K0   5245   12.0 Exoplanet

2916   K2-132   "2MASS J12083992-0844497, EPIC 228754001, WISE J120839.91-084449.8" 3.8500   1.0800   2010.95   K   4840   10.2 Exoplanet

2917   K2-133   "K2-133, EPIC 247887989, 2MASS J04403562+2500361, EPIC 247887989, LP 358-499, WISE J044035.78+250035.5" 0.4600   0.4600   245.84   M1.5 V   3655   11.1 Exoplanet

2918   K2-136   "EPIC 247589423, LP 358-348, K2-136, 2MASS J04293897+2252579, EPIC 247589423 A, K2-136 A, LP 358-348 A, WISE J042939.05+   0.6600   0.7400   192.06   K5.5 4499   11.2   Exoplanet

2919   K2-137   "2MASS J12272899-0611428, EPIC 228813918, EPIC 228813918, WISE J122728.92-061142.7"   0.4400   0.4600 323.40   M3 V   3492   15.5   Exoplanet

2920 K2-138 "EPIC 245950175, 2MASS J23154776-1050590" 0.8600 0.9300 596.87 K1V 5378 12.2 Exoplanet

2921 K2-139 "2MASS J19161596-1754384, EPIC 218916923, TYC 6300-2008-1, WISE J191615.99-175438.5" 0.8800 0.9600 498.92 K0 V 5370 11.7 Exoplanet

2922 K2-140 "EPIC 228735255, WISE J123232.95-093627.3" 0.9900 1.0000 1134.53 G5 5705 12.6 Exoplanet

2923 K2-141_ "EPIC 246393474 , 2MASS J23233996-0111215" 0.6810 0.7080 202.20 K4 4599 11.5 Exoplanet

2924 K2-146 "UCAC3 219-93463, 2MASS J08400641+1905346, K2-146, EPIC 211924657, WISE J084006.41+190533.1" 0.3300 0.3300 262.73 M3.0 V 3385 16.2 Exoplanet

2925 K2-147 "2MASS J19351996-2829523, EPIC 213715787, WISE J193519.93-282953.7" 0.5500 0.5800 297.04 M2 3672 10.8 Exoplanet

2926 K2-148 "2MASS J00580427-0011353, EPIC 220194974, EPIC 220194974 A, K2-148 A, WISE J005804.24-001135.6" 0.6300 0.6500 405.94 K7 4079 11.1 Exoplanet

2927 K2-149 "2MASS J00391724+0716375, EPIC 220522664, WISE J003917.22+071637.3" 0.5700 0.5900 404.14 M1.0 V 3745 11.5 Exoplanet

2928 K2-150 "2MASS J01132260+0859152, EPIC 220598331, WISE J011322.63+085914.8" 0.4400 0.4600 335.88 M2.5 V 3499 12.1 Exoplanet

2929 K2-151 "2MASS J01171307+0930050, EPIC 220621087, EPIC 220621087 B, K2-151 B, WISE J011713.12+093004.7" 0.4500 0.4700 226.11 M1.5 V 3695 10.9 Exoplanet

2930 K2-152 "2MASS J12063188-0549386, EPIC 201128338, WISE J120631.80-054938.7" 0.6100 0.6300 352.98 M0.0 V 4044 11.0 Exoplanet

2931 K2-153 "2MASS J12151420+0201153, EPIC 201598502, WISE J121514.15+020115.2" 0.5300 0.5500 469.35 M3.0 V 3845 12.0 Exoplanet

2932 K2-154 "2MASS J12360036-0240100, 2MASS J12360036-0240100, EPIC 228934525, WISE J123600.36-024010.4" 0.6300 0.6500 426.72 M0.0 V 4097 11.2 Exoplanet

2933 K2-155 "EPIC 210897587, 2MASS 04215245+21211, K2-155, 2MASS J04215245+2121131, LP 415-17, WISE J042152.63+212112.2" 0.5800 0.6500 237.87 K7 4258 12.8 Exoplanet

2934 K2-156 "2MASS J12104805-0617391, EPIC 201110617, WISE J121047.95-061739.5" 0.6600 0.6600 483.94 K4 4597 11.1 Exoplanet

2935 K2-157 "2MASS J12150031-0546550, EPIC 201130233, WISE J121500.34-054655.2" 0.8800 0.9400 946.39 G7 5456 11.4 Exoplanet

2936 K2-158 "2MASS J11594560-0543182, EPIC 201132684, TYC 4938-997-1, WISE J115945.55-054318.1" 0.9500 0.9200 639.90 G7 5503 10.4 Exoplanet

2937 K2-159 "2MASS J12020980-0334507, EPIC 201225286, TYC 4942-664-1, WISE J120209.81-033451.0" 0.8300 0.9000 562.61 G7 5425 10.5 Exoplanet

2938 K2-160 "2MASS J12161309-0333111, EPIC 201227197, WISE J121613.09-033311.1" 0.9100 0.9800 1017.27 G5 5649 11.4 Exoplanet

2939 K2-161 "2MASS J12151051-0329442, EPIC 201231064, WISE J121510.52-032944.3" 2.5700 0.9900 2854.51 G 4972 10.6 Exoplanet

2940 K2-162 "2MASS J12240928-0106408, EPIC 201390048, WISE J122409.23-010641.1" 0.6900 0.7500 407.37 K3 4842 10.5 Exoplanet

2941 K2-163 "2MASS J12091905-0032204, EPIC 201427874, WISE J120919.02-003221.2" 0.7600 0.8300 648.25 K2 4937 11.3 Exoplanet

2942 K2-164 "2MASS J11274407-0003462, EPIC 201460826, WISE J112744.08-000346.1" 2.2000 1.1800 1243.87 G2 5791 10.2 Exoplanet

2943 K2-165 "2MASS J12193607+0058064, EPIC 201528828, TYC 281-875-1, WISE J121936.10+005806.0" 0.8000 0.8300 428.10 K0 5185 10.1 Exoplanet

2944 K2-166 "2MASS J12204519+0216568, EPIC 201615463, WISE J122045.15+021656.6" 1.0473 1.0700 1568.81 M9 3300 11.0 Exoplanet

2945 K2-167 "2MASS J22261818-1800399, BD-18 6119, EPIC 205904628, HD 212657, HIP 110758, SAO 165073, SD-18 6119, TYC 6388-00903-1, WI 1.8300 1.0200 264.45 F7 V 5908 7.2 Exoplanet

2946 K2-168 "EPIC 205950854, 2MASS J22122638-1620301, WISE J221226.40-162030.6" 0.8300 0.8800 795.31 G7 5502 12.2 Exoplanet

2947 K2-169 "2MASS J22281062-1435577, EPIC 206007892, WISE J222810.61-143557.6" 0.9200 0.9900 764.89 G6 5548 10.8 Exoplanet

2948 K2-170 "2MASS J22214817-1435359, EPIC 206008091, WISE J222148.17-143536.0" 0.9800 0.9600 1282.87 G3 5748 11.4 Exoplanet

2949 K2-171 "2MASS J22092179-1325438, EPIC 206049764, WISE J220921.78-132543.8" 1.7200 0.8900 1957.48 K0 5250 11.1 Exoplanet

2950 K2-172 "2MASS J22211401-1233247, EPIC 206082454, WISE J222113.96-123325.0" 0.8700 0.9300 811.17 G6 5569 11.1 Exoplanet

2951 K2-173 "2MASS J04012997+1537300, EPIC 210512842, WISE J040130.02+153730.3" 0.8400 0.8800 739.23 G6 5580 10.8 Exoplanet

2952 K2-174 "2MASS J04031027+1620509, EPIC 210558622, WISE J040310.30+162050.1" 0.6800 0.7000 326.88 K5 4455 10.2 Exoplanet

2953 K2-175 "2MASS J03300086+1735032, EPIC 210643811, TYC 1238-448-1, WISE J033000.85+173502.8" 1.4200 1.0900 782.96 G1 5909 9.6 Exoplanet

*2954 K2-176 "2MASS J03530460+1754255,
EPIC 210667381, WISE J035304.59+175425.1"
0.8600 0.9400 806.10 G7 5428 11.2
Exoplanet*

*2955 K2-177 "2MASS J03405510+2044100,
EPIC 210857328, WISE J034055.10+204409.9"
1.2100 1.2100 1613.60 G0 6063 11.0
Exoplanet*

*2956 K2-178 "2MASS J03313333+2226055,
EPIC 210965800, WISE J033133.32+222605.3"
0.8900 0.9500 706.62 G7 5525 10.8
Exoplanet*

*2957 K2-179 "2MASS J03551125+2345245,
EPIC 211048999, WISE J035511.23+234524.3"
0.7700 0.8200 614.15 K2 5015 11.1
Exoplanet*

*2958 K2-180 "2MASS J08255135+1014491,
EPIC 211319617, WISE J082551.41+101448.1"
0.7200 0.7200 663.86 K2V 5358 12.6
Exoplanet*

*2959 K2-181 "2MASS J08301297+1054371,
EPIC 211355342, WISE J083012.98+105436.7"
1.0700 0.9900 1173.73 G6 5608 11.4
Exoplanet*

*2960   K2-182   "2MASS J08404327+1058585,
EPIC 211359660, WISE J084043.22+105858.6"
0.8000   0.8800   508.48   K1   5165   10.4
Exoplanet*

*2961   K2-183   "2MASS J08200170+1401100,
EPIC 211562654, WISE J082001.72+140110.0"
0.9700   0.9300   1046.01   G7   5519   11.5
Exoplanet*

*2962   K2-184   "2MASS J08363360+1427429,
EPIC 211594205, TYC 809-394-1, WISE
J083633.69+142742.8"   0.7800   0.8600
246.76   K0   5220   8.9   Exoplanet*

*2963   K2-185   "2MASS J08410232+1441250,
EPIC 211611158, WISE J084102.31+144124.8"
0.9100   0.9800   884.44   G4   5722   11.1
Exoplanet*

*2964   K2-186   "2MASS J09012038+1849316,
EPIC 211906650, WISE J090120.41+184931.2"
0.9800   1.0200   1118.31   G2   5784   11.1
Exoplanet*

*2965   K2-187   "2MASS J08500566+2311333,
EPIC 212157262, WISE J085005.65+231133.0"
0.9200   0.9800   1061.01   G7   5484   11.7
Exoplanet*

2966   K2-188   "2MASS J08391527+2321269, EPIC 212164470, WISE J083915.28+232126.8" 1.1900   1.0600   1430.57   G1   5977   11.5   Exoplanet

2967   K2-189   "2MASS J13342910-1502105, EPIC 212394689, TYC 6121-11-1, WISE J133429.13-150211.2"   0.8700   0.9400   791.20   G7   5519   11.0   Exoplanet

2968   K2-190   "2MASS J13412725-1309392, EPIC 212480208, TYC 5552-1202-1, WISE J134127.17-130939.0"   0.9100   0.9000   528.38   G5   5631   9.8   Exoplanet

2969   K2-191   "2MASS J13263339-1248235, EPIC 212496592, WISE J132633.39-124823.8"   0.8400   0.9000   924.16   K0   5176   11.6   Exoplanet

2970   K2-192   "2MASS J13461973-1133226, EPIC 212555594, WISE J134619.74-113322.7"   0.8100   0.9000   731.29   K0   5222   11.1   Exoplanet

2971   K2-193   "2MASS J13405689-1100336, EPIC 212580872, WISE J134056.90-110033.4"   0.9800   1.0100   1335.66   G2   5817   11.9   Exoplanet

2972 K2-194 "2MASS J13382614-0855378, EPIC 212672300, WISE J133826.16-085537.8" 1.2800 1.1100 2097.74 G1 5979 11.9 Exoplanet

2973 K2-195 "2MASS J13191957-0830339, EPIC 212689874, WISE J131919.56-083034.2" 0.9900 0.9400 1039.18 G4 5713 11.2 Exoplanet

2974 K2-196 "2MASS J13214951-0828181, EPIC 212691422, WISE J132149.50-082818.1" 1.5400 1.1600 1854.85 G0 6045 10.9 Exoplanet

2975 K2-197 "2MASS J13293447-0722262, EPIC 212735333, WISE J132934.44-072226.3" 0.9300 1.0000 813.09 G5 5667 10.9 Exoplanet

2976 K2-198 "EPIC 212768333, 2MASS J13152252-0627535, TYC 4964-1269-1, WISE J131522.49-062753.9" 0.7600 0.8000 363.77 K0 5212 11.0 Exoplanet

2977 K2-199 "2MASS J13553641-0608100, EPIC 212779596, WISE J135536.36-060809.9" 0.6800 0.7300 352.15 K4 4648 10.3 Exoplanet

2978 K2-200 "2MASS J13290038-0436367, EPIC 212828909, WISE J132900.32-043636.3" 0.7900 0.8600 599.08 K0 5233 10.9 Exoplanet

2979 K2-201 "2MASS J19341458-2307518, EPIC 216008129, TYC 6889-1358-1, WISE J193414.56-230752.3" 0.8800 0.9600 640.41 G7 5507 10.7 Exoplanet

2980 K2-202 "2MASS J18530342-2224252, EPIC 216405287, WISE J185303.43-222425.3" 0.9100 0.9700 976.40 G7 5491 11.5 Exoplanet

2981 K2-203 "2MASS J00510570-0111452, EPIC 220170303, WISE J005105.68-011145.1" 0.7600 0.7900 551.43 K2 5000 10.8 Exoplanet

2982 K2-204 "2MASS J01093180-0031031, EPIC 220186645, WISE J010931.80-003103.7" 1.1800 1.0100 1801.87 G3 5755 11.8 Exoplanet

2983 K2-205 "2MASS J01005219+0025334, EPIC 220211923, WISE J010052.21+002533.4" 1.0800 0.9500 1307.55 G1 5890 11.2 Exoplanet

2984 K2-206 "2MASS J00450151+0035357, EPIC 220216730, WISE J004501.53+003535.6" 0.7600 0.7900 805.42 K1 5043 11.4 Exoplanet

2985 K2-207 "2MASS J00464793+0038268, EPIC 220218012, WISE J004647.91+003826.3" 0.9300 0.9400 1198.05 G7 5522 11.8 Exoplanet

2986 K2-208 "2MASS J01230698+0053210, EPIC 220225178, WISE J012306.96+005320.5" 0.8600 0.9300 850.29 G6 5582 11.2 Exoplanet

2987 K2-209 "2MASS J00584575+0123014, EPIC 220241529, TYC 12-531-1, WISE J005845.70+012259.1" 0.7100 0.7400 249.40 K3 4720 9.3 Exoplanet

2988 K2-210 "2MASS J01103382+0134416, EPIC 220250254, TYC 20-536-1, WISE J011033.88+013442.1" 0.8500 0.9100 581.18 G7 5396 10.4 Exoplanet

2989 K2-211 "2MASS J01242543+0142176, EPIC 220256496, WISE J012425.46+014217.6" 0.8200 0.8800 912.07 K0 5221 11.6 Exoplanet

2990 K2-212 "2MASS J01134161+0305490, EPIC 220321605, WISE J011341.73+030549.2" 0.6500 0.6700 356.55 K6 4272 10.6 Exoplanet

2991 K2-213 "2MASS J00523368+0330277, EPIC 220341183, TYC 15-1059-1, WISE J005233.68+033027.9" 1.2000 1.0700 1300.98 G2 5794 11.0 Exoplanet

2992 K2-214 "2MASS J00593025+0413402, EPIC 220376054, TYC 15-882-1, WISE J005930.24+041340.0" 1.2700 1.0500 1013.76 G2 5854 10.6 Exoplanet

2993 K2-215 "2MASS J01135281+0607261, EPIC 220471666, WISE J011352.81+060725.9" 0.9700 1.0000 1319.45 G4 5704 11.7 Exoplanet

2994 K2-216 "2MASS J00455526+0620490, EPIC 220481411, WISE J004555.25+062049.2" 0.7200 0.7000 375.39 K5 V 4503 12.5 Exoplanet

2995 K2-217 "2MASS J00451161+0628536, EPIC 220487418, WISE J004511.60+062853.6" 1.3300 1.1000 1254.01 G1 5967 11.0 Exoplanet

2996 K2-218 "2MASS J00511431+0650473, EPIC 220503236, WISE J005114.31+065047.1" 1.0100 1.0500 1268.94 G3 5757 11.6 Exoplanet

2997 K2-219 "2MASS J00512286+0852034, EPIC 220592745, TYC 605-518-1, WISE J005122.86+085203.1" 1.1900 1.0200 1068.07 G3 5753 10.8 Exoplanet

2998 K2-220 "2MASS J00510476+0931003, EPIC 220621788, WISE J005104.78+093100.3" 1.0200 0.9600 762.81 G5 5660 10.6 Exoplanet

2999 K2-221 "2MASS J01063719+1011231, EPIC 220650439, WISE J010637.20+101123.0" 0.9500 1.0100 1015.78 G4 5716 11.2 Exoplanet

3000 K2-222 "2MASS J01055095+1145123, EPIC 220709978, TYC 615-587-1, WISE J010550.98+114513.0" 1.0900 1.0000 331.34 G0 6058 8.4 Exoplanet

3001 K2-223 "2MASS J12211347-1016552, EPIC 228721452, WISE J122113.48-101655.4" 0.9900 1.0600 672.49 G2 5835 10.2 Exoplanet

3002 K2-224 "2MASS J12384898-1003384, EPIC 228725972, WISE J123848.98-100338.2" 0.8400 0.9100 900.73 G6 5620 11.4 Exoplanet

3003 K2-225 "2MASS J12260991-0937292, EPIC 228734900, TYC 5527-378-1, WISE J122609.87-093729.3" 1.7000 1.2700 1183.53 G3 5742 10.4 Exoplanet

3004 K2-226 "2MASS J12143498-0933454, EPIC 228736155, WISE J121434.96-093345.4" 0.9100 0.8800 682.11 G7 5424 10.7 Exoplanet

3005 K2-227 "2MASS J12434764-0828416, EPIC 228760097, TYC 5528-456-1, WISE J124347.62-082842.1" 0.8900 0.9500 622.08 G5 5673 10.4 Exoplanet

3006 K2-228 "2MASS J12291074-0650033, EPIC 228798746, WISE J122910.73-065003.2" 0.6500 0.7100 529.21 K3 4715 11.0 Exoplanet

3007 K2-229 0.7930 0.8370 inf K0 5185 22.0 Exoplanet

3008 K2-230 "2MASS J12452717-0634340, EPIC 228804845, WISE J124527.15-063433.7" 1.3900 1.1100 1750.80 G1 5945 11.6 Exoplanet

3009 K2-231 "2MASS J19162203-1546159, EPIC 219800881, WISE J191622.03-154616.4" 0.9500 1.0100 1022.56 G4 5695 12.7 Exoplanet

3010 K2-232 "K2-232, EPIC 247098361, 2MASS J04550395+1839164, BD+18 753, EPIC 247098361, GSC 01284-00745, HD 286123, TYC 1284-745-1,▯ 1.1600 1.1900 423.25 F9V 6154 9.8 Exoplanet

3011 K2-233 "EPIC 249622103, 2MASS J15215519-2013539, TYC 6179-186-1, WISE J152155.18-201354.2" 0.7400 0.8000 220.79 K3 4950 10.0 Exoplanet

3012 K2-237 "EPIC 229426032, 2MASS 6550453-2842380, 2MASS J16550453-2842380, WISE J165504.52-284238.0" 1.3800 1.2300 1002.26 F9 V 6099 11.6 Exoplanet

3013 K2-238 "2MASS J23104905-0751270, EPIC 246067459, WISE J231049.06-075127.2" 1.5900 1.1900 111316.04 G2 V 5630 13.8 Exoplanet

3014 K2-239 "K2-239, 2MASS J10422263+0426287, EPIC 248545986, WISE J104222.60+042628.8" 0.3600 0.4000 101.51 M3.0 V 3420 14.5 Exoplanet

3015 K2-240 "K2-240, 2MASS J15112391-1752307, EPIC 249801827, WISE J151123.86-175231.2" 0.5400 0.5800 238.23 M0.5 V 3810 13.9 Exoplanet

3016 K2-241 "2MASS J12045739-0648180, EPIC 201092629, TYC 4945-555-1, WISE J120457.32-064818.7" 0.7500 0.7100 488.48 K0 5262 10.4 Exoplanet

3017 K2-242 "2MASS J11592060-0631042, EPIC 201102594" 0.3700 0.3800 360.34 M4 3459 12.6 Exoplanet

3018 K2-243 "2MASS J12042913-0453572, EPIC 201166680, TYC 4942-667-1, WISE J120429.09-045356.9" 1.3900 1.2900 850.58 F6 6570 9.9 Exoplanet

3019 K2-244 "2MASS J12135253-0349547, EPIC 201211526, TYC 4943-726-1, WISE J121352.49-034954.7" 0.9200 0.8600 701.56 G5 5677 10.6 Exoplanet

3020 K2-245 "2MASS J12204359-0135271, EPIC 201357643, WISE J122043.58-013527.2" 1.2500 0.8300 1488.48 G2 5793 11.5 Exoplanet

3021 K2-246 "2MASS J12063112-0109379, EPIC 201386739, WISE J120631.10-010938.0" 0.9400 0.8700 2437.82 G6 5610 13.2 Exoplanet

3022 K2-247 "2MASS J12353448-1004091, EPIC 228725791, WISE J123534.44-100409.2" 0.6900 0.7400 859.48 K4 4667 12.4 Exoplanet

3023 K2-248 "2MASS J12111613-0924503, EPIC 228739306, WISE J121116.14-092450.7" 0.9200 0.8800 1308.60 G7 5528 12.1 Exoplanet

3024 K2-249 "2MASS J12132801-0859425, EPIC 228748383, TYC 5519-433-1, WISE J121328.01-085942.7" 1.5700 1.3200 1717.15 F6 6504 11.3 Exoplanet

3025 K2-250 "2MASS J12200763-0858328, EPIC 228748826, WISE J122007.58-085832.6" 0.8100 0.8000 1341.05 K1 5172 12.5 Exoplanet

3026 K2-251 "2MASS J12424541-0832094, EPIC 228758778, WISE J124245.41-083209.3" 0.4900 0.5200 476.94 M2 3717 12.3 Exoplanet

3027 K2-252 "2MASS J12092792-0818342, EPIC 228763938, WISE J120927.92-081834.5" 0.8200 0.7900 739.05 K1 5152 11.2 Exoplanet

3028 K2-253 "2MASS J12242051-0622439, EPIC 228809550, WISE J122420.48-062244.1" 1.1000 1.0800 2858.51 G0 6027 13.5 Exoplanet

3029 K2-254 "2MASS J12221217-0443019, EPIC 228849382, WISE J122212.18-044302.1" 0.6700 0.7100 748.18 K4 4629 12.0 Exoplanet

3030 K2-255 "2MASS J12393912-0322138, EPIC 228894622, WISE J123939.09-032213.9" 0.6900 0.7100 624.48 K4 4676 11.6 Exoplanet

3031 K2-256 "2MASS J12245451-0203572, EPIC 228968232, WISE J122454.50-020357.5" 0.7800 0.8400 2127.15 K0 5219 13.3 Exoplanet

3032 K2-257 "2MASS J12330683-0157113, EPIC 228974324, WISE J123306.80-015711.7" 0.5000 0.5200 211.32 M2 3725 10.5 Exoplanet

3033 K2-258 "2MASS J12303152-0109391, EPIC 229017395, WISE J123031.53-010939.3" 1.3100 1.2100 2090.88 F7 6351 12.1 Exoplanet

3034 K2-259 "2MASS J12271264+0134005, EPIC 229131722, WISE J122712.64+013400.6" 1.1300 1.1400 1363.76 G0 6059 11.4 Exoplanet

3035 K2-260 "K2-260, 2MASS J05072816+1652037, EPIC 246911830, WISE J050728.15+165203.7" 1.6900 1.3900 2217.99 F6 V 6367 12.7 Exoplanet

3036 K2-261 "EPIC 201498078, 2MASS J10520778+0029359, TYC 255-257-1, WISE J105207.76+002935.6" 1.6500 1.1000 701.06 G7 IV/V 5537 10.6 Exoplanet

3037 K2-263 "2-MASS J08384378+1540503, EPIC211682544, 2MASS J08384378+1540503, EPIC 211682544, WISE J083843.73+154050.2" 0.8500 0.8800 532.38 G9 V 5368 11.6 Exoplanet

3038 K2-264 "2MASS J08452605+1941544, K2-264, EPIC 211964830, WISE J084526.01+194154.3" 0.4700 0.5000 587.32 M2.5 V 3660 13.0 Exoplanet

3039 K2-265 "2MASS J22480755-1429407, EPIC 206011496, TYC 5818-486-1, WISE J224807.58-142941.1" 0.9800 0.9200 455.84 G8 V 5477 11.1 Exoplanet

3040 K2-266 "2MASS J10314450+0056152, EPIC 248435473, EPIC 248435473 A, K2-266 A, WISE J103144.54+005614.5" 0.7000 0.6900 253.42 K 4285 9.6 Exoplanet

3041 K2-268 "2MASS J08545028+1150537, EPIC 211413752, WISE J085450.28+115053.7" 0.7800 0.8400 inf K1 5068 12.2 Exoplanet

3042 K2-269 "2MASS J08403726+1300527, EPIC 211491383, TYC 805-136-1, WISE J084037.24+130052.8" 1.4500 1.1600 1199.01 F8 6209 10.5 Exoplanet

3043 K2-270 "2MASS J08450398+1332594, EPIC 211529065, WISE J084503.97+133259.2" 0.7700 0.8500 917.48 K3 4877 12.0 Exoplanet

3044 K2-271 "2MASS J08205372+1605274, EPIC 211713099, WISE J082053.73+160527.0" 0.9900 0.8300 1771.62 G5 5644 12.6 Exoplanet

3045 K2-272 "2MASS J08502906+1732328, EPIC 211816003, WISE J085029.07+173232.6" 0.8100 0.8100 1374.50 G7 5419 12.5 Exoplanet

3046 K2-273 "2MASS J08390649+1900360, EPIC 211919004, WISE J083906.46+190036.0" 0.8400 0.9000 1001.49 K0 5200 11.8 Exoplanet

3047 K2-274 "2MASS J08370778+2023577, EPIC 212008766, WISE J083707.77+202357.4" 0.7400 0.8100 745.02 K1 5065 11.5 Exoplanet

3048 K2-275 "2MASS J08484077+2027182, EPIC 212012119, WISE J084840.76+202718.0" 0.7300 0.7900 404.50 K3 4812 10.4 Exoplanet

3049 K2-276 "2MASS J08234865+2238024, EPIC 212130773, WISE J082348.67+223802.2" 0.8500 0.8200 1569.11 K1 5139 12.9 Exoplanet

3050 K2-277 "2MASS J13280398-1556162, EPIC 212357477, TYC 6121-773-1, WISE J132803.91-155616.5" 0.9700 1.0200 367.23 G3 5741 9.1 Exoplanet

3051 K2-278 "2MASS J13331242-1430146, EPIC 212418133, WISE J133312.44-143014.7" 1.6100 1.4000 2545.51 F4 6747 12.1 Exoplanet

3052 K2-279 "2MASS J13390713-0602293, EPIC 212782836, TYC 4972-1090-1, WISE J133907.05-060230.1" 0.8600 0.7900 605.21 G6 5558 10.4 Exoplanet

3053 K2-280 "2MASS J19262288-2214514, EPIC 216494238, WISE J192622.88-221451.6" 1.2800 1.1100 1239.71 G3 5742 12.5 Exoplanet

*3054   K2-281   "2MASS J01045457+0716093,
EPIC 220522262, WISE J010454.58+071609.2"
0.7600   0.8200   1547.96   K3   4812   13.2
Exoplanet*

*3055   K2-282   "2MASS J00534368+0759432,
EPIC 220554210, WISE J005343.70+075943.0"
0.9055   0.9400   inf   M9   3300   12.4
Exoplanet*

*3056   K2-283   "2MASS J00524666+0941345,
EPIC 220629489, WISE J005246.64+094134.4"
0.8200   0.8900   1332.34   K1   5060   12.6
Exoplanet*

*3057   K2-284   "2MASS J05163376+2015184,
EPIC 247267267, WISE J051633.78+201517.9"
0.6100   0.6300   346.65   K6   4140   13.3
Exoplanet*

*3058   K2-285   "EPIC 246471491,
2MASS J23173222+0118010, WISE
J231732.23+011800.6"   0.7900   0.8300
506.71   K2 V   4975   12.0   Exoplanet*

*3059   K2-286   "2MASS J15332868-1646234,
EPIC 249889081, WISE J153328.73-164624.7"
0.6200   0.6400   249.39   M0 V   3926   12.8
Exoplanet*

3060 K2-287 "EPIC 249451861, 2MASS J15321784-2221297, TYC 6196-185-1, WISE J153217.84-222129.9" 1.0700 1.0600 516.48 G4 5695 11.4 Exoplanet

3061 K2-289 "2MASS J16263433-1547326, EPIC 205686202, WISE J162634.31-154732.9" 1.0200 0.9500 897.96 G7 5529 11.4 Exoplanet

3062 K2-290 "EPIC 249624646, 2MASS J15392585-2011557, TYC 6193-663-1, WISE J153925.88-201155.9" 1.5100 1.1900 896.90 F8 6302 10.0 Exoplanet

3063 K2-291 "EPIC 247418783, 2MASS J05054699+2132552, HD 285181, TYC 1294-1233-1, WISE J050547.01+213254.0" 0.9000 0.9300 291.96 G7 5520 10.0 Exoplanet

3064 K2-292 "HD 119130, 2MASS J13413030-0956459, EPIC 212628254, TYC 5546-1055-1, WISE J134130.24-095645.8" 1.0900 1.0000 370.36 G3 V 5725 9.9 Exoplanet

3065 K2-293 "EPIC 246151543, 2MASS J23262549-0601404, WISE J232625.54-060140.4" 0.9500 0.9600 1303.06 G7 5532 12.0 Exoplanet

3066 K2-294 "EPIC 246078672, 2MASS J23281238-0736132, EPIC 246078672, WISE J232812.40-073613.5" 1.2000 0.9900 1174.91 G6 5612 11.3 Exoplanet

3067 K2-295 "2MASS 01182635+0649004, 2MASS J01182635+0649004, EPIC 220501947, WISE J011826.41+064900.3" 0.7000 0.7400 767.37 K5 V 4444 13.9 Exoplanet

3068 EPIC_206317286 "2MASS J22302822-0758205, K2-303, WISE J223028.26-075820.8" 0.6174 0.7100 1034.57 M9 3300 12.3 Exoplanet

3069 K2-308 "EPIC 246865365, 2MASS J05132138+1624510, WISE J051321.40+162451.1" 1.2400 1.0900 4941.76 G0 6100 15.0 Exoplanet

3070 EPIC_249893012 1.7100 1.0500 1059.03 G8 1V/V 5430 11.4 Exoplanet

3071 K2-315 "K2-***, 2MASS J15120519-2006307, EPIC 249631677, TIC 70298662, WISE J151205.10-200629.7" 0.2000 0.1700 186.11 M(3.5+/-0.5) V 3300 18.0 Exoplanet

3072 K2-316 "2MASS J15342993-2315330, EPIC 249384674, TIC 73943566, WISE J153429.93-231533.7" 0.3800 0.4100 368.03 M5 3436 12.7 Exoplanet

3073 K2-317 "2MASS J15142858-2101212, EPIC 249557502, TIC 70412892, WISE J151428.54-210121.6" 0.3800 0.4000 577.56 M5 3387 13.9 Exoplanet

3074 K2-318 "2MASS J15294714-1733261, EPIC 249826231, TIC 335322931, WISE J152947.09-173326.6" 0.5500 0.5600 484.31 M0 3851 12.0 Exoplanet

3075 K2-319 "2MASS J11071223+0302241, EPIC 201663879, TIC 301540319, WISE J110712.22+030223.8" 0.9000 0.9500 685.98 G7 5440 10.7 Exoplanet

3076 K2-320 "2MASS J10530051+0518238, EPIC 201796690, TIC 281748980, WISE J105300.47+051823.5" 0.3000 0.1200 355.75 M6 3157 13.4 Exoplanet

3077 K2-321 "2MASS J10253725+0230516, EPIC 248480671, TIC 277833995, WISE J102537.29+023050.5" 0.5800 0.6000 253.95 M0 3855 10.5 Exoplanet

3078 K2-322 "2MASS J10262945+0445505, EPIC 248558190, TIC 277869696, WISE J102629.45+044550.4" 0.6000 0.6300 403.97 K6 4141 11.2 Exoplanet

3079 K2-323 "2MASS J10374104+0617094, EPIC 248616368, TIC 392852196, WISE J103741.03+061709.1" 0.5500 0.4800 387.22 M2 3710 11.6 Exoplanet

3080 K2-324 "2MASS J10302934+0651492, EPIC 248639308, TIC 392817207, WISE J103029.33+065149.2" 0.5100 0.5200 447.42 M1 3752 12.1 Exoplanet

3081 K2-325 "2MASS J23354006-0741116, EPIC 246074965, TIC 8918021, WISE J233540.06-074112.0" 0.3000 0.2700 365.85 M6 3287 13.2 Exoplanet

3082 K2-326 "2MASS J23262691+0120153,
EPIC 246472939, TIC 422487869, WISE
J232626.93+012015.3" 0.6900 0.5100
928.16 K7 3924 13.0 Exoplanet

3083 K2-352 0.4336 0.0000 0.00 M9
3300 11.0 Exoplanet

3084 K2-368 EPIC 206135682 0.6630
0.7460 673.86 K4 4663 13.6 Exoplanet

3085 K2-381 EPIC 217192839 0.6750
0.7540 475.21 K5 4473 13.0 Exoplanet

3086 K2-384 EPIC 220221272 0.3480
0.3300 269.60 M3 3623 22.0 Exoplanet

3087 K2-411 1.3750 1.0180 966.14 G4
5711 12.3 Exoplanet

3088 K2-412 0.9770 0.8930 2133.34 G6
5590 15.7 Exoplanet

3089 K2-413 0.7000 0.8080 954.07 K6
4116 14.6 Exoplanet

3090 K2-414 EPIC 246220667 0.7320
0.8140 848.12 K5 4343 14.3 Exoplanet

*3091   K2-415   TOI-5557   0.1965   0.1635
71.12   M6   3173   12.0   Exoplanet*

*3092   K2-2016-BLG-0005L   0.5281   0.5840
16960.11   M9   3300   22.0   Exoplanet*

*3093   LHS-3154   0.1400   0.1120   51.38
M6.5   2861   17.5   Exoplanet*

*3094   LHS_475   0.2789   0.2620   40.71
M3.5V   3312   12.7   Exoplanet*

*3095   LHS_1610   0.2014   0.1700   32.29
M4.0v   3400   14.0   Exoplanet*

*3096   LHS_2397a_A   2MASS J11214924-
1313084   0.0839   0.0839   46.94   M8V
2580   19.6   Exoplanet*

*3097   LHS_3844   TIC 410153553   0.1890
0.1510   48.57   M7   3036   15.3   Exoplanet*

*3098   LHS_6176_A   "2MASS
J09504959+0118135, G 48-43"   0.4284
0.0000   64.20   M4V   3400   13.9   Exoplanet*

*3099   LKCA_15   0.9528   0.9700   472.93
K5V   4400   11.9   Exoplanet*

3100 LP_261-75 "2MASS J09510459+3558098, NLTT 22741" 0.2474 0.2200 110.76 M4.5 3400 15.3 Exoplanet

3101 K2-133 "K2-133, EPIC 247887989, 2MASS J04403562+2500361, EPIC 247887989, LP 358-499, WISE J044035.78+250035.5" 0.4600 0.4600 245.27 M1.5 V 3655 11.1 Exoplanet

3102 LSPM_J2116+0234 0.4310 0.4300 57.53 M3.0V 3475 11.0 Exoplanet

3103 LSR_J1835 0.2048 0.0000 18.49 M8.5 2700 22.0 Exoplanet

3104 L_168-9 0.6000 0.6200 82.09 M1V 3800 11.0 Exoplanet

3105 L_363-38 GJ 3049 0.2740 0.2100 33.37 M7 3129 11.5 Exoplanet

3106 L_383-38 GJ 3049 0.2740 0.2100 33.37 M7 3129 11.5 Exoplanet

3107 Lalande_21185 Gl 411 0.3930 0.4600 8.32 M1.5V 3828 22.0 Exoplanet

**3108   LKCA_15   0.9528   0.9700   472.93
K5V   4400   11.9   Exoplanet**

**3109   gam Cephei   4.9000   1.4000   46.00
K1III-IV   4800   3.2   Exoplanet**

**3110   Lupus-TR-3   0.8200   0.8700   5805.58
K1V   5000   17.4   Exoplanet**

3111   L2_Pup

Of course, this collection above, is not the extent of the successfully correlated host stars. Simply the 'showcase specimen'. In the interest of brevity, it seemed appropriate to highlight the more impressive examples.

A noticeably expansive range of coronal temperature variation exists between all highlighted host stars. As mentioned earlier, outliers of enormous energy emission still conform to the appropriate algorithms. This clear fact demonstrates the ubiquitous nature of the proposed axioms. Aside from the aforementioned few 'outliers'(which clearly conform to no pattern, and offer no sequence) all host stars follow a proportional relationship, alongside one another.

Our own host star sits at a near exact, five thousand-seven hundred and seventy seven(5777) kelvin. This particular fact should allow the reader a true glimpse into the intensity of certain host stars.

Successful outliers:

Fig 11.

High intensity Host stars:

Some of our galaxy's most massive, luminous stars burn 8,000 light-years away in the open cluster Trumpler 14.

ref [https://www.nasa.gov/content/discoveries-hubbles-star-clusters]

2 AB_Aur 1.6969 2.4000 469.66 A0V 9600 7.1

902 HIP_73990 HD 133803 1.4148 1.7200 361.09 A9V 7450 8.1

910 HIP_78530 1.7335 2.5000 511.22 B9V 10500 7.2

913 HIP_79797_A 1.4342 1.7600 170.25 A3V 8750 5.9

972 KIC_5522786 1.3000 1.7900 1032.14 A3 8719 9.8

2217 Kepler-1115 "2MASS J19395802+4008398, KIC 5022828, KOI-2138, WISE J193958.01+400839.8" 1.7300 1.6000 3049.56 A4 8480 11.6

3121 MASCARA-1 HD 201585 2.1000 1.7200 615.46 A8 7554 8.3

3940 b_Cen 2.9772 5.5000 325.18 B3V 17600 4.0

3941 beta_Cir 1.5316 1.9600 99.65 A3V 8676 22.0

*   *

3720   V921 Sco   5.3778
20.0000   5055.42   B0IVe
_29200   11.0_

*   *

Easily one of the more unique host stars in the database. 'V921 Sco' is a staggering 20 times the mass of our sun! But only five times, with respect to solar radius. An unfathomable coronal temperature of nearly thirty thousand degrees kelvin! An amazing production of estimation for this particular axiom, showcasing the clear range of the method's power.

V921 Scorpii Colour and Type

V921 Scorpii spectral type of B0IVe C which means its color and type is blue subgiant star. There is no relationship between color and size. For example, a red star can be large or small. Small stars are more energy efficient than larger stars and live longer.

V921 Scorpii (V921 Sco) is a subgiant star located in the constellation of Scorpius, The Scorpion. It is not part of the Scorpius constellation outline but is within the borders of the constellation. V921 Scorpii's color is blue, which means that the star is one of the hottest stars in the Universe, hotter than our star.

ref [www.universeguide.com/star/124701/v921sco]

Considering the range of star casts that correlate with the proposed results, clarity with respect to validity should be obvious. Aside from the ratio of correlated/decorrelated host stars mentioned in Fig 5.(approximately ninety-six percent) the overwhelming simplicity of the results should ease the reader from the thought of coincidence.

While evaluating each host star for accuracy, a determinate synthesis of success must be understood. The yields of the majority of host stars arrive within less than ten percent of the conventional 'Solar constant' results. This is of course a negligible deviation. Though there are a certain few which produce the proposed proportionate 'Earth-like' semi-major axis(that will be demonstrated below), closer to Venus semi-major axis or in some cases Mars. Both planets are considered habitable, so the results are interpreted as valid. Of course, the variance of star cast's have necessary proportionate deviations in wha is 'Earth-like' semi-major axis. Due to decreased/increased solar mass and radius. Which correlates overall brightness and luminosity based emission levels.

The results displayed, only rely on proportionate distances with respect to stellar mass and radius. Though as mentioned below, the results do correlate to distances(at times) which account for greenhouse emission, which could be entirely coincidental.

So essentially, the results are perceived valid if the yield falls within this range. The reasoning for these slightly deviated results can be nullified with the employment of the concept of the 'runaway greenhouse effect'.

The greenhouse effect occurs when greenhouse gasses in a planet's atmosphere cause some of the heat radiated from the planet's surface to build up at the planet's surface. This process happens because stars emit shortwave radiation that passes through greenhouse gasses, but planets emit longwave radiation that is partly absorbed by greenhouse gasses. That difference reduces the rate at which a planet can cool off in response to being warmed by its host star. Adding to greenhouse gasses, further reduces the rate a planet emits radiation to space, raising its average surface temperature.

For example: The Earth's average surface temperature would be about −18 °C (−0.4 °F) without the greenhouse effect,[1][2] compared to Earth's 20th century average of about 14 °C (57 °F), or a more recent average of about 15 °C (59 °F).[3][4] In addition to naturally present greenhouse gasses, burning of fossil fuels has increased amounts of carbon dioxide and methane in the atmosphere.[5][6] As a result, global warming of about 1.2 °C (2.2 °F) has occurred since the industrial revolution,[7] with the global average surface temperature increasing at a rate of 0.18 °C (0.32 °F) per decade since 1981.

ref [https://en.wikipedia.org/wiki/Greenhouse_effect]

The axioms, presented by this work, of course do not account for specific variables of potential habitability, the appropriate semi-major axis with respec to an exoplanet and its etellar host, is a crucial though factor, though not the ony angle of importance. The other variables including: topological variation amongst a 'the set' of host planets described as habitable. Atmospheric composition(which aids tremendously in the ways of greenhouse gas emission), particular mass of the exoplanets(in relation to apparent gravitation), orbital eccentricity(which if the eccentricity of the exoplanet is variable enough, can allow for and interval of time in which the exoplanet in question is orbiting outside or inside the suggested circumstellar habitable zone) etc.

In this way, the proposed pattern of solar dynamics is a clear hybrid with respect to the 'conventional algorithm concerning the solar constant', alongside the compensation of cumulative greenhouse gasses.

This is all rather curious, though impossible to prove. These thoughts are tautologically that. Thoughts that have more generated additives of interest than fact. This is not to say the theory is invalidated, or useless, though simply a point of interest, in which one utilizes comparative understandings.

There is a phenomenon that is occuring, amongst the moss of this patterned relationship. That being: the calculations compensation for the coefficient, $1/r^2$. Namely the inverse square law.

In science, an inverse-square law is any scientific law stating that a specified physical quantity is inversely proportional to the square of the distance from the source of that physical quantity. The fundamental cause for this can be understood as geometric dilution corresponding to point-source radiation into three-dimensional space.

Radar energy expands during both the signal transmission and the reflected return, so the inverse square for both paths means that the radar will receive energy according to the inverse fourth power of the range.

To prevent dilution of energy while propagating a signal, certain methods can be used such as a waveguide, which acts like a canal does for water, or how a gun barrel restricts hot gas expansion to one dimension in order to prevent loss of energy transfer to a bullet.

ref [https://en.wikipedia.org/wiki/Inverse-square_law]

This 'divergence' of energy(namely solar radiation) is a concept of immense complexity. The natural course of any point within the universe, to copulate spacing between said point, and those surrounding the point(x). This is easily the most interesting concept, concerning the aforementioned axioms. Ironically the method side-steps the interpolation of comparative coronal temperature, while compensating for said energy, through the phenomenon of 'particle divergence'.

Light and other electromagnetic radiation

The intensity (or illuminance or irradiance) of light or other linear waves radiating from a point source (energy per unit of area perpendicular to the source) is inversely proportional to the square of the distance from the source, so an object (of the same size) twice as far away receives only one-quarter the energy (in the same time period).

More generally, the irradiance, i.e., the intensity (or power per unit area in the direction of propagation), of a spherical wavefront varies inversely with the square of the distance from the source (assuming there are no losses caused by absorption or scattering).

For example, the intensity of radiation from the Sun is 9126 watts per square meter at the distance of Mercury (0.387 AU); but only 1367 watts per square meter at the distance of Earth (1 AU)—an approximate threefold increase in distance results in an approximate ninefold decrease in intensity of radiation.

For non-isotropic radiators such as parabolic antennas, headlights, and lasers, the effective origin is located far behind the beam aperture. If you are close to the origin, you don't have to go far to double the radius, so the signal drops quickly. When you are far from the origin and still have a strong signal, like with a laser, you have to travel very far to double the radius and reduce the signal. This means you have a stronger signal or have antenna gain in the direction of the narrow beam relative to a wide beam in all directions of an isotropic antenna.

In photography and stage lighting, the inverse-square law is used to determine the "fall off" or the difference in illumination on a subject as it moves closer to or further from the light source. For quick approximations, it is enough to remember that doubling the distance reduces illumination to one quarter;[9] or similarly, to halve the illumination increase the distance by a factor of 1.4 (the square root of 2), and to double illumination, reduce the distance to 0.7 (square root of 1/2). When the illuminant is not a point source, the inverse square rule is often still a useful approximation; when the size of the light source is less than one-fifth of the distance to the subject, the calculation error is less than 1%.[10]

The fractional reduction in electromagnetic fluence (Φ) for indirectly ionizing radiation with increasing distance from a point source can be calculated using the inverse-square law. Since emissions from a point source have radial directions, they intercept at a perpendicular incidence. The area of such a shell is $4\pi r^2$ where r is the radial distance from the center. The law is particularly important in diagnostic radiography and radiotherapy treatment planning, though this proportionality does not hold in practical situations unless source dimensions are much smaller than the distance.

As stated in Fourier theory of heat "as the point source is magnification by distances, its radiation is dilute proportional to the sin of the angle, of the increasing circumference arc from the point of origin".

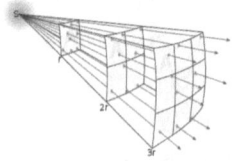

ref [https://en.wikipedia.org/wiki/Inverse-square_law]

Examples of calculation:

As mentioned, the input values are expressed in solar radius and solar mass units. The output will be express in AU, or Astronomical units.

Kepler 1477 -

.8 Solar Radii
.8 Solar Mass

Axiom d, e or f.
Inverse of Solar Mass
1/.8 = 1.25
*or simply (.8 x .8) offers equivalent yield.

Quotient with respect to Solar radius
Solar Radius- .8/1.25 = .64 AU (approximated Earth-like semi-major axis)
.64 x .7 = .448 AU - Venus-Like semi-major axis
.64 x 1.5 = .96 AU - Mars like semi-major axis
<u>*Estimated Range of habitability - .448 AU - .96 AU*</u>
<u>*Conventional Solar Radius constant Range - .440 - .926*</u>
Less than 10 percent deviation.

<u>*Kepler 1617 -*</u>
1.1 Solar Radii
1.2 Solar Mass

Axiom d, e or f.
Inverse of Solar Mass
1/1.1= .91
*or simply (1.1 x 1.2), offers equivalent yield

Quotient with respect to Solar radius
Solar Radius- 1.2/.91= 1.31 AU (approximated Earth-like semi-major axis)
.64 x .7 = ..92 AU - Venus-Like semi-major axis
.64 x 1.5 = 1.96 AU - Mars like semi-major axis
Estimated Range of habitability - .92 AU - 1.96 AU
Conventional Solar Radius constant Range - 1 AU - 2 AU
Less than 10 percent deviation.

Kepler 1580 -

1.5 Solar Radii
2.1 Solar Mass

Axiom d, e or f.
Inverse of Solar Mass
1/1.5 = .66
*or simply (1.5 x 2.1) offers equivalent yield.

Quotient with respect to Solar radius
Solar Radius- .8/1.25 = 3.15 AU (approximated Earth-like semi-major axis)
.64 x .7 = 2.2 AU - Venus-Like semi-major axis
.64 x 1.5 = 4.72 AU - Mars like semi-major axis
Estimated Range of habitability - 2.2 AU - 4.72 AU
Conventional Solar Radius constant Range - 2- 4.2
This particular calculation seems to account for greenhouse gas emission, as stated above.

3 Cnc -
39.4 Solar Radii
2.9 Solar Masses

Axiom a
[Mass(x=.5)]^1
2.9(.5) = 1.45
*or simply ((2.9/4) x 39.4) offers equivalent yield.

Quotient with respect to Solar radius
Solar Radius- 39.4/1.45 = 27 AU (approximated Earth-like semi-major axis)
27 x .7 = 19 AU - Venus-Like semi-major axis
27 x 1.5 = 40 AU - Mars like semi-major axis
<u>*Estimated Range of habitability - 19 AU - 40 AU*</u>
<u>*Conventional Solar Radius constant Range - 16 AU - 34 AU*</u>
This particular calculation seems to account for greenhouse gas emission, as stated above.

TOI -1431 -
1.9 Solar Radii
1.9 Solar Mass

Axiom d, e or f.
Inverse of Solar Mass
1/1.9 = .52
*or simply (1.9 x 1.9) offers equivalent yield.

Quotient with respect to Solar radius
Solar Radius- 1.9/.52 = 3.6 AU (approximated Earth-like semi-major axis)
3.6 x .7 = 2.5 AU - Venus-Like semi-major axis
3.6 x 1.5 = 5.4 AU - Mars like semi-major axis
<u>*Estimated Range of habitability - 2.5 AU - 5.4 AU*</u>
<u>*Conventional Solar Radius constant Range - 2.5 - 5.2*</u>
Near Match

HIP 64892 -
1.8 Solar Radii
2.4 Solar Masses
Axiom d, e or f.
Inverse of Solar Mass
1/2.4 = .4
*or simply (1.8 x 2.4) offers equivalent yield

Quotient with respect to Solar radius
Solar Radius- 1.8/.4 = 4.5 AU (approximated Earth-like semi-major axis)
4.5 x .7 = 3.15 AU - Venus-Like semi-major axis
3.6 x 1.5 = 6.75 AU - Mars like semi-major axis
Estimated Range of habitability - 3.15 AU - 7 AU
Conventional Solar Radius constant Range - 4 AU - 8 AU
Deviation approximately 20%

Summary:

The axioms explained in this work, aim to naturally gauge the proportionate habitable zone of each host star within the vast database that exists. There are outliers that exist, all of which are M9 star systems, or messier 9 systems, with exceptions to this cluster as well, which conform to the suggested axioms.

The patterned relationship between the respective solar radius and solar mass create an incredibly interesting natural means of conception. With respect to the exclusion of coronal temperature, one may observe the integral relation of proportionate circumstellar habitable zone construction.

The seamless correlation between solar units, and that of astronomical units dictates an informal means of the solar constant. Of course, as dictated, there exists a deviation in certain stellar circumstances. Though the relation is far too ubiquitous to be ignored. The range of star systems, with respect to solar radius and mass, insist this relationship is entirely universal. Nearly ninety seven percent of the host stars residing in the database conform to the correlated axioms. It would be difficult to imagine an instance of coincidence. Of course, this possibility could be raised, though its validity would put heavy weight on statistical aberration. The correlation concerning the deviation of any particular stellar mass by adherence to the bounds of each axiom, yields the values of {1/M, M, M/2, M/4}. A very interesting arithmetic progression, the inverse of the solar mass, the solar mass, solar mass divided by 2 and solar mass divided by 4. There exists a clear pattern here, which is indicative of a natural property.

Function Iota

Outline:

Interstellar proportions, ratios, constants and physical axioms define and govern the perceived reality of every generation preceding ourselves and of course the preceding generations. Astronomical correlation data is a tool of immense power and clarity, sketching unimaginable connections and sometimes even predicting grand events or rarely seen (the imperceptible) quantum interactions. Predictable outputs isolated by equilibrium points and consequently mathematical constants quantify the very fabric of the physical universe.

Isolating said patterns, gives grave insight into what an infinite fortified labyrinth is. WIthin such discoveries we build a stronger basis in which we will interpret further results, and so on. An exponential approach to knowledge and entire understanding, resides the greatest chances of success. This particular pattern, focuses on relative strength of a specific stellar host, the variable properties that naturally exhibit the results of said strength, alongside the simplistic 'Laws of Motion'. In a system of which the mathematical dynamics can be reduced to specific axioms, one can be certain of inevitable pattern emergence. The patterns are then further notated to an executable nature, which is further interpreted through the range of results, and there-in the accuracy of said outputs.

Like the previous list of Stellar axioms, defining the stellar dynamics relationship to proportionate circumstellar habitable zones, this particular algorithm predicts stellar mass with specific conversions. Though, in the stead of estimating the 'zones of habitability', one is describing the actual stellar mass(es), with an expression of distance. This sounds of course very strange at first glance. Though as the proceedings unfold, the simplicity of these claims will be realized. It is fascinating to see equations of such power(those of Newton's) deform to produce the most esoteric truths. This level of grasp is of course hard to fathom for most. Though these axioms occupy the space of truth, and in that way, are immovable by nature's own definition.

Fig 1

$$x = \left[1 \approx \frac{D:R\circ}{P_d(\sqrt{s})}\right] \Rightarrow \left[\left(\left(\frac{4\pi^2(2.2 \times 10^{32})2x}{G(M\otimes)}\right)3.15 \times 10^7\right)\frac{(\sqrt{s})}{2}\right] = M\circ/kg$$

The algorithm employs specific constants, those being: the mass of mercury, the speed of mercury(utilizing specific operators) and the semi-major axis with respect to mercury and the sun, (approx 2 x10^32 meters). The value of distance in meters, is also multiplied by the value in AU of the correlating x, though multiplied by 2, thus 2x. In the form of a decimal.

Example: X = .56 AU, this would be multiplied by 2 thus 2x = 1.12

X, is emphatically expressing the equivalence of the semi-major axis, expressed in solar radius units, and the product of the period in earth years and the square root of the speed(mph), of the particular exo-planet. The yield of the above equation is expressed in **kilograms.**

The explanation for the particular use of properties concerning mercury, the author is unaware of. The certainty of any other values yielding the necessary results, in correlation with the condition of 'x', resides within the highest realm of improbability. Conditions at these altitudes have not been probed. Neither will they ever be, on the simple premise that what works with accuracy and consistency, is of satisfactory measures of relevance.

Fig 2

$$\left(\sqrt{\frac{4\pi^2 a^3}{G(m_1 m_2)}}\,)(3.15\times 10^7)\right)\sqrt{s}=D.$$

The aforementioned value, 'x', would be, 'in form' equivalent to the equation above. Difference being: in this formula, the square root of s, is unique to whichever exoplanet is being probed. This equation is, of course, an augment of Newton's equation for the calculation of a specific exoplanet's orbital period(for which the function 'x' has the output of near 1), in Earth years(x/365). And displays the distance of the particular exoplanet from its host host star in Solar radius units, for exoplanets residing at solar mass/2, converted to AU.

Through the exploration of the visible universe, The Kepler space probe has gathered a massive database concerning spectral star classification, apparent luminosity, overall mass and solar radius ect. Conclusions finally drawn in 2013, show a direct correlation between Solar mass/Solar radius. Though a true quantification of this relation active in nature has not been isolated, with the exclusion of the "Shwarzschild radius' '. Which deals specifically with the 'gravitational radius'.

This equilibrium is a 'special' case of Newton's augment of Kepler's original work. Classified characteristically as an: 'Anti-Meromorphic' function. In the mathematical field of complex analysis, a meromorphic function on an open subset D of the complex plane is a function that is holomorphic on all of D except for a set of isolated points, which are poles of the function. In this instance, the complete opposite is taking place. This function only produces the desired outcome with one particular input of the range of the domain, and the-correlates with the induction of any other input. Unlike Newton's work, which is mathematically defined as 'holomorphic': a complex-valued function of one or more complex variables that is complexly differentiable in a neighborhood of each point in a domain in complex coordinate space C.

This proposed method is the only quantification of a solar radius based conversion in nature(aside from the habitability algorithm outlined in the previous work R.E.A.L). The following information outlines a 'golden nugget'(if you will) present in the outlined star systems below. Just as Kepler's and Newton's work creates a clear relation between our own unique solar mass, and other systems. This function creates the same relation with respect to distance of particular exoplanets at the equilibrium range and our own unique solar radius.

There is an instance in which a star system with very close exoplanet spacing, and two exoplanets fall within the margin of desired output. A particular concert of variables create a stunning example of the cosmos's complexity, in these particular star system's(every star system has these particular parameters hypothetically, the question is if fate places a satellite in this position) the distance between a specific exoplanet(the equilibrium point) and it's focal point will convert to Solar Radii, using the algorithm outlined. And at that exact distance in AU(astronomical units), converts to the solar mass unique to the star system in question, using the table laid out in Fig 3.

The function itself will be denoted ' ι '(iota), as shown in Fig 1. Aside from brevity, the chosen character was suitable for the reason: The equilibrium discusses one exoplanet, maybe two in rare instances in particularly clustered star systems that exhibit this 'pole-like' instance of Newton's version.

As Kepler showed : $P^2/A^3 = 1$ (Expressing the apparent constant that exists with between the focal point(s) and their exoplanets in each star system, based on the proportionate magnitude of mass/gravitation.)

As Newton showed : $P^2 = 4\pi^2 A^3/G\, M_1+M_2$ (Explaining the constant through the relation of gravitation and mass, also using specific conversions. Expresses the obvious relation.

-e.g Our Solar mass calculation = $(4\pi^2 a^3/(6.6 \times 10^{-11} \times 3.3 \times 10^{23}) 3.15 \times 10^7) \times$ (square root speed/2) = approx 1.92×10^{30}

-Variable Continuity Correlation example, at the 'equilibrium' range.

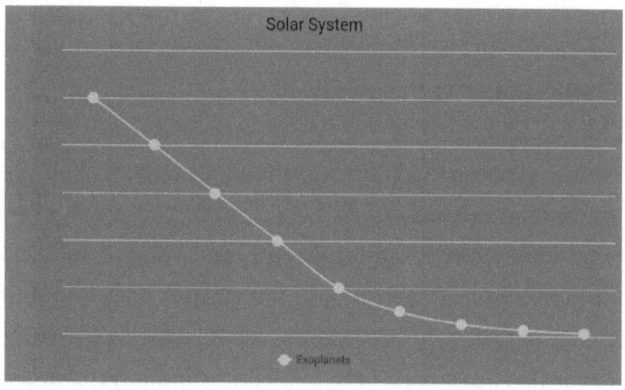

e.g

*Our Sun's Solar Mass = 1.98 x 10^30

= 1 solar mass

Function output correlates to point in domain at approx .5 AU. As explained in Fig 3.

Shows the clear outputs when applying the integral(s) f(ı). An equilibrium is achieved with one specific point in the domain with respect to distance(AU), proportionate to the solar mass of (x,X). Then falls off closer to zero with greater distance form the focal point.

Method of solar mass indication:

This method, describes a particular concert of physical characteristics in which a constant of 1 is achieved when the orbital radius, speed, and orbital duration (in earth years) 'converts' to the proper solar mass of the star system in question's focal point, universally, regardless of solar mass, ect. The operation is simply: $a/[(\sqrt{b})c] = x$, 'a' representing the orbital radius of a particular satellite and its focal point, specifically converted to solar radii(432,232 miles). 'b' represents the speed(in mph) of the satellite in question. And finally 'c' represents the orbital period of the satellite in earth years. Explained in detail in Fig 3.

E.g Mercury: 88 earth days are equivalent to a full orbital period, thusly notated '88/365', yields 'x' which is simply the decimal indicating the estimable numerical proximity of the apparent Solar mass-orbital radius conversion.

There is a specific concert of these physical characteristics, hypothetical or truly present(as data will demonstrate) that describes every star systems focal point, the question is simply will the planetary system be detailed enough in spacing and satellite frequency to provide a specimen that perfectly describes its focal point's solar mass. As will be shown, there are several star systems that offer exactly this.

The following results (Fig 5.) were taken directly from NASA databases, data of the highest quality and precision. The data will demonstrate correlating evidence supporting the aforementioned claims above. Evidence of Solar mass prediction in star systems of total dissimilarity, evidence demonstrating a universal constant, simultaneously showing an indelible connection between specifically a solar radius (432,232) and said focal points of star systems. The totality of this result in of itself is completely unique in operation and relation, simple and specific in nature. And what it was clearly the third pillar of understanding with respect to Kepler's and Newton's universe.

Explanation:

This method in short, unifies the 4 variables that influence and are direct causes of the gravitational effect between heavenly bodies. This includes, Orbital period(P = earth years), Distance in question(AU), Solar Mass(M☉) and Solar Radius(R☉), in which this particular concert of variables display a contiguous, continuity filled relation to one another. And of course as expressed, the distance in AU of each particular exoplanet in each system is uniquely proportionate to the mass of the planet's focal point.Fig 3.

Kepler's echo from his time in study, with Tycho Brahe standing over his shadow, shows a nearly unimaginable resonance with the mechanisms of movement and gravitation. A truly genius insight, few could have made. Through his toils over the centuries, we(mankind) have slowly decoded the enigmatic constraints of this invisible, though immensely powerful field. The function iota; just as Kepler's algorithm, accurately(in all cases presented) reflects the evident gravitational 'signature' carved by each system's own focal point(s).

Expressing the Solar Radius/Mass relation is only the focal point of its importance, inadvertently the algorithm detects the focal point in question mass, isolating ("The Inner Zone"), unique to each star system's focal point(s). Performing the operation stated in Fig 4, results in a decimal that gauges the AU-Solar Mass Conversion. If the result is >1, this is a direct indication that the satellite's distance "falls short" of the converting to the true solar mass of the focal point in question. Receive a number <1, this being a direct implication the satellite's distance "over-estimates" the true correlating mass. The closer to 1, the closer the conversion will present the true mass estimation of the focal point, this condition describes the equilibrium point. For example, if the result is .1.003, its distance (in AU) will be directly proportionate to the focal point's solar mass. This is completely universal.

Again the semi-major axis of an exoplanet, that achieves the constant '1' with this operation, will have the distance multiplied by two and converted from the measure of Astronomical units, to that of Solar Mass units. Giving a closer estimation of solar mass, the closer the value of the proposed quotient is to that of '1'.

Fig 3.

*All exoplanets discussed at are particular distances(AU) proportionate to the Solar mass of their unique focal point(s)

Let SM = Numeric Solar mass

AU(astronomical units)= Distance from Focal point and exoplanet in question

SM(.5) = Correlated Distance in AU

Conversion Solar mass >>> AU:

{2 solar masses = ~ 1 AU

{1 solar mass = ~.5 AU

{.5 solar mass = ~.25 AU

{.25 solas mass = ~.125 AU

ect.

Correlations:

-The iota function is an augmented pillar of 3(Kepler's quantification of the phenomena, Newton's explanation of Gravity/Mass relation, and finally the function iota) that is completely unique in demonstrating a Solar Mass/Radius correlation.

-Exposes a universal constant, present in every star system.

-Results estimate the mass of the focal point of each star system by nature of the result's proximity to 1.

Fig 4.

*This version Newton's algorithm demonstrates the accuracy of the outputs in question, by calculating the apparent margin of error with respect to the distance(Au).

Algorithm: $a/[(\sqrt{b})c] = x$

Where:

a = Precise Semi-Major Orbital radius(in Solar Radii 432,232 miles) between the focal point and satellite in question in Solar Radii

b = Period of satellite's orbit in earth years

c = Speed of satellite (mph)

Fig 5.

Comparative results:

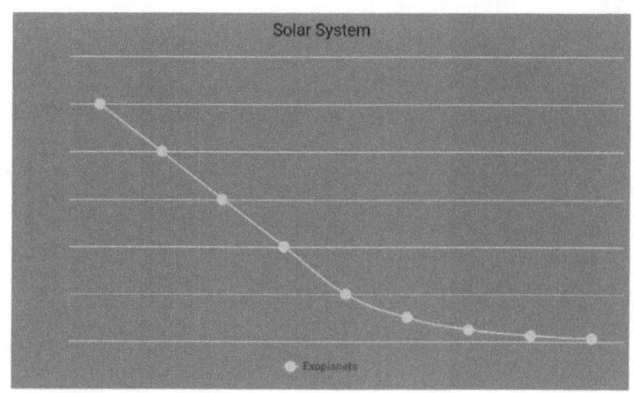

Our system:

1 Solar Mass = ~.5AU

Mercury:

a = .4AU(35,991,000miles)=83.2 Solar Radii

b = 88/365 E years

c = 112,000 mph

83.2/[($\sqrt{112000}$)88/365] =

(83.2 / 80.6)=1.03

(Predicts the focal point(s) slighty more massive.)

Venus:

a = .732AU(68,076,000miles)=157.49 Solar Radii

b = 224/365 E years

c = 78,000 mph

157.49/[($\sqrt{78000}$)224/365] =

(157.49 / 171.39)=.91

(Predicts the focal point(s) less massive.)

These results clearly show the equilibrium point lies between these results, predicting ~.5AU = 1 Solar Mass.

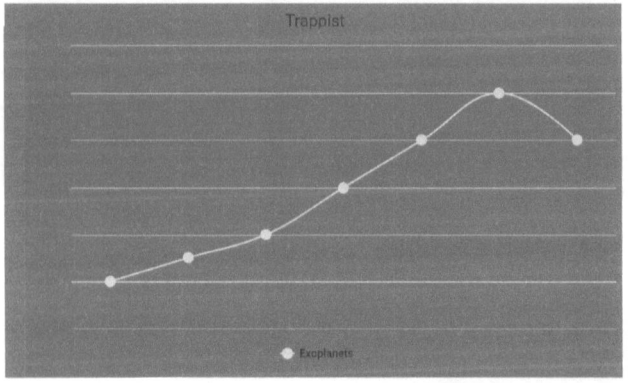

Trappist-1

~.089 Solar Mass = ~.044AU

Trappist -1(f):

a = .038AU(3,534,000miles)=8.17 Solar Radii

b = 9.2/365 E years

c = 100,194mph

8.17/[($\sqrt{100,194}$)9.2/365] =

(8.17 / 7.97)=1.02

(Predicts the focal point(s) slighty more massive)

Trappist -1g:

a = .046AU(4,278,000miles)=9.89 Solar Radii

b = 12.35/365 E years

c = 90,351 mph

9.89/[($\sqrt{90,351}$)12.35/365] =

(9.89 / 10.17)=.97

(Predicts the focal point(s) slightly less massive)

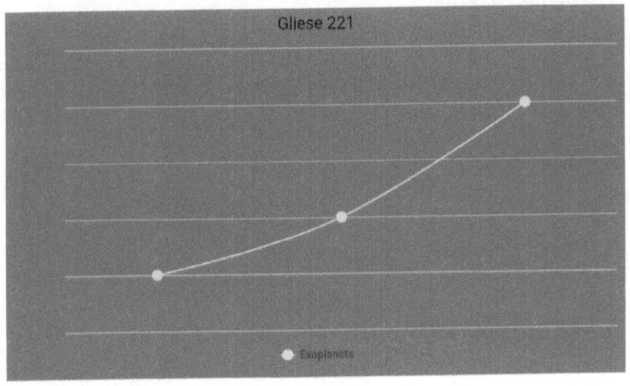

Gliese 221

~.74 Solar Mass = ~.37AU

Gliese 221(c):

a = .435AU(40,455,000miles)=93.59 Solar Radii

b = 125.94/365 E years

c = 75,755mph

93.59/[($\sqrt{75,755}$)125.94/365] =

(93.59 / 94.21)=.99

(Near match, predicts the focal point(s) a hair less massive)

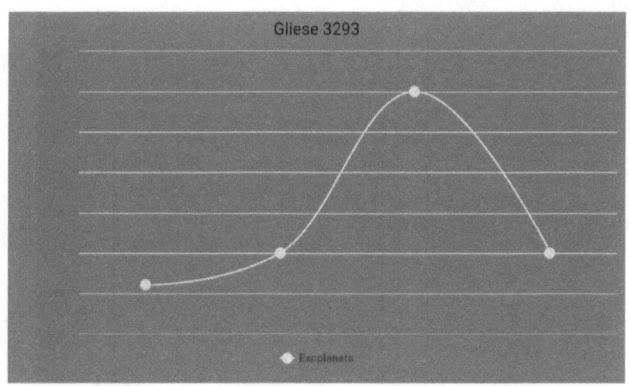

Gliese 3293

~.42 Solar Mass = ~.21AU

Gliese 3923(d):

a = .1939AU(18,032,700miles)=41.71 Solar Radii

b = 48.14/365 E years

c = 94,271mph

41.71/[(√94,271)48.14/365] =

(41.71 / 40.49)=1.03

(Predicts the focal point(s) a hair more massive)

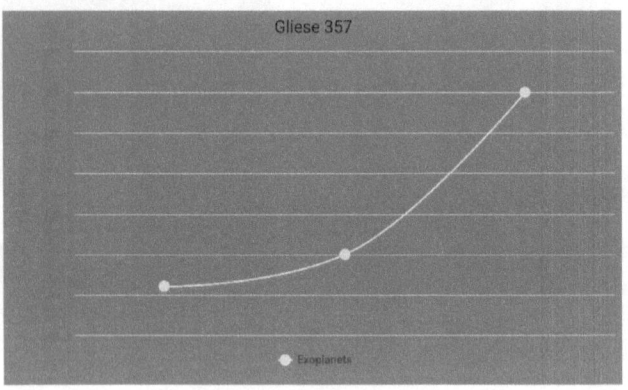

Gliese 357

~.36 Solar Mass = ~.18AU

Gliese 357(d):

a = .204AU(18,972,000miles)=43.89 Solar Radii

b = 55.69/365 E years

c = 88,022mph

43.89/[($\sqrt{88,022}$)55.69/365] =

(43.89 / 45.25)=.97

(Near match, predicts the focal point(s) a hair less massive)

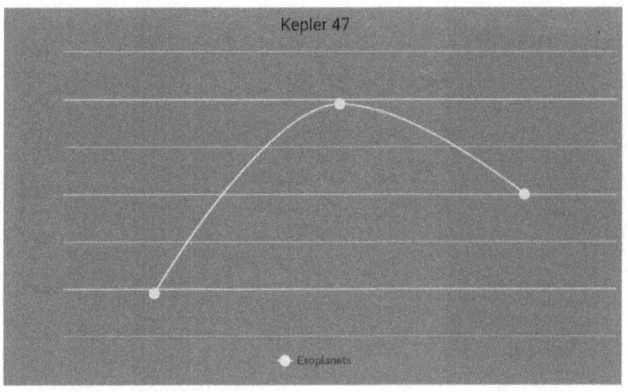

Kepler-47

~1.37 Collective Solar Masses(Binary system) = ~.7AU

Kepler 1(b):

a = .3AU(27,900,000miles)=64.54 Solar Radii

b = 49.51/365 E years

c = 145,606mph

64.54/[(√145,606)49.51/365] =

(64.54 / 51.74)=1.25

(Predicts the focal point(s) more massive)

Kepler 1(c):

a = .69AU(65,025,600miles)=150.44 Solar Radii

b = 187.35/365 E years

c = 89,951mph

150.44/[(√89,951)187.35/365] =

(150.44 / 153.9)=.98

(Near match)

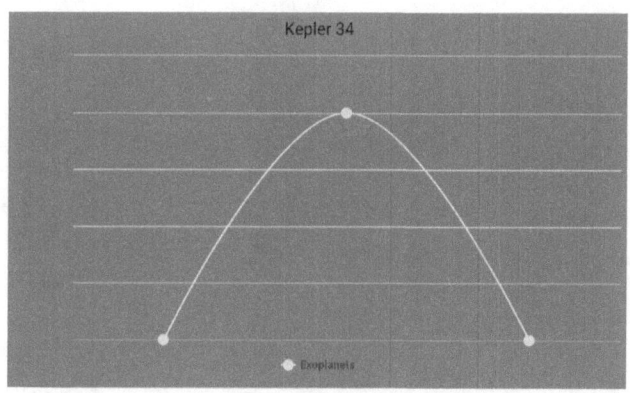

Kepler-34

~2 Collective Solar Masses(Binary system) = ~1AU

Kepler 34(b):

a = 1.089AU(101,277,000miles)=234.31 Solar Radii

b = 288.8/365 E years

c = 86,209mph

234.31/[($\sqrt{86,209}$)288.8/365] =

(234.31 / 232.31)=1.008

(Near match, predicts the focal point(s) a hair more massive)

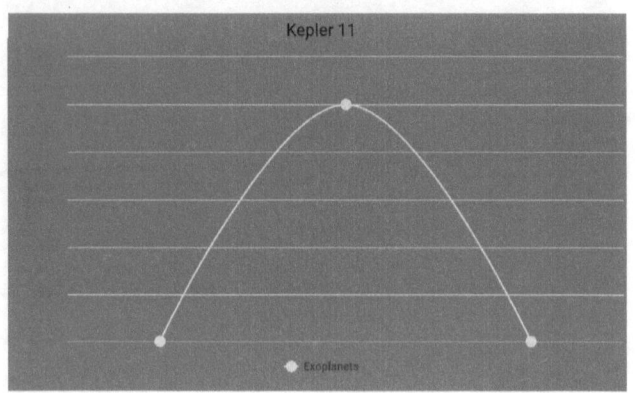

Kepler 11

~1 Solar Masses = ~.5AU

Kepler 11(f):

a = .466AU(43,338,000)=100.2 Solar Radii

b = 118.35/365 E years

c = 95,208mph

100.2/[($\sqrt{95,208}$)118.35/365] =

(100.2 / 100.04)=1.002

(Near match, Predicts the focal point(s) a hair more massive)

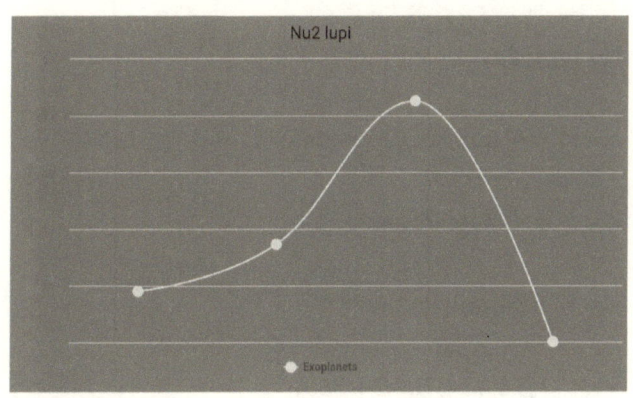

Nu2 Lupi

~.87 Solar Masses = ~.435AU

Nu lupi(c):

a = .1729AU(16,079,700miles)=37.2 Solar Radii

b = 27.59/365 E years

c = 151,051mph

37.2/[($\sqrt{151,051}$)27.59/365] =

(37.2 / 29.37)=1.26

(Predicts the focal point(s) more massive)

Nu lupi(d):

a = .425AU(39,525,000miles)=91.4 Solar Radii

b = 107.24/365 E years

c = 96,134mph

91.4/[($\sqrt{96,134}$)107.24/365] =

(91.4 / 91.096)=1.003

(Near match, predicts the focal point(s) just a wedge more)

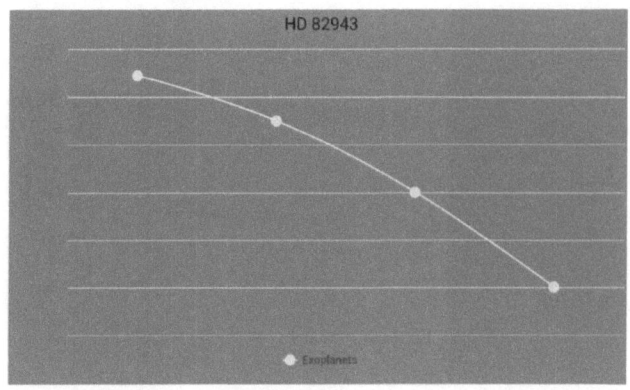

HD 82943

~1.22 Solar Masses= ~.61AU

HD 82943(c):

a = .746AU(69,378,000miles)=160.51 Solar Radii

b = 219.3/365 E years

c = 73,290mph

160.51/[($\sqrt{73,290}$)219.3/365] =

(160.51/ 162.65)=.98

(Near match, Predicts the focal point(s) slightly less massive)

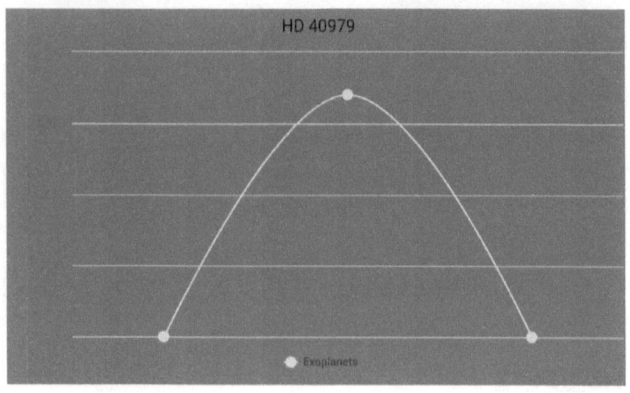

HD 40979

~2 Collective Solar Masses(Binary system)=~1AU

Orbits the primary star only(Component A), approx. 1.2 Solar Masses=~.6AU

HD 40979(b):

a = .855AU(79,515,000miles)=183.96 Solar Radii

b = 263.84/365 E years

c = 72,330mph

$183.96 / [(\sqrt{72{,}330}) 263.84/365] =$

(183.96/ 194.4)=.94

(Predicts the focal point(s) slightly less massive)

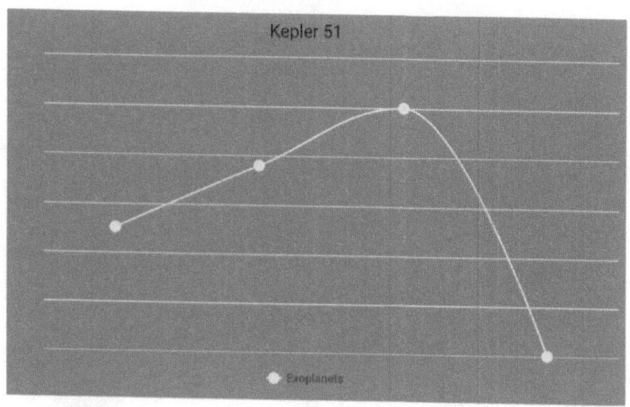

Kepler 51

~.98 Solar Masses = ~.492AU

Kepler 51(d):

a = .509AU(47,337,000miles)=109.51 Solar Radii

b = 130.18/365 E years

c = 94,846mph

109.51/[($\sqrt{94,846}$)130.18/365] =

(109.51 / 109.84)=.997

(Near match, Predicts the focal point(s) a hair less massive)

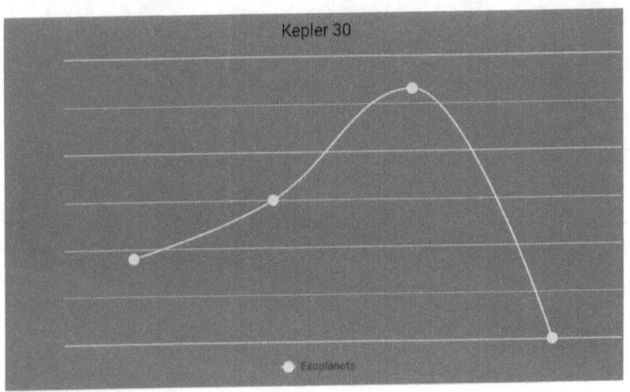

Kepler 30

~.99 Solar Masses = ~.495AU

Kepler 30(d):

a = .531AU(49,383,000miles)=114.25 Solar Radii

b = 142.64/365 E years

c = 89,725mph

114.25/[(√89,725)142.64/365] =

(114.25 / 117.05)=.98

(Near match, predicts the focal point(s) a hair less massive)

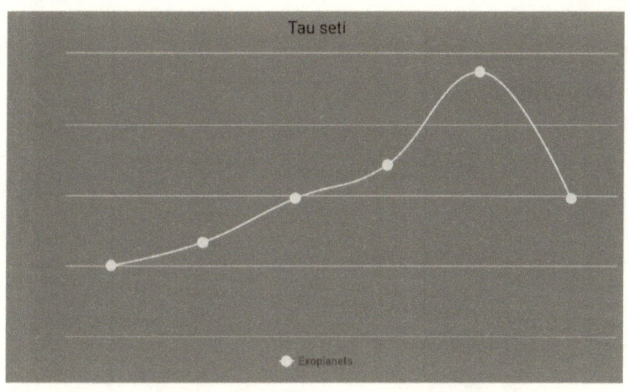

Tau seti

~.78 Solar Masses = ~.39AU

Tau seti(d):

a = .374AU(34,782,000miles)=80.47 Solar Radii

b = 94.11/365 E years

c = 94,245mph

80.47/[($\sqrt{94,245}$)94.11/365] =

(80.47 / 79.15)=1.016

(Near match, predicts the focal point(s) a hair more massive)

Tau seti(e):

a = .538AU(50,034,000miles)=115.75 Solar Radii

b = 162.87/365 E years

c = 75,776mph

115.75/[($\sqrt{75,776}$)162.87/365] =

(115.75 / 122.83)=.94

(Predicts the focal point(s) slightly less massive)

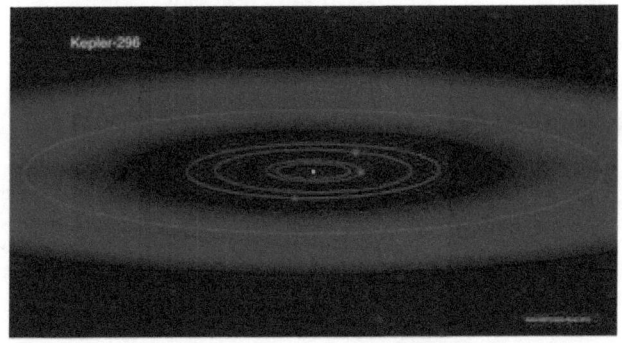

citation: https://commons.wikimedia.org/wiki/File:Kepler-296_Planetary_System.ogv

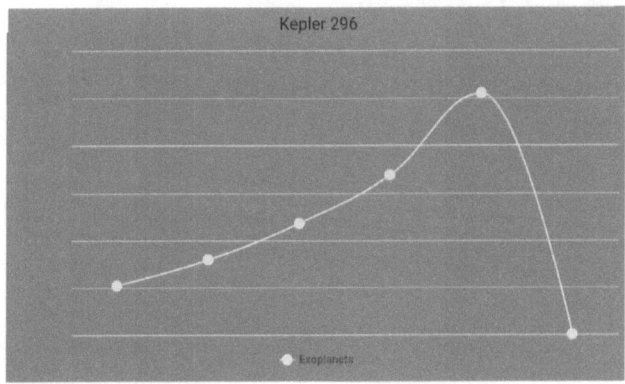

Kepler 296

~.82 Collective Solar Masses (Binary system)– ~.41 AU

*Believed to Orbit the primary star only(Component 296 A), approx. .53 Solar Masses=~.265AU

Kepler 296(f):

a = .255AU(23,715,000miles)=54.86 Solar Radii

b = 63.33/365 E years

c = 87,687mph

54.86/[($\sqrt{87,687}$)63.33/365] =

(54.86 / 51.37)=1.06

(Near match, predicts the focal point(s) slightly more massive)

Conclusion:

The function iota, is the case of Newton's augment of Kepler's original work. Classified for the first time: 'Anti-Meromorphic' function. . This function describes the concert of Orbital period(P = earth years), Distance in question(AU), Solar Mass(M☉) and Solar Radius(R☉).

And thus proves the relation of Solar Mass/Radius observed throughout the visible universe. This work concludes the 3 pillars of understanding with respect to Kepler and Newton's work. Similar to the interconnected functions with respect to circumference, area, and volume of a circle.

As stated, the function described, only produces results at one particular point in the domain of each star system. This fact clearly shows the indelible connection between the function iota, and thus a direct relation with respect to solar mass/radius. Just as Kepler's and Newton's work creates a clear relation between our own unique solar mass, and other systems. The iota function creates the same relation with respect to distance of particular exoplanets at the equilibrium range and our own unique solar radius.

This Constant will produce very accurate estimations, but not every star system offers the most detailed spacing. Therefore those particular systems will not produce exact Solar Mass results(only when there is not a detailed enough star system that allows precise measurement, as seen above) but it serves as a powerful estimation tool. The fact that our star system's solar radius(to the mile) is utilized in the operation also demonstrates a deep, mysterious, connection between our sun's solar radius and all star systems. There are dozens of examples that remain, these are simply 'showcase' specimens that present the most detailed and evenly spaced satellite systems.

As stated ι (iota) was selected as the particular variable, based on a particular trait of rarity. The fact that only very few systems allow for such an exoplanet at the appropriate semi-major axis, implies an unrealistic likelihood of selecting a particular star system at random, in which this specific trait would present. When setting out on this spectacular journey, the purpose only looked to distinguish the concept of interconnectivity, into the deepest level of dissent. ι(iota) was a clear choice based on that alone, a perfect resonance.

This method calculates the Solar Mass(es) of star systems, and the distance in solar radius in question between particular exoplanets and their focal points. Also with multiple focal points(or binary star systems) and within that application predicts planetary assignment based on mass estimation. The closer to 1, the more accurately the AU to Solar Mass conversion will be, by the multiple of 2 converted to Solar mass units.

About the Author:

Bruce R. Nye Jr. is an autodidact who balances the worlds of science and family effortlessly. A self-employed professional, he's a devoted husband and father to four. Committed to physical wellness through calisthenics, Bruce possesses a fervor for mathematics, the physical world, and a deep-seated passion for logic and philosophy. With Revision on the Comparative Relation of Stellar Dynamics, he embarks on a transformative journey in the realm of astronomy and mathematics.

www.ingramcontent.com/pod-product-compliance
Lightning Source LLC
LaVergne TN
LVHW041737060526
838201LV00046B/841